厦门大学校长基金专项项目成果
中央高校基本科研业务费专项资金资助
(Supported by the Fundamental Research Funds for the Central Universities)
项目编号：20720151102
教育部人文社会科学项目“清代嘉庆年间闽浙海盗问题研究”
（项目编号：13YJC770067）最终成果

中国海洋文明专题研究

——ZHONGGUO HAIYANG WENMING ZHUANTI YANJIU——

第八卷
清代嘉庆年间的海盗与水师

杨国桢 主编 张雅娟 著

人民出版社

《中国海洋文明专题研究》
总　序

改革开放以来，中国的海洋发展取得令人瞩目的进步，有力地推动中国现代化进程。进入21世纪，随着中国海洋权益的凸显，海洋意识的提升，中国海洋发展战略上升为国家战略，这是现代化建设的本质要求，也是中国历史发展的必然选择。

现代化是现代文明的体现。西方推动的现代化依赖海洋而兴起，海洋文明成了现代文明的象征，随着大航海时代崛起的西方大国不断对海外武力征服、殖民扩张，海洋文明成了西方资本主义文明、工业文明的历史符号。20世纪，海洋文明又进一步被发达海洋国家意识形态化，他们夸大“海洋—陆地”二元对立，宣扬海洋代表西方、现代、民主、开放，而大陆代表东方、传统、专制、保守。在这种语境下，海洋文明的多样性模式被否定，中国的、非西方的海洋文明史被遗忘，以至在相当长的时期内，人们相信：中国只有黄色文明（农业文明），没有蓝色文明（海洋文明）。直到今天，还严重制约我们对海洋重要性的认识。

文明是人类生活的模式。文明模式的类型，一般可以按生产方式，或按经济生活方式，或按精神形态或心理因素，或按社会形态来划分。我们按经济生活方式的不同，把人类文明划分为农业文明、游牧文明、海洋文明三种基本类型。现代研究成果证明，海洋文明不是西方独有的文化现象，西方海洋文明在近现代与资本主义相联系，并不等同资本主义社会才有海洋文明。海洋文明也不是天生就是先进文明，有自身的文化变迁历程。濒海国家和民族的海洋文明表现形式不同，都有存在的价值。海洋文明是人类海洋物质与精神实践活动历史发展的成果，又是对人类历史发展产生重大影响的因素，既有积极作用，又有消极影响。树立这样的海洋文明观念，是理解、复原人类海洋文明史，提出中国特色海洋叙事的基础。

不以西方的论述为标准，中国有自己的海洋文明史。中国海洋文明存在于海陆一体的结构中。中国既是一个大陆国家，又是一个海洋国家，中华文明具有陆地与海洋双重性格。中华文明以农业文明为主体，同时包容游牧文明和海洋文明，形成多元一体的文明共同体。海洋文明是中华文明的源头之一和有机组成部分，弘扬海洋文明，不是诋毁大陆文明，鼓吹全盘西化，而是发掘自己的海洋文明资源和传统，吸收其有利于现代化的因素，为推动中国文明的现代转型提供内在的文化动力。在这个意义上，中国海洋文明史研究是中国现代化进程提出的历史研究大题目。只要中华民族复兴事业尚未完成，中国海洋文明史研究就一直在路上，不能停止。

中国海洋文明博大精深，留存下来的海洋文献估计有近亿字，缺乏全面的搜集和整理；20 世纪 90 年代兴起的海洋史学，还在发展的初级阶段，而中国海洋文明的多学科交叉和综合研究还在起步，缺乏深厚的文化累积，中国的海洋叙事显得力不从心，甚至矛盾、错乱。在这种状况下，基础性的理论研究和专题研究任重道远，不能松懈。面对这个现实，我从 20 世纪 90 年代开始呼吁开展中国海洋社会经济史和海洋人文社会科学研究，主编出版了《海洋与中国丛书》（“九五”国家重点图书出版规划项目，获第十二届中国图书奖）、《海洋中国与世界丛书》（“十五”国家重点图书出版规划项目），做了奠基的工作，但距离研究的目标还相当遥远。

2010 年 1 月，在我主持的教育部哲学社会科学研究重大课题攻关项目《中国海洋文明史研究》开题报告期间，教育部社科司领导和评审专家希望我做长远设计、宏大设计，出一个精华本，一个多卷本，一个普及本。于是我设想五年内主编一本 40 万字的精华本，即该项目的最终成果《中国海洋文明史研究》；一个多卷本，即《中国海洋文明专题研究》（1—10 卷），250 万字，已经申请获批为“十二五”国家重点图书出版规划项目，并列入创办海洋文明与战略发展研究中心的规划，得到厦门大学校长基金的资助；一本 20 万字的普及本，后来取名为《中国海洋空间简史》，将由海洋出版社出版。

精华本由该项目的子课题负责人编写，他们都是教授、研究员、博士生导师；多卷本和普及本则由年轻博士和博士研究生撰写。目前这项工作进入尾声，三个本子都有了初稿，虽说修改定稿的任务还很繁重，总算看到胜利的曙光。

最先定稿的是这套10卷本。策划之初，考虑到编写中国海洋通史的条件尚未成熟，如果执意为之，最多是整合已有的研究成果，不具学术创新的意义，故决定采取专题研究的方式，在《海洋与中国丛书》和《海洋中国与世界丛书》的基础上，扩大研究领域，继续进行深入探讨。由于中国海洋文明的议题广泛，涉及众多领域，不可能毕其功于一役，我们的团队实际上是"铁打的营盘流水的兵"，有进有出，人力有限，一次5年10册的规模便达到了极限。因此，研究必须细水长流，以后有机会还会延续下去。

由于专题研究需要新的思路、新的理论、新的方法、新的资料，投入与产出性价比低，许多人望而却步。而在那些善用行政资源和学术资源，追求"短平快、高大全"扬名立万的大咖眼里，这只是个"小儿科"，摆不上台面。改变这种局面，需要有志者付出更大的努力。所幸入选的9位博士年富力强，所领的专题以博士学位论文为基础，驾轻就熟，且先后所花时间长则8年，最短也有4年，尽心尽力，克服了种种困难，不断充实、修改，终于交出了一份比较满意的答卷。至于各个专题是否都能体现学术研究"小题大作"的精神，达到这样的高度，有待读者的评判。

杨国桢

2015年9月23日于厦门市会展南二里52号9楼寓所

目　录

绪　论

本书试图探讨的是清代嘉庆年间东南沿海的海盗与水师问题，毋庸讳言，这一问题早已被学者们关注，前辈和先贤们已经取得了不错的成绩。本书以中国南北沿海地带及台湾海峡两岸海洋贸易为背景，论述海盗活动的社会原因、成分、帮派和内部组织；与沿海人民、海商、会党的关系；水师的构成、职能及其对海盗的追捕，探讨水师捉海盗故事背后海权发展的机遇与丧失的历史教训。力图在前人的先驱性研究的基础上，能有所创新。在进入正题之前，首先对书中涉及的概念进行界定，简要回顾以往的学术传统，并对本书的基本思路和框架做简要说明。

第一节　海盗在海洋史中的定位

在清代官方记载中，嘉庆年间东南沿海省份的海盗又称“海贼”、“土盗”、“洋匪”、“洋盗”，从安南来的海盗称为“夷匪”、“艇匪”。“土盗”基本上多是沿海渔户，在出海捕鱼后临时起意所为。“洋匪”、“夷匪”多是大大小小的团伙。在清朝统治者眼里，无论是哪种海盗，与陆地的盗匪没有区别，都是威胁社会的不安定因素，危害社会的渣滓。这一思想贯穿了传统史学的记述。

现代学者在对清嘉庆年间海盗的研究中，指出这些所谓的“海盗”都是为生活所迫而走上反抗道路的渔民。① 蔡牵集团中，“成员以渔民居多，这

---

① 林延清:《嘉庆朝借西方国家之力镇压广东“海盗”》,《南开学报》1989 年第 6 期。

些人生活在社会的最底层，在死亡线上挣扎的人们，到了生路的尽头之时才下海亡命的”①。“18 世纪晚期，南中国海的海盗活动作为穷困潦倒的水上世界居民业余的、零星的、小规模的冒险活动还是一如既往。在那些借助海盗活动为糊口手段的人群中，最主要的成分是渔民，他们除了遇到机会进行一两次冒险以缓解生计的窘迫外，就几乎没有其他的选择余地了。”②一部分人则认为，“所谓海盗，是指那些脱离或半脱离生产活动（尤其是渔业生产）、缺乏明确的政治目标，以正义或者非正义的暴力行动反抗社会、以抢劫勒赎收取保险费为主要活动的海上武装集团”。③ 对海盗性质的认定虽有分歧，但大体上还是放在“三渔”（渔民、渔业、渔村）问题上考察的。但还存在另一种倾向，则把海盗视为农业社会中的失地无业游民，与陆地的盗匪等量齐观，如叶志如认为，“清朝入主中原以后，东南沿海人民的反清斗争从未间断。从康熙朝开始，清王朝一直实行严厉的禁海和迁界政策，康熙二十二年后，虽然开放了海禁，但清廷始终未能彻底摒弃禁海政策，以致乾隆中叶以后，有时有所行。这一政策的直接恶果，使得边海地区人民陷入痛苦的深渊，失地无业游民成为东南沿海地区‘海盗’泛起的动乱之源”。④ 刘佐权在《清代嘉庆年间“雷州海盗”初探》一文中认为：“乾嘉年间的雷州海盗，就是农业社会中那些脱离或者半脱离生产行列、没有明确政治目标，以正义或非正义行动反抗社会，以抢劫和绑票勒赎为主要活动内容的武装集团和个人。属半永久性匪股，具有反社会性和反人民性。”⑤

以上学者关于“海盗”的定位基本上都是站在陆地的角度将海盗看成是海洋的附属品，而不是海洋活动的主体。这种理解和认识的根源于在史学界一直占主导地位的陆地史观。陆地史观是以陆地为本位看待整个世界。事实上，人有一种空间意识，不同的空间对应不同的生活方式。看待问

① 季士家：《蔡牵研究九题》，《历史档案》1992 年第 1 期。

② ［美］穆黛安：《华南海盗，1790—1810》，中国社会科学出版社 1997 年版。

③ 刘平：《清中叶广东海盗问题探索》，《清史研究》1998 年第 1 期。

④ 叶志如：《乾嘉年间广东海上武装活动概述——兼评麦有金等七帮的〈公立约单〉》，《历史档案》1989 年第 2 期。

⑤ 刘佐泉：《清代嘉庆年间“雷州海盗”初探》，《湛江师范学院学报》（哲学社会科学版）1999 年第 6 期。

题的角度也应该是有所不同的。“对于在海上生活的人来说，陆地乃是其纯粹的海洋存在的边界。我们在坚实的陆地上所获得的关于时空的观念在他们看来如此难以理喻。反过来，对大陆人而言，那种纯粹的海洋人的世界代表着难以把握的另外一个世界。”①恩师杨国桢先生一直致力于海洋人文社会科学的研究工作，谈及人们的海洋意识和海洋思维时，他曾指出，“人们在坚实的陆地上思考世界的本源，流动的海洋在时间上是无限而神秘的，在空间却是有限的，由岸确定，陆地是世界存在的形式。而建立在海洋文明基础上的世界观，是以海洋为基点的世界观。人类不是由陆地确定海洋，而是由海洋确定陆地，海洋成为存在的实现方式。海洋世界蕴藏着以海为生的文化密码……海洋才是英雄的家园”。②“海洋生存空间的特点是流动的，决定了海洋活动群体的生产生活的移动性，决定了他们是从海洋、而非陆地的视角来安排这个世界，形成以海洋为基点的世界观，由海洋确定陆地，海洋是世界存在的形式。”③研究历史的人都知道，即便史料相同，研究历程相似，最后结论也不一定相同，这是学者历史观的差异造成的。不同的史观，不同的思考方式，会看到不同的世界。不同的学科对相同的东西也会有不同的解释，诚如德罗伊森所言，“如果我们的学科采用其他学科建立的观点，用他们的观点看我们学科的事情，我们会无法掌握以及解释自己学科独立的问题。我们的学科会变成我们根本不想见的科学模样，历史学应该将与其有关的概念，用自己的、经验的方法说明及固定”。④

传统的、建立在农业文明与游牧文明基础上的世界观，是以陆地为本位的世界观。海洋观和陆地观是两种完全不同的看待世界的方法，通过它们看到的世界、得出的结论也是迥异的，分析不同的人文社会类型当然要用不同的办法。

---

① ［德］C.施密特（Carl Schmitt）：《陆地与海洋——古今之“法”变》，华东师范大学出版社 2006 年版。

② 杨国桢：《论海洋人文社会科学的兴起与学科建设》，《中国社会经济史研究》2007 年第 1 期。

③ 杨国桢：《海洋文化研究与海洋文化建设》，载杨国桢：《瀛海方程》，海洋出版社 2008 年版。

④ ［德］德罗伊森：《历史知识理论》，北京大学出版社 2006 年版。

作为东亚大陆国家的中国，同时又是太平洋西岸的海洋国家，中华民族中包含了海洋民族的成分，海洋的发展是沿海地区的优良传统。以海洋为本位，中国海洋发展地区是亚洲海洋经济世界互动的枢纽和中心之一，海洋历史文化自成一个系统。从海洋看陆地，海洋历史文化是中华历史文化的重要组成部分，在中国历史结构中应该是多元一体中的一元，而不是陆地历史文化的单线延伸而已。海洋观念涉及人类世界观的基点。理解和掌握海洋文明，要有海洋思维，要运用海洋史观。唯有如此，才可以真正理解海洋文明所蕴含的深层含义。

海盗是海洋社会的一部分，海盗的生活方式和行为方式带有浓厚的海洋社会的特点。陆地社会立足于土地，以求稳定的标准确立社会规范。海洋社会飘忽于海上，以求流动的标准确立社会规范。海洋社会不遵守陆地社会程序规则，不按陆地社会常规运行，是沿海民众生存方式的另一种选择。还原海洋社会的生存状态，才能对海盗问题得出比较符合历史事实的理解。杨国桢先生指出："清中叶海盗与水师拼杀的历史是海洋社会矛盾总爆发的结果。海上渔民社会、船民社会、海商社会视海洋为生存发展的空间，以流动为命根，而清朝则视其为社会动乱和危害农业社会的隐患和根源，存在观念上的巨大反差。官府对海洋活动的种种限制，一方面把一部分海洋群体逼回陆地，加剧沿海地带资源和空间利用的陆地化与海洋化发展路径的争夺，另一方面削弱海洋渔业、海洋航运业、海洋商业的活力和应付海洋事变的能力，往往陷入生存危机的窘境，这就导致民间海上力量与官方海上力量的对立以不可调和的形式展现。"①日本学者松浦章指出："给那些海商活动造成影响的是寄生性海盗，诚然，也有给予政府重大打击的海盗。所以从这个意义上来看，海盗也是构成海洋史不可或缺的一个重要组成部分。"②因此，在海盗史研究中，有必要使用海洋社会与海洋人文类型的分析工具。运用海洋史学的理论与方法解释海洋社会现象、分析海盗产生和存

---

① 杨国桢：《从海洋社会权力解读清中叶的海盗与水师》，台湾成功大学"2010 年海洋文化研讨会"论文，2010 年 10 月。

② ［日］松浦章：《中国の海贼》，东方书店 1995 年版；［日］松浦章：《中国的海商与海盗》，山川书店 2003 年版。

在的社会历史根源,显得尤为重要。

海洋史学视野下的海盗必然不同于陆地思维下的海盗,这将是本书不同于以往海盗研究的重要方面。

第二节 乾嘉海盗研究的学术史回顾

在对清代嘉庆年间的海盗问题进行研究之前先对近年来海盗问题研究做学术史上的回顾。中国是一个大陆国家,也是一个海洋国家,海盗问题是伴随着海洋发展而滋生的社会现象。清朝作为我国历史上最后一个封建王朝,在历经康乾盛世的繁荣之后开始走向衰微,各种社会问题日益突出。在东南沿海,不少沿海居民下海为盗,最终形成乾隆末年至嘉庆前期海盗活动的高潮。清朝官方记载将海上抢劫、抗官的人和武装集团一律称之为海盗,视为社会的渣滓,是社会最不稳定的因素,传统史家不屑于对他们进行研究;随着社会史研究的兴起和清史研究的深入开展,乾嘉年间海盗史的研究亦逐渐改变了长期无人过问的冷落局面,业已形成一定规模并取得了一批可喜的成果。1994 年,季士家在《近八十年来清代海盗史研究状况述评》(《学海》1994 年第 5 期)中,对民国以来中国史学界对清代乾嘉年间海盗问题的研究做了扼要的归纳和评述。此后 15 年,史学界对清代乾嘉年间海盗问题的研究又有新的进展。

一、关于广东海盗集团的活动及性质研究

1995 年以来,有关清代乾嘉年间海盗问题研究的新进展,首先表现在对广东海盗集团研究领域的开拓。著作方面,日本学者松浦章所著《中国の海贼》(日本东方书店 1995 年版),其中第五章论述了清中叶的广东海盗问题。1997 年,美国圣母大学(University of Notre Dame)穆黛安(Dian Murray)所著 *Pirates of the South China Coast*, 1790—1810(Stanford University Press,1987)由刘平翻译成中译本《华南海盗,1790—1810》,经中国社会科学出版社出版。穆黛安远赴北京和台湾两地查阅了大量档案,从海洋世界

的视野，对1790年到1810年间华南沿海的海盗集团、海盗组织和海盗生活进行了全面系统的论述。郑广南的《中国海盗史》（华东理工大学出版社1998年版）第四章“清代海盗活动”专门写了“嘉庆年间广东的旗帮海盗”一节。2003年，当时供职于澳门大学的美国学者安乐博（Roberf J. Antony）的《浮沤著水：中华帝国晚期南方的海盗与水手世界》（*Like Froth Floating on the Sea*：*The World of Pirates and Seafarers in Late Imperial South China Sea*），由美国加州大学伯克利分校东亚研究所出版，该书的重点也是乾嘉之交的广东海盗。2010年6月，安乐博主编的论文集《海盗及走私：大中国海域暴力和秘密贸易》（*Elusive Pirates*，*Pervasive Smugglers*：*Violnce and Ciandestine Trade in the Greateater China Seas*），由香港大学出版社出版，其中也涉及这一时期的海盗和走私。2008年11月，松浦章在台湾出版《东亚海域与台湾的海盗》一书，其中也介绍了张保（也叫作张保仔）、郭婆带等广东海盗组织的情况。2009年3月，松浦章的《清代帆船东亚航运与中国海商海盗研究》由上海辞书出版社出版，此书第七章“清代的海上贸易与海盗”也有对张保的简单描述。

论文方面，有刘平的系列论文，对乾嘉之交广东海盗与西山政权的关系、嘉庆年间广东海盗的联合与演变等问题做了探索，从社会史的角度把海盗问题的研究视野从阶级斗争、农民起义回归到盗匪问题。还有一些学者则从海洋史学的视野，分析海洋世界的生态、经济与海盗社会问题。台湾学者林智隆、陈钰祥的《盗民相赖，巩固帮众——清代广东海盗的组织行为》（台湾，《高雄海洋科技大学学报》第二十二期）和《前事不忘，后事之师——清代粤洋海盗问题的检讨》（《美和技术学院学报》2009年第1期），探讨了1810—1885年间广东海盗的组织与行为，并检讨了清代“以盗制盗”措施的得与失。近年来，广东省社会科学院编辑出版系列丛书《海洋史研究》，也刊登了一些关于海盗的最新研究文章。

关于广东海盗兴起的原因，刘平认为，“从海盗角度来说，水道纵横交错、可以自由往来的海岸线，以及近海地区大大小小的岛屿所能提供的栖息藏身之所，乃是最理想的地理环境”。“贸易兴旺、便于骑劫的航路，对那些生活在贫困线上而富有冒险精神的渔民、疍民、水手来说是十分诱人的。”

乾隆末年以前，广东海盗基本上处于自生自灭的状态，“越南西山政权的庇护是乾嘉之交广东海盗崛起的契机”。① “1. 西山政权引诱、胁迫居住或者流落至越南的中国民人投入西山军，纵使为匪。2. 西山军对中国海盗封以官爵，授以印记(即所谓夷照)，令其招兵买马，扩张势力，以为己用。3. 中国海盗从西山军那里学到了高超的军事指挥技术和组织方法。4. 西山军向海盗提供的武器船械十分精良，这使得海盗在于清军水师的对阵中占据了有利的地位。5. 西山军向海盗提供避风港，江平、顺化、归仁、河内等地成为著名的海盗巢穴。”②曾小全认为，清中叶严重的人口压力造成大量剩余人口的存在，这是他们沦为海盗的首要条件，但此时的广东海盗还有其独特性，不能过于强调越南西山政权的作用，而忽视国内政局的变动，即政府对基层社会控制的弱化。③ 他还认为：“清初广东海防体系薄弱，这也是导致嘉庆时期广东海盗大幅度增长的主要原因。”④何靖在谈到乾嘉时期粤洋西路海盗猖獗的原因时，指出：粤洋西路海盗猖獗除了受越南这一外部因素的影响，一方面还因为海岸线曲折岛屿众多，易于藏匿的地理因素，另一方面则是由于政府控制力太弱，地方势力太强；政府对西路海防的重视不够；还有盐运给海盗带来了资助等原因，导致粤洋西路的海盗不断的发展壮大。⑤关于雷州的海盗问题，刘佐泉也持同样的看法：“广东沿海地带，山多田少，人稠地瘠。乾隆十八年以后，人口急剧增长酿成了新问题。当求生存的斗争不断加剧时，那些无法在岸上填饱肚皮的人，便被迫靠海为生，优良的地理环境和丰富的海洋资源，再加上另一个因素，即贸易兴旺，便于劫掠的航路，为海盗活动的生存提供了先决条件。”⑥穆黛安则从“南中国海的广东水

① 刘平：《清中叶广东海盗问题探索》，《清史研究》1998 国第 1 期；刘平：《论嘉庆年间广东海盗的联合和演变》，《江苏教育学院报》1998 年第 3 期；刘平：《关于嘉庆年间广东海盗的几个问题》，《学术研究》1998 年第 9 期。

② 刘平：《乾嘉之交广东海盗与西山政权的关系》，《江海学刊》1997 年第 6 期。

③ 曾小全：《清代嘉庆时期的海盗与广东沿海社会》，《史林》2004 年第 2 期。

④ 曾小全：《清代前期的海防体系与广东海盗》，《社会科学》2006 年第 8 期。

⑤ 何靖：《乾嘉时期粤洋西路海盗猖獗的原因浅谈》，《传承》2008 年第 11 期。

⑥ 刘佐泉：《清代嘉庆年间“雷州海盗”初探》，《湛江师范学院学报》(哲学社会科学版)1999 年第 6 期。

上世界”的生态和经济入手，指出这是“官方的与实际的世界不是同一回事的地方”，“水上世界一直是无产者活跃的地方，这些无产者是低层的，‘自然的’异议分子，属于最困穷最没有被整合入儒家社会秩序的一群人”。而官方“凭借着他们统治所得到的经验，中国官僚试图把他们惯于统治内陆的同一套边界与管制的观念施行于水上世界。”①

李庆新在分析16世纪到17世纪粤西“珠贼、海盗与西贼时指出”，“随着海洋形势的发展，隆庆以后愈演愈烈的海盗运动终于蔓延到粤西海域，本地海盗、外地海盗、国际海盗，在这片官军控制力量不强、连接东南亚各国的国际海域获得广泛的发展空间，明清世纪的粤西海域成为南海海盗活动的中心，海上不法势力与南明海上武装相交织，长期摇撼着清朝在粤西沿海的统治。至清中叶，以麦有金（乌石二）为代表的粤西旗帮，以强大武力经营他们波澜壮阔的海上事业，成为一股主宰南海北部海域的强劲势力。……对华南海盗起着推波助澜的作用”。②

对于广东海盗的性质，郑广南在《中国海盗史》一书中认为，广东海盗尤其是“郑一嫂领导红旗帮开展反抗清王朝官府斗争的同时，又进行抗击西方资本主义侵略者的战斗”。③ 穆黛安的《华南海盗，1790—1810》则不同意这一说法，指出，“在过去的几十年中，中国学者对于几乎所有的国内动乱一直都抱有一种僵化的观点，即视之为‘正义性质的农民起义’和导致1949年共产主义胜利的原始革命传统的真正动力。这一习惯导致了一种将各类动乱的政治性质戏剧化的倾向，甚至将最原始形式的骚动视为不同程度地自觉反抗清政府的起义的先声。结果，那些说法夸大了民众运动的政治自觉性以及思想启示作用”。④ 她认为，“清代广东沿海的海盗是由那些一贫如洗的疍民、船户转化来的，很少有证据证明海盗是反抗专制政府的

---

① ［美］穆黛安：《广东的水上世界：它的生态和经济》，载《中国海洋发展史论文集》（第七辑上册），第158页，台北“中研院”中山人文社会科学研究所，1999年3月。

② 李庆新：《16世纪到17世纪粤西“珠贼”，海盗与西贼》，《海洋史研究》第二辑，第161页。

③ 郑广南：《中国海盗史》，华东理工大学出版社1998年版，第309页。

④ ［美］穆黛安：《华南海盗，1790—1810》，刘平译，中国社会科学出版社1997年版，第162页。

叛乱者的观点……单纯的政治思想是难以将海盗们聚拢在一起的。他们最初的动机便是挣钱……他们与官军的对抗与其说是一种争夺权力的政治斗争,毋宁说更具有因财源匮乏引起的经济斗争的实质……在向盐船、渔船以及中国沿河村庄提供保护、收取保护费用的过程中,海盗们再次表明了他们涉足官方特权而又无意于推翻政府的兴趣","简言之,作为一个主要谋求经济利益有关的集团,海盗们有理由对这一假设——大规模集团暴力的原始动因必定是思想上的,其最终目标不可避免的将走向叛乱——表示怀疑"。① "海盗不是代表穷人利益为正义而战的社会土匪,而是怀有发财梦想的掠夺者。"②李金明则认为:"这些海盗在各帮的势力范围内,对过往船只征收过境税,同海外贸易商和内地民人进行非法贸易,将掠夺得来的货多转移到国外销赃,在性质上属于亦商亦盗的武装贩运集团。"③

刘平认为:"所谓海盗,是指那些脱离或半脱离生产活动(尤其是渔业生产)、缺乏明确的政治目标、以正义或非正义的暴力行动反抗社会,以抢劫勒赎收取保险费为主要活动内容的海上武装集团。"④海盗产生于被压迫受歧视的阶级,对社会怀有仇视情绪,因此,从他们踏上"贼船"的那一天起,即开始着手报复社会、破坏社会。从"海盗"的概念以及这一时期广东海盗活动的方方面面来看,广东海盗活动不属于"反清"或"抗清"斗争,更不是渔民起义,而是纯粹意义上的盗匪活动。尽管它在某种程度上牵制了清政府镇压白莲教起义等行动,但它更多的是制造了当时的社会动乱,不仅给地方统治秩序,也给沿海人民生命财产安全带来了极大破坏。尽管海盗曾多次与官兵水师对抗,但他们的目标不是要推翻政府,不是有意识有计划反抗,而是保证自己的掳掠行动不受到干扰。忽视盗匪活动或者把盗匪活

---

① [美]穆黛安:《华南海盗,1790—1810》,刘平译,中国社会科学出版社 1997 年版,第 163 页。

② [美]穆黛安:《华南海盗,1790—1810》,刘平译,中国社会科学出版社 1997 年版,第 164 页。

③ 李金明:《清代嘉庆年间的海盗及其性质试析》,《南洋问题研究》1995 年第 2 期。

④ 刘平:《清中叶广东海盗问题探索》,《清史研究》1998 年第 1 期。

动视为农民起义或者渔民起义一直是我们历史研究中的一个误区。① 刘佐泉与刘平这种看法类似，认为“乾嘉年间的雷州海盗，就是农业社会中那些脱离或者半脱离生产行列、没有明确政治目标，以正义或非正义行动反抗社会，以抢劫和绑票勒赎为主要活动内容的武装集团和个人，属半永久性匪股，具有反社会性和反人民性”。②

但这种分析过于粗疏且缺乏对海洋社会与疍民、渔民生存方式的理解，因而矫枉过正，引起一些学者的质疑。穆黛安通过资料整理，掌握了在1794年到1803年之间自愿走上海盗生涯的93人的职业背景情况，“其半数以上或者是渔民，或者是水手。”③安乐博对1795年到1810年间广东海盗刑案档案进行了研究，指出：“被虏的受害人和核心海盗的背景，其实都几乎一样，多是蛋民、渔夫、水手。”“多数牵涉海盗刑案的人，并不是真正的海盗。”“那些被迫参与海盗活动的人，也都是被害者而不是罪犯。甚至于多数的核心海盗，最初也是受害者而非主动者。”④

广东海盗集团失败的原因，许多学者从内外各种因素进行分析。谭世宝、刘冉冉利用广东地方文献和《葡萄牙东波塔档案馆藏清代澳门中文档案汇编》，对张保海盗集团投诚原因做了新探，认为：“嘉庆年间，正当张保仔海盗集团在珠江口一带大肆劫掠之时，清政府已通过增加前山驻兵，增筑澳门炮台等方式提高澳门乃至整个香山县的防御能力。在澳葡地方武装的协助下，清政府最终得以在香山县成功招降张保仔。”⑤

关于乾嘉年间广东海盗活动的社会影响，曾小全指出：“1810年广东海

---

① 刘平：《清中叶广东海盗问题探索》，《清史研究》1998年第1期。

② 刘佐泉：《清代嘉庆年间“雷州海盗”初探》，《湛江师范学院学报》（哲学社会科学版）1999年第6期。

③ ［美］穆黛安：《华南海盗，1790—1810》，刘平译，中国社会科学出版社1997年版，第6页。

④ ［美］安乐博：《罪犯或受害者：试析1795年至1810年广东省海盗集团之成因及其成员的社会背景》，载《中国海洋发展史论文集》（第七辑下册），台北“中研院”中山人文社会科学研究所，1999年3月，第448页。

⑤ 谭世宝、刘冉冉：《张保仔海盗集团投诚原因新探》，《广东社会科学》2007年第2期。

盗的投降并非是一件好事。一方面给清政府带来了一种错觉，使他们误以为本身的海防力量十分强大，因而没有进行海防变革……导致在后来相当长的一段时间里，中国沿海防御体系无法形成。另一方面，投降后的海盗首领大部分被授予官衔……就造成那些通过正统渠道的官吏心理不平衡，加深了矛盾。”①韩国学者都重万从海上武力与沿海团练的关系，分析广东海盗活动的社会影响，指出“嘉庆初年以来，广东沿海团练与海盗作战者，为数不少，嘉庆十四、十五年间，近海各乡团练林立，其防守功绩，较之官兵有过之而无不及。其次，有些乡间绅民创立公约、公所等自卫机构，以专司当地办团事务，这些公约、公所的团练组织机构，多以血缘、地缘和地主佃户关系为基础，因有固定经费、军械以及船团，故而其自卫力量较为强大”。他认为：“嘉庆年间广东团练的发展实奠定了往后粤省团练的基础。”②

二、关于蔡牵与闽浙海盗的活动及性质研究

蔡牵与闽浙海盗集团的研究是改革开放以来乾嘉年间海盗研究的重点领域，关于海盗成员、帮派及其内部组织结构、海盗活动的性质等许多问题大体得到厘清。学界研究的主流意见是把蔡牵帮视为渔民、船户反清的海上武装集团。近 15 年来，除上述问题的延伸讨论外，还从清代水师、海防、海上族群、海洋经济的角度展开。专著如陈孔立的《清代台湾移民社会研究》（九州出版社 2003 年增订本）、王宏斌的《清代前期海防：思想与制度》（社会科学文献出版社 2002 年版）、许毓良的《清代台湾的海防》（社会科学文献出版社 2003 年版）和《台湾军事与社会》（九州出版社 2008 年版）、王万盈的《东南孔道——明清浙江海洋贸易与商品经济研究》（海洋出版社 2009 年版）等等都有章节涉及清代乾嘉年间的闽浙海盗问题。2008 年，中国人民大学清史研究所王华峰的学位论文《十八世纪福建海盗研究》较为系统地阐述了 18 世纪福建沿海海盗的基本特征、福建社会各方的应对措施、福建海盗产生的多重因素，并进行了关于蔡牵、朱濆等一些海盗的个案

① 曾小全：《清代嘉庆时期的海盗与广东社会》，《史林》2004 年第 2 期。

② ［韩］都重万：《嘉庆年间广东社会不安与团练之发展》，《清史研究》1998 年第 3 期。

研究。

乾隆后期(1786—1795)，福建沿海是海盗的多发区。王华锋指出：当时福建海盗盛行的原因有：1. 福建的地理位置。风信上，春夏的东南风与秋冬的东北风使得船只南来北往，一日千里。同时，福建地狭人稠，其闽“内有耕桑之乐，外有鱼盐之资”，无论贫富，多从事海洋贸易等活动，固有“海者，闽人之田”之说，这些在客观上为海盗活动提供了广阔的舞台。2. 福建海盗的传统，其多抢劫商船、渔民或者民船财物，其为盗的动力更多是来自对财富的渴望，从而能导致其行为脱离正常的经济和社会秩序。而沿海居民多暗中与海盗相通、嗜利忘禁，不顾官府禁令，趋之若鹜，为海盗提供生活必需品及销赃，这也是导致清政府剿灭海盗计划难以奏效的重要原因，因而，当其处于困境或者想谋取更多财物利益之时，海盗无疑是不错的选择。3. 福建地区的经济因素。沿海地区的居民为了经济利益多种植经济作物。福建缺粮县主要分布在商业发达的福州、泉州、漳州、汀州，这些缺粮地区多种植甘蔗和烟草等经济作物，当发生自然灾害时，这些地区更容易受到冲击，因而福建的粮食问题在一定程度上是追求自身经济利益造成的。同时还应看到，一方面，乾隆后期，福建地区自然灾害很少发生，另一方面，有清以来，清王朝十分重视福建的粮食问题。遇有粮食短缺便从四川、湖广、江浙等地运米入闽，并从台湾运米至闽。4. 军队的腐败，战斗力下降。官员怠玩饰讳，士兵偷卖火药兵器。林爽文起义则是直接诱发和促使海盗增多的内在原因。①

乾隆五十九年至嘉庆七年(1794—1802)，蔡牵帮形成主要是在闽、浙洋面进行传统的海盗活动。嘉庆七年(1802)五月以后，转入反清斗争。郑广南认为：“蔡牵、朱濆为首的海盗集团进行军事、政治和经济全方位的反清斗争，这是他们海上活动的主要特色。”②陈孔立认为：蔡牵集团“代表失业的农民、渔民和其他沿海贫民的利益，坚持了十几年的抗清斗争。因此，应该认为蔡牵集团是沿海人民的抗清力量，他们的活动是沿海人民的反清

① 王华锋：《乾隆后期(1786—1795)福建海盗问题初探》，《兰州学刊》2007年第11期。

② 郑广南：《中国海盗史》，华东理工大学出版社1998年版，第342页。

起义，是当时社会矛盾尖锐化的一种反映”。“他们为生活所迫，下海抢劫商船，其最初目的是为了糊口，并不想经商图利，实际上他们也没有从事海上贸易，既不是海商，也没有进行走私，他们的活动和争取自由贸易没有关系。”①松浦章认为，蔡牵自称镇海王，“好像是建设一个海上帝国并拥有其统治者的地位”。“对于进行海上贸易者来说，向蔡牵等集团交费用是对他们起一种生命保险和海上保险的作用。”②李金明则持亦盗亦商的观点，认为，“蔡牵攻打台湾，目的是想逃避清兵的追剿，在台湾建立基地，继续从事武装贩运活动。他们没有制定具体的政治纲领，也没有提出明确的政治口号，不可能因此而改变亦商亦盗的基本性质”。③

李若文还就蔡牵和水师之间的互生关系进行了探讨。他认为：“清代水师之设原在侦缉海盗，没有海盗，就没有水师；海盗愈嚣张，水师就愈活跃，冲突抗争就愈白热化。然而，也可能反向而行，海盗势力扩张导致海上军事活动重要性的提升，地方当局也就愈有利可图，其贪腐成了海上犯罪的温床。以上矛盾的关系可用‘相生相克’一词来概述。”④许毓良认为，在剿灭海盗的问题上，“清廷非采取主动的方式夹击海盗的策略，而采取消极的手段把海峡两岸济盗的管道全部堵住，然后再以水师尾随剿捕，最后以打消耗战的方式，肃清海盗”。⑤

关于蔡牵进攻台湾的研究逐渐深入细化。台湾学生薛卜滋的《清嘉庆年间海盗蔡牵犯台之研究》（台南师范学院乡土文化所 2003 年硕士学位论文），大陆学者钞晓鸿的《蔡清对抗中的台湾义民》（台湾《第一届嘉义研究学术研讨会论文集》，2005 年）、刘正刚的《嘉庆时期藏兵赴台湾始末探析》（《西藏大学学报》2007 年第 3 期）等都有不同角度的阐述。

对朱濆的研究向来不多，一些学者把他当成广东海盗，实际上他是福建

---

① 陈孔立：《清代台湾移民社会研究》增订本，九州出版社 2006 年版，第 220 页。

② ［日］松浦章：《明清时代的海盗》，《清史研究》1997 年第 1 期。

③ 李金明：《清代嘉庆年间的海盗及其性质试析》，《南洋问题研究》1995 年第 2 期。

④ 李若文：《海盗与官兵的相生相克关系（1800—1807）——蔡牵、玉德、李长庚之间互动的讨论》，载《中国海洋发展史论文集》第十辑，第 467 页。

⑤ 许毓良：《清代台湾的海防》，社会科学文献出版社 2003 年版，第 172 页。

漳州人。近年在漳州云霄县岳坑村发现朱濆的坟墓,相传为其弟朱渥在其战死后将其遗体葬于岳坑村。岳坑为朱姓村落,当地父老流传有许多朱濆的故事,并认为朱濆为岳坑人。① 2010 年第 3 期《广东社会科学》刊登了陈启汉撰写的《清代乾嘉时期朱濆海上起事考辩》一文,认为朱濆乃是"前期主要在广东海域活动,后期回到了福建海域,与蔡牵帮时分时合,各自为帮。故当时官方有称之为'粤盗'亦有称之为'闽盗'"。②

对于浙江海域海盗的研究,2013 年 4 月《社会科学》第 4 期刊登刘平的《嘉庆时期的浙江海盗与政府对策》。该论文分析阐释了浙江海盗产生的社会背景、浙江海盗大帮兴起的契机以及浙江海盗的活动以及清朝对他们的剿捕。刘平认为,清中叶浙江沿海灾难频发,政府控制能力减弱、林爽文起义的爆发等多种原因造成浙江海域海盗活动的频繁。为平定海盗,清廷不断调整海防政策,派出忠臣亲自督阵等措施终结了这一时期浙江海面海盗的活动。但是"清廷无意探究海盗滋生的深层原因,也对调整海上群体的关系没有兴趣"③,最终导致海盗再次兴起并伴随至清王朝的终结。

三、研究方向的拓展与史料的发掘

近 15 年来,关于乾嘉年间海盗问题研究出现研究方向拓展的新动向。主要表现在:不再一味从政治史的角度演绎水师捉海盗的故事,而是回归到一个更加广阔海上历史场景,力图论述"自下而上的海洋历史"。如安乐博的 *Like Forth Floating on thre Sea*:*The World of Pirates and Seafarers in Late Imperial South China Sea*(刘平将其书名暂译为《浮沤著水》),从人类学、心理学、宗教学等学科角度来透视海盗内幕,如在第六章"海盗活动与海上社会",探讨了海洋社会各阶层与海盗群体的关系,他认为和水手一样,海盗为了生存必须依靠沿海人民,他们之间有着割不断的各种关系;第七章"水手与海盗的文化世界",作者展示了水手和海盗的文化世界,并把他们与陆

① 郑美华:《论朱集团的崛起及其对清朝东南沿海海上贸易的影响》,载《2009 漳州海商论坛论文集》,2009 年 11 月,第 121 页。

② 陈启汉:《清代乾嘉时期朱濆海上起事考辩》,《广东社会科学》2010 年第 3 期。

③ 刘平:《嘉庆时期的浙江海盗与政府对策》,《社会科学》2013 年第 4 期。

地上的主流文化进行比较，认为海盗群体有着自己独特的文化。“凸显古代海洋史中一个非常重要的特征——普通水手为主的海盗社会的日常生活画面。”①

从海洋社会看海上族群与海盗的关系也是一个值得注意的动向。赵莞丽的《明清时期广东的水上居民》（广东省社科院硕士学位论文，2007 年），探讨了疍民与海盗的关系，指出郭婆带、郑一嫂、张保是疍家子女，“渔民沦为海盗之后，以海洋活动场所和战场，因此他们的事迹与所起的作用也在海洋方面。有资料表明，他们在开发海洋、促进东南沿海地区经济繁荣和发展海外交通贸易等方面，曾经起了一定作用，是有贡献的”。高志超的《明清时期伶仃洋区域海洋社会经济变迁》（暨南大学 2008 年博士学位论文），对乾嘉年间漂浮于伶仃洋的疍民、游离于官民之外的海盗也有所分析。

史料的发掘，尤其是档案的整理有了新进展。近年来，中国第一历史档案馆和台北“故宫博物院”陆续出版了一批相关的清宫档案，如《嘉庆道光两朝上谕档》、《嘉庆帝起居注》、《明清宫藏台湾档案汇编》、《清代台湾谕旨档案关系汇编》、《清宫廷寄档台湾史料》、《清宫宫中档奏折台湾史料》、《剿平蔡牵奏稿》、《台湾道任内剿办逆匪蔡牵督抚奏稿》、《赛将军剿平蔡牵奏稿》等，有不少是第一次公开的资料，为进一步深化研究提供了基础。关于这一时期海盗的传说、故事，在海峡两岸都得到搜集整理，不少是把海盗视为英雄的，为了解沿海民间对海盗的观感，自下而上看海洋历史，纠正官方资料的偏差，提供了重要的参考。关于乾嘉年间海盗逸事的一些新发现、新解读也常见诸这些地区的报端。比如，2005 年 8 月 1 日，《海峡都市报》发表文章《晋江涉台遗存揭秘》从最新的文物发现起笔，其中也介绍了清代乾嘉年间晋江一带曾出现的海盗问题。2007 年 12 月 15 日，《东南快报》刊登《清末海盗的活跃》一文，重点介绍了嘉庆年间大海盗蔡牵的一些情况。2008 年 8 月 25 日，《东莞日报》的文章《海盗“张保仔”原来是传说?》对张

---

① 参见刘平：《透视明清时期的海洋世界——评安乐博〈浮沤著水：中华帝国晚期南方的海盗与水手世界〉》，《历史人类学学刊》2004 年第 2 卷第 1 期；黄秀蓉：《简评〈漂浮在海上的泡沫——中华帝国晚期南部的水手和海盗世界〉》，《南洋问题研究》2007 年第 1 期。

保的真实存在做了一次质疑。2009 年 1 月 17 日《番禺日报》A4 版的《龙穴岛与张保仔》、2009 年 11 月 5 日《南方都市报》的《风流海盗张保仔的战火情仇》、2010 年 3 月 21 日《中山商报》的《张保仔传奇:海上霸主香山受降》等则介绍了粤洋大盗张保仔的传奇故事。另外,因为厦门也是当年蔡牵活动的主要场所,近年来,《厦门日报》和《厦门晚报》也多次发表专版报道对有关蔡牵或者李长庚的文物古迹的整理和发掘进行报道。

通过以上分析可以看出,近年来,有关乾嘉年间海盗问题的研究日益活跃,国内外学者不断发现新材料,用新的方法去解读分析史料,取得了可喜的成绩。但是,如何突破传统观念和陆地思维的束缚,实现理论的创新,这项研究依然有一些空白之处。也正是在前人研究的基础上,本书试图做些有益的尝试——在海洋人文视野下,探讨嘉庆年间闽浙海域的海盗问题,对长期以来被人们忽视的一些薄弱环节进行深入发掘。

第三节　研究方法与研究架构

研究方法上,本书旨在历史重构,因此对空间、时间、事件的掌握尽量要求全面、准确。海洋人文社会科学的研究认为,海盗是海洋社会的组成成分,是以海为生的海洋社群之一。要正确地理解海盗,应该站在海洋的立场来分析。

海洋人文社会科学最重要的方法和视角就是立足于海洋,以海观海,运用海洋思维方式分析和总结问题。本书运用海洋人文社会科学的概念和方法从海洋史角度分析海盗的问题。

绪论部分主要对海盗在海洋史的定位做出清晰的说明,对近年来乾嘉海盗与水师研究的学术史力争有一次全面的回顾,并阐述本书研究方法与研究架构。

第一章"清代海盗黄金时代的到来",将从海洋社会的边缘化、水师战斗力的微弱、沿海地区官府控制力的下降、自然灾害与社会骚动等几个大的方面,从分析清朝以陆制海的海洋管理政策,海洋渔业、渔村与渔民的困境,海洋贸易从外海压缩到近海的等方面分析在嘉庆年间东南沿海出现海盗活动高潮的原因。

第二章“从‘踏斗’到联合的海盗世界”，将对广东海盗帮的崛起、闽浙海盗帮的分合的历史过程进行梳理，并分析总结海盗的来源与成分，进而看到海盗符合海洋人文的特征和生活方式。

第三章“‘镇海王’与‘南海王’”中，以当时活跃在闽浙粤三省洋面的“大海盗”蔡牵和朱濆为重点，厘清他们发展历程和主要海上活动、与一般海盗的区别，从分裂的海洋社会窥视整个海盗社会总体的面貌。在这一章中涉及蔡牵从临时抢劫到控制台湾海峡海域，蔡牵、朱濆攻打台湾、谋占噶玛兰的过程，分析他们与失业的农民、贫民、海商、郊商、盐商、以海为生的乡族、会党之间以及与官员、吏胥、兵丁千丝万缕的关系。

第四章“海盗的生活方式与海盗文化”，重点探讨海盗与海上其他族群如渔民、疍户的关系，从社会背景和个人原因分析海盗中同性恋存在的形式和原因，讨论海盗的信仰，最终宏观上对海盗的生活有一个整体性的认识。

第五章“李长庚与蔡牵的海上交锋”。作为清代乾嘉年间难得的优秀的水师将领，李长庚的一生充满着传奇色彩：他出生在海边，熟悉大海的习性，60 年的人生生涯的一半以上都是在海上，他的一生几乎是与海盗厮杀的一生；他曾被嘉庆皇帝钦点总统闽浙水师，专捕蔡牵，他的海上征战几乎都是与蔡牵有关的，但却在大功即将告成之际被蔡牵手下打伤身亡，最终功败垂成，饮恨西去。他虽为武将但心思细腻、感情丰富。在搜集历史档案的同时，笔者还几次去李长庚的故乡进行田野调查，搜集资料。本章将对李长庚的身世、李长庚与蔡牵交战的过程有一个比较完整的交代，并借着李长庚与蔡牵的海上交锋，对中国古代海军、海军思想未能发展起来的问题做出反思。

第六章“乾嘉海盗活动的落幕”，这一章详细描述了蔡牵、朱濆的战死和朱渥、张保的投诚。在以前学者研究的基础上，对蔡牵、朱濆战死的时间过程做一些补证。

“历史反思”是本书的最后总结部分，通过对清代嘉庆年间海盗问题的分析研究，反思清朝海洋政策的得失以及带给当今的经验和教训。

第一章　清代海盗黄金时代的到来

美国学者安乐博认为，在中国历史上，"中国海盗的黄金时代：1520—1810"。他认为"中国海盗的黄金时代大致可分为三次高潮。第一次高潮：明中期的倭寇：明嘉靖年间（1522—1566），堪称中国海盗的真正腾飞时期。第二次高潮：明清之际的海寇。降至万历四十七年（1620）至康熙二十三年（1684），即明清之际，中国海盗在沉寂了近50年后重新掀起了一股高潮，而闽粤的海盗数量也在17世纪40至60年代重新达到了顶峰。第三次高潮：清中期的洋盗"。① 在这篇文章中，他从政治、经济和自然环境等诸多方面分析了造成这三次不同时期海盗活动高峰的不同原因。"虽然上述三次海盗高潮均萌生于不同的历史时期，但是，这三次高潮仍不乏共同之处。其一，三次海盗高潮之肇端均为饥荒、战争或经济停滞，从而导致民不聊生，丛聚为盗，而后又由小变大，日益壮大。其二，海盗活动频发期恰逢米价庵升之际。其三，三次海盗高潮期间，朝廷均疲于应付内乱外患——明中期的胡患、晚明的清军入关，清中期的内乱和安南之乱——无暇南顾，故而对南部沿海地区的海盗活动反应迟钝，从而造成海盗为祸数十年一发不可收拾的局面。其四，在这三次海盗高潮中，声势浩大的大海盗集团一度曾在中国南部沿海地区雄霸一方。"②实际上，中国海盗活动第三次高峰期出现，除了安乐博分析的原因之外，还应该放到更广阔的社会背景下来考量。本章延续

① ［美］安乐博：《中国海盗的黄金时期：1520—1810年》，王绍祥译，《东南学术》2002年第1期。

② ［美］安乐博：《中国海盗的黄金时期：1520—1810年》，王绍祥译，《东南学术》2002年第1期。

安乐博关于第三次海盗活动高峰出现在清中叶，也即从乾隆末年至嘉庆中期之间的说法，从几个方面对这一时期海盗活动高峰也即海盗第三次黄金时代到来的原因进行分析。

第一节　海洋社会的边缘化

一、以陆制海的海洋管理

清朝在平定台湾后开放海禁，恢复沿海商渔活动，允许商船赴日本、南洋贸易。但出于对海上敌对势力东山再起的恐惧，选择了从海洋退缩的政策，把海洋社会整合到以陆制海的管理体制内，在“重防其出”思想指导下，对海洋生业和海洋活动群体实施陆地性的管理。

清朝在沿海地区普遍推行保甲制，“照例编排之外，凡属居民，以十家为率，开列十口，俱令环相结保。其结状如粮串联式，将互结人姓名之下，俱令画押，一发房收档，一存署稽查。如一家窝匪容隐不报，九家连坐。并取约保练首，令随时稽查。”①并进一步推广到海岛。乾隆五十四年（1789），“查明闽省海岛四百五十七处，请将烟户众多各岛，责令汛弁保甲稽查。并据两司议详，选举诚实之人充当保甲，严加管束。其有渔户就山搭寮者，一过渔期，即饬拆毁。”②渔民、船民、海商等海洋社会群体，则在澳甲制、船甲制下纳入沿海农业社会体制，成为编户齐民。

澳甲制是保甲制在渔村的变种。嘉庆元年（1796）三月，福建司道会议设立澳甲条款，禀称：

> 一、严举澳甲以清烟户也。查定例，保甲之设，所以稽核匪类。应就各乡居民多寡，每家设立门牌，将该家长姓名、年岁、生理填明，其同居弟侄及妻子人口，俱逐一附开于后。该县查明用印，按户悬牌。合计

① 《福建省例·户口例》，《台湾文献丛刊》第199种，第669页。

② 《福建省例·户口例》，《台湾文献丛刊》第199种，第669页。

某乡某澳居民若干户，每十户举设甲长一人，编列成册，申送院、司、道、府存案。凡十户之内，有窝匪藏私、出外为盗，及不法滋事者，俱令甲长严查，舍拿送官究治。如有徇隐，别经发觉，除甲长治罪外，所有知情不举之九户连坐。其散处烟户，不尽比屋而居，俱以十户为率，责令公举附近甲长管辖。

一、请列船号以稽渔户也。查沿海洋澳，半以捕鱼为生，或系钓船，或系杉板，自食其力，向皆出入自由，例无稽查。惟是洋匪停泊，接水消赃，全仗附澳小船游奕接应。应着澳甲一律查明所辖户丁内，船若干只，各于门牌内填注。渔船每日采捕，俱令早出晚归。出洋时查明有无多带食米淡水及私送火药器械，回时有无夹藏盗赃、衣物、番银等弊。一经查出，实时送官究治。官为加赏，并将赃物验明后一并赏给。如该澳甲稽查不力，或扶同徇隐，将来获犯供出，定照讳匿从重治罪。

一、编籍丁壮以资缉御也。查洋盗既无接水消赃之人，势必窜逸登岸，甚且拼其死力，抢夺村墟，惊扰居民，均未可定。自宜预为防范。应令澳甲人等，将各该户年方精壮者，每澳共籍若干名，各置器具，自为防守，以备不虞。每甲用金鼓一面，如探有匪船踪迹，即击金为号，丁壮齐集堵。倘匪已登岸，即分遣壮丁，将贼匪所驾近岸杉板击碎，断其去路。其有拿获有名首盗，仍照悬格给赏外，其余盗犯每名赏银牌一面，所得盗船赃物，验后悉行分赏。

一、请严巡查以收实效也。查澳甲之设，原以卫民。而闽省相沿，废弛已久。或州县视为具文，迁延不办，或奸民习于贪利，渐致疏懈。且恐州县往验，差役稽查，藉端需索供应，滋扰病民，自应严加禁革。如有前项情弊及需索纸张结费，许澳甲人等首告，官吏分别参究。每月内或州县亲身前往，或委员密查，将该县澳甲据实编查之处，出结通报。仍责成该管道府严密轮查。其奉行着有成效及办理并不认真各员，即分别禀请，入于本年计典查办，以示劝惩。①

---

① 《福建省例·户口例》，《会议设立澳甲条款》，载《台湾文献丛刊》第199种，第670—672页。

六月，根据督抚批示，司道又拟“异籍寄居稽查宜严”、“商渔船只宜烙号给照”等三条，其中规定：“异乡搬来寄籍者，须查明来历，移取原籍邻佑甘结，并取该保甲甘结存案，编入甲内。偶尔住宿者，除寻亲觅故外，应由旅店、庙宇将每晚投宿客人，访查来历，方可租住。”严查商渔船只，烙号给照，“如系载货出洋，报县验明，给予印照，取具各澳保连环甘结，方许出口，不得多带食米、淡水及私送火药、器械等项禁物。其捕鱼船只，总在附近海澳处所网捕，所带食米淡水，只许备本船一日之需为率，不准额外多带。……所有每月出洋船只若干，某日某船由澳出口捕鱼，于何日回澳，着令该保甲按十日造册报县，由县通报查考”。各澳口“保甲人等，须一年一换，按十家门牌查核更易，以杜把持获利、改名顶充之弊”。经督抚批准，与上四条“去其重复，择其简要，刊成例本，通发沿海文武衙门遵照办理”。①

通过这一政策，沿海渔民的家庭成员状况、船只数量都明确地标注在各家门牌之上，各家的情况掌握于甲长之手，出入都要汇报，并且采用连坐的方式，督促澳甲之内的居民互相监督。

对于出洋船只，则实行船甲制：“欲出洋者将十船编为一甲，取具一船为匪、余船坐连环保结，并将船结字号于大小桅篷及船旁大书深刻，仍于照后多留余纸，候出口时，即责成守口员弁，将该渔船前往何处，并在船舵水年貌、姓名、籍贯逐一查填入照，钤盖印戳，并将所填人数照登号簿，准其出口入口。”②

船只如式刊刻油饰书写，是雍正年间以来实行的“分别船号”的办法。嘉庆二年(1797)，又题定：“出海商渔船只自船头起至鹿耳梁头止并大桅上截一半，各照省份油饰船头，两舨刊刻某省、某州、某县、某号字样，福建船用绿油漆饰红色钩字，浙江船用白油漆饰绿色钩字，广东船用红色油漆饰青色钩字，江南船用青油漆饰白色钩字。其篷上大书州县船户姓名，每字均径尺，蓝布篷用石灰细面以桐油调写，篾篷、白布篷用浓墨书写黑油分抹，字上

① 《福建省例·户口例》,《会议设立澳甲条款》,载《台湾文献丛刊》第199种,第676—677页。

② 《洋防辑要》卷5,《洋防经制》上。

不许模糊缩小，如遇剥落即行填写油饰。”①

官府对商渔船只的建造实行严密的监察，船只规格、舵水人数、出海口粮、防卫武器都加以严格限制。“制造商渔船只，其尺寸式样报明州县，核例相符，批准兴工。工竣亲验，编号入甲给照。商船由印官开明船用什物等项，船主、舵手姓名、年籍、器械并明，以便汛口察验。”②嘉庆十二年（1807）福建同安县造船案，收有船户申请给料照造船之禀，附船匠甘结，铺户、澳甲、邻佑甘结，批准造船的料照和印结，船户报竣之禀，附铺户、澳甲、邻佑报竣甘结，船户九船连环互结；县批验烙给照，报厦防厅掛验出口附印结和舵水册，申关宪验给关牌等公文格式。③ 从海洋活动的源头开始，进行监控。

当时南北通商之船，许用双桅，樑头不得过一丈八尺，舵水人等14名到28名。通贩外国之船，同样许用双桅，樑头不得过一丈八尺，但执行上有所放宽，“如一丈八尺樑头，连两披水沟统算有三丈者，许用舵水八十名”，小如“一丈四五尺樑头，连两披水沟统算有二丈五六尺者，许用舵水六十名”。④ 嘉庆十二年，福建官府清查船政，规定：新造折造商船樑头，均以一丈八尺为率，毋许再行私造宽大。亦不得仿照海关输税之例折算，樑头一丈八尺者皆只开报八尺。确定丈量之法，“嗣后新造、折造大小船只完竣，地方官亲诣查验，必须照议自含檀与船旁内面左边接连之处起丈，至右边船旁接连之处止，实在若干长短，据实开填照内，不得假手吏胥，以致该船户等藉端影射，而违奏定章程”。⑤

清廷把海洋社会纳入沿海农业社会体制，限制在地方官府可控制的范围内活动，沿海人民的海洋发展能力因之逐渐减弱。

二、海洋社会群体面临生存困境

海洋渔业、海洋运输业、海洋商业是浙、闽、粤三省沿海的主要传统海洋

---

① 《洋防辑要》卷5，《洋防经制》上。

② 黄恩彤：《粤东省例新纂》。

③ 《福建沿海航务档案》，福建师范大学图书馆藏抄本。

④ 嘉庆《钦定大清会典事例》卷507，《海禁》。

⑤ 《福建省例·船政例》，《丈量商船樑头之法》，载《台湾文献丛刊》第199种，第683页。

产业，渔民、船民、海商是海洋社会的主要构成。流动的船是他们安身立命的家。回归海洋本位来看，他们世世代代在海上生活，是开发、利用海洋的主体，是大海的主人，而不是被陆地抛弃的“流民”。

自长江口至北部湾的海域，散布着带状的大小渔场。舟山渔场是台湾暖流（黑潮暖流）和大陆近海冬季沿岸寒流的交汇面，由于暖流带来南方喜热性鱼类，沿岸寒流带来北方喜冷性的鱼类，而形成良好的渔场，其下浙南的鱼山渔场、温台渔场，福建宁德的闽东渔场，福州、泉州的闽中渔场，向为福建渔民的作业场所，到明代，闽海渔民已对渔期和渔场做了符合生态系统运动规律的安排：

> 鱼自北而南，冬则先至凤尾，凤尾在浙直外洋，故福兴泉三郡沿海渔船，无虑数千艘，悉从外洋趋而北。直春，渔乃渐南，闽船亦渐归钓。①
>
> 台（台州府）之大陈山，昌（昌国卫）之韭山，宁（宁波府）之普陀山等处，出产带鱼，独闽之莆田、福清县人善钓，每至八、九月，联船入钓，动经数百，蚁结蜂聚，正月方归。②

清代舟山渔场“福建帮”的钓冬船约五六百号，霜降出洋，谷雨节回洋。大钓容量约十万斤，小钓七八千斤。③ 以三都澳官井洋为中心的闽东渔场，每年立夏，石首鱼（黄花鱼）成群应候而来，至端午他徙，宁德、福安、霞浦三县渔船往来如织。④

闽南——台湾浅滩上升流区由于底层富营养盐的海水上升到表层，浮游植物繁殖茂盛，促使浮游动物和鱼类大量繁殖，也成为重要的渔场。南海沿岸的重要渔场有韩江口为中心的粤东渔场，万山群岛为中心的珠江口渔场，涠州岛为中心的北部湾渔场。

---

① 董应举：《崇相集》，《条议·护渔末议》。

② 计六奇：《明季北略》，张延登：《请申海禁疏》。

③ 朱维幹：《福建史稿》（下），福建教育出版社 1996 年版，第 456 页。

④ 乾隆《福宁府志》卷 4，《宁德·山川》。

渔民社会群体，一般由居住沿海渔村的陆居渔民，与居住船上的水居渔民组成。陆居渔民，一部分是水居渔民和部分疍户被纳入官府统治体系内，上陆居住，仍保留原有的生计，一部分是农民的兼业转化而来的专业渔户。水居渔民主要指世代以舟楫为家的疍户和没有土地以捕鱼为生的渔户，也有一部分是沿海失去土地的农民下海谋生，或因犯法、械斗等原因无法在陆地立足，逃亡下海，以渔为生的。嘉庆时，“闽海港澳共三百六十余处，每澳渔船自数十只至数百只不等，合计舵水不下数万人，其眷属丁口又不下数十万人”。① 浙江、广东的渔民大致也不相上下。疍户有 100 万人左右。这些以海为生的人群，世代漂泊海上，海洋哺育了他们的世世代代，提供给他们赖以生存的生产、生活资料。

渔民的生计原本就受渔船、渔具、渔场、渔汛的制约，不像农民耕种那样稳定。如舟山渔场是中国最大的海洋渔场，也是江苏、浙江、福建三省渔民共同开发、利用的渔场，每年四月的黄鱼花春汛与十一月的带鱼冬汛，都有千余艘渔船作业。各地渔船结成渔帮，集体行动，争取最大的渔业利益。但渔业资源是流动的，能否在自己的作业区内捕捞获利，由鱼群流向决定，具有不确定性。

官府用管理农民、农业的方式管理渔民、渔业，使海洋生计的不确定性更加突出。出洋渔船止许单桅，樑头不得过一丈，舵水人等不得过二十名，只许在本省沿海邻境采捕，不许越省。小者朝出暮归，不许在洋过宿。渔民一捕不到鱼，便生活无着。岑尧臣《嗟渔户》说：“渔户不解耕，只以海为田。托身鱼虾族，寄命波涛间。……海熟心欢喜，海荒怀忧煎。一朝风信好，得鱼辄满船。……竟忘风信恶，无鱼但临渊。”②外洋渔场在渔汛产旺季节，官府无法制止渔民跨省作业，在坚持渔船出省禁令的前提下，允许商船改换渔船牌照，出省采捕，但也有渔区的限制。如嘉庆九年（1804），浙江布政司详定，福建渔船越浙捕鱼，只准收泊镇海、象山、定海三县，查收船照，换给官单，一俟汛毕，缴单换照，驱逐回籍。嘉庆十七年（1812），闽浙总督温承惠

---

① 汪志伊：《议海口情形疏》，《皇朝经世文编》卷 85，《海防》下。

② 乾隆《福清县志》卷 11，《艺文》。

裁定，福建渔船许往浙江舟山等处采捕，不许越赴江南省，违者治以越境之罪，船只变价入官。① 此类画海为牢，阻止渔民走向外洋渔场的限制措施，打击了海洋渔业。

这就把渔民从外洋逼回近岸，近海捕捞上升为渔民的主要生计。惠安"山前、吴产二宗居民则另设密网，于冬春之季专取白虾。……东西澳、后海澳，人各沿海步拖大网，施罟网，取小鱼，乌鱼、鲈、鲙、鲥、鲫、白丁虾、锁管、卫螺、香鲟螺之属，难以名举。"②

近海捕鱼亦被禁止时，渔民被迫登陆为农，兼以采捕滩涂海物救生，进而在海岸潮间线地带进行水产养殖。海田种养蛎、蛏、蚶等贝类，在此一时期得到推广。霞浦之"涵江、沙江、竹屿、武岐居民，以蛎为业。……浅水苗蛎，不一其处。""竹江以海为田，网鱼种埝，赡养三百余户。""割埝为村人养生大宗，自五、六月迄九、十月，几于无家不割。"③长乐梅花埕，"吾梅之民，共于此争蛤、虾、螺、蚌之属以给衣食。"④平潭"培水田种蛏"。⑤ 厦门、金门"牦埕、鱼簖、蚶田、蛏溆，濒海之乡划海为界，非其界者不可过而问焉"。⑥

沿海地区有专业的渔村，如闽东霞浦县的"松山，全乡业渔，鱼利颇丰"，"水澳，在四十三都罗浮村，……居民数百家以渔为活"，"三沙乡，背山面海，无田可耕，人烟可三四千家，皆业渔……三澳者，可八十余家，亦业渔"。⑦ 澎湖"无田可耕，无山可樵，以海为田，以渔为利，以舟楫网罟为生活"。⑧ 还有大量半渔半农、主渔副农的渔村，以及主农副渔的农村。如"厦门岛上，田不足耕。……近海者耕而兼渔，渔倍于农"。

大量水居渔民舍舟登陆，流落在渔港村澳，或"讨小海"，或当补网等佣工，或肩挑负贩渔货，加剧了渔村的无序竞争。因侵占海界引起的渔村之

---

① 道光《厦门志》卷 5，《船政略》。

② 朱彤：《崇武所城志》卷 4，《生业》。

③ 民国《霞浦县志》卷 18，《实业志》。

④ 道光长乐《梅花志》，王运昌：《复梅花埕记》。

⑤ 民国《平潭县志》卷 5，《物产》。

⑥ 道光《厦门志》卷 15，《俗尚》；民国《金门县志》卷 13，《礼俗 · 耕渔》。

⑦ 民国《霞浦县志》卷 4，《山川志》。

⑧ 陈文达：《台湾县志》，《建置志 · 隘塞》。

间、宗族之间的械斗时有发生，又使渔民生计更为艰难。“沿海无地可耕，全赖捕鱼腌贩，以为仰事俯育之资。……若一概令其舍舟登陆，谋生乏术，迫于饥寒，势必铤而走险，将恐海盗未靖，而陆盗转炽矣。”①

闽、粤三省沿海有许多优良的港口，从事中国南北沿海、台湾海峡、琼州海峡两岸以及东西洋各国运输贸易的历史悠久。清初开放海禁后，南北沿海的海洋运输业和海洋商业恢复了生机，而通洋航线的营运则有所萎缩。

船民社会，一般指从事海上运输为生计的人员组合，包括舵、缭、斗、椗等航海技术人员，以及水手和勤杂人员。海商社会，指从事海上贸易的商人组合。狭义指奔波海上负责海洋航运和贸易营运的船主、海商及其经理人员，以及船上附搭的客商，即租舱位置货随船出海的货主。广义包括陆地出资造船的船主和置货的货主（通常是巨族大姓或绅衿富户多人投资合股的“公司”），以及经销海船进口货物的商人。当时的海上运输与海洋贸易合而为一，船民社会群体与海商社会群体共处一艘船中，结成“以海为田”的生命共同体。南北沿海商船总数约在 9000 至 1 万艘之间，通贩外国的商船约 300 艘，“船只小者，需费数十金至数百金，大者必需数千金”。② 从业人员有数十万人。船中的搭客是流动的，除客商及随带的弟兄外，还有过往的乘客，不少是因各种不同原因过台湾或下南洋的移民，即每年间接从中分享海洋利益的，亦数以万计。

通贩外国之船，每船船主（即船长，又称出海）一名，通常是造船置货的财东（出资人或合伙人），或财东推举的代理人，掌管货物出国买卖及船务。财副一名，司货物钱财。总管（总捍）一名，分理事件。火长（亦称夥长）一正一副，掌船中更漏及驶船针路。亚班（亦称斗手）一正一副，占风望向。舵工（亦称老大）一正一副，掌舵。大缭、二缭各一，管船中缭索。头碇、二碇各一，司碇。一仟、二仟、三仟各一，司桅索。杉板船一正一副，司杉板及头缭。押工一名，修理船中器物。择库（直库）一名，清理船舱。香工（香公）一名，朝夕焚香楮祀神。总铺一名，司伙食。水手数十名。南北通商之

① 汪志伊：《议海口情形疏》，载《皇朝经世文编》卷 85，《兵政十六 · 海防下》。

② 汪志伊：《议海口情形疏》，载《皇朝经世文编》卷 85，《兵政十六 · 海防下》。

船，每船出海一名，即船主。舵工一名、亚班一名、大缭一名、头碇一名、司杉板船一名，总铺一名，水手二十余名或十余名。

在长期的海洋生产生活实践中，渔民有自己传统作业的渔区，船民有自己传统的航行区，海商有自己传统的贸易圈，并不受陆地区域划分的国界、省界的限制，但从陆地社会的程序、规则看，是不合法的。商渔组织为实现自己的捕鱼权和航行权，保护自己的海洋经济利益，或改善自己的生产生活条件，或应对海上安全威胁，形成民间海洋社会权力，即自我管理、发展海洋事业的力量。在清朝官府无意经略海洋的情势下，民间海洋社会权力的存在是维持海洋经济、海洋社会运作的必要条件，但它与官方行使的公权力相抵触，因而被视为违法行为。制造大船或改进船只航海性能的行为，如：拆改船只，添置"盖板"、"披水"、"假柜"、"桅尖"，以"头巾"帮篷，"插花"添裙；上报樑头，以大作小；申领渔船小照，建造商船；等等，均被严加取缔。嘉庆十五年（1810），"厦门古浪屿等澳，现有商民越领马巷厅、海澄县料照，来澳置造陈进发、陈诚发、陈合时、陈顺发、陈泉发、陈广盛等六船，樑头违例造大"，其中全胜行林孝官雇造的陈进发船，樑头一丈九尺八寸；联兴行王梓观和丙州乡人陈精合造的陈顺发船，樑头二丈零八寸；陈泉发船，樑头二丈零六寸；聚利行雇造的陈合时船，樑头二丈零七寸。又源益行置造的新合发船，樑头一丈九尺八寸。经查验，樑头均被折改削小。① 提高经营效益的行为，如：不归正口挂验，从私口偷越；上报遭风，改变航行路线，越过省界甚至到远洋捕鱼，或到外国贸易；超载乘客、货物；等等，均被视为"偷渡"、"走私"。嘉庆十五年（1810），福建官府以"澎湖渔船向无出洋，惟有厅民潜往台地，创置沙漕、杉板头等船，其船式与尖艚船样无异，越赴台、凤、嘉各邑混请渔船牌照，私自来往台澎"。议定改给商照 19 只之外，"其余各船，只许在澎湖附近处所渡载、捕鱼为生，不许私往台湾"。② 发展自卫能力的行为，逾额多带武器，即照私藏军器律治罪。官方从立法到施政处处限制海洋社

---

① 《福建沿海航务档案》，《详请越籍领照违例造大船只押拆案》，福建师范大学图书馆藏抄本，第 95 页。

② 《福建省例·船政例》，《澎湖添复尖艚船额往台贩运粮食议定稽查章程》，载《台湾文献丛刊》第 199 种，第 694 页。

会人群的流动，视其为潜在的敌人加以严格监管，抗拒者即是“盗匪”。于是，海洋人开发、利用海洋能力的努力，只能通过冒险违法活动来进行，成了民间海洋社会的潜规则。官府和大陆人认定的“盗匪”行为，在他们看来只是谋生的一种手段。而从清初一直到嘉庆年间都持续坚持的对于民船的限制，不仅严重阻碍了民船的进步和发展，也严重影响到了战船水平的提高，严重削弱了海商远洋贸易的能力，严重损害了海洋经济正常地向着更好的方向发展，甚至出现了倒退的情形。

三、海洋贸易从外海压缩到近海

有清一代，由于入主中原的满洲贵族对海洋和海洋势力充满恐惧，从一开始便把沿海行驶的商渔船纳入海防管理的体系之中，严加限制。顺治时期，采纳黄梧等人之策，厉行迁界、禁海的政策。“顺治十二年题准：海船除给有执照许令出洋外，若官民人等擅造两桅以上大船，将违禁货物出洋贩往番国，并潜通海贼，同谋结聚，及为向导劫掠良民，或造成大船，图例卖与番国，或将大船赁与出洋之人，分取番人货物者，皆交刑部分别治罪。至单桅小船，准民人领给执照，于沿海近处捕鱼取薪，营汛官兵不许扰累。”①顺治十三年（1656）六月，“申饬沿海一带文武各官，严禁商民船只私自出海”。②顺治十八年（1661）十二月十八日，清朝又颁布了“严禁通海敕谕”，提出了实施海禁的原因和具体措施，将顺治时期一系列禁海政策尤其是顺治十三年的海禁令进一步系统化、明确化。与顺治十八年“严禁通海敕谕”相配套的，就是“迁海令”，东南沿海居民被迫迁离世居之地，流离失所。在这样的情况下，东南沿海地区社会经济区域切割为二，郑氏政权虽然败亡，但这一区域的海洋经济却受到重创。康熙初年，清朝的“迁海”政策继续实行，并较顺治时期更加系统和严厉。虽然康熙八年（1669）开始有计划地让迁海居民返回旧地，也仅仅是对海禁政策的变通而已。康熙二十三年（1684）复开“海禁”，这在清代海洋贸易史上是值得注意的一件事，它不仅顺应了沿

① 《钦定大清会典实例》卷629，《兵部·绿营处分例·海禁》。

② 《郑氏史料续编》卷10，台湾省文献委员会、台湾银行经济研究室，1995年。亦见《清圣祖实录》卷102，顺治十三年六月癸巳条。

海民众生计、生活的需要，也一定程度地适应了世界贸易的全球化潮流。但到康熙五十六年（1717），又一度禁止国内商船前往南洋贸易。雍正即位后，对康熙时期的贸易政策略做调整，“洋禁新开”，废除了禁止南洋贸易的规定，初步放松了对国内粮食流通的控制，但是总体上来讲，雍正朝对海洋贸易仍然严密控制，许多限制沿海边民下海捕鱼、经商的措施已经条例化，颁布了一系列规范海洋贸易的措施，从出海商渔船的颜色、樑头到海外贸易的物资、进出口岸的申报等方面都做了明细的规定。沿省沿海贸易商船，“于出口之处，由守口官弁验明挂号，经过之处，于要汛验明挂号，入口之处，由守口官弁验明。回棹之日，仍从原处复验挂号进口”。① “商船、渔船不许携带枪炮器械。至往贩东洋、西洋之大船，原与近洋不同，准其携带，鸟枪不得过八杆，腰刀不得过十把，弓箭不得过十副，火药不得过二十斤。洋商投行买货，即同牙人将应带军器数目，呈明海关给票照数制造，錾书姓名号数，完日报官考验，填入照内，守口员弁，验明放行。来日如有短少，即行讯究”。除了要求出洋船只准时按期申报之外，同时对出洋船只携带食米的数量也做出了严格的限制。出海船只如果携带粮食进行出售图利或者接济奸匪，一旦查出，将米入官，卖米之人，分别治罪，守口员弁，隐讳不报者，革职。可是，出海贸易，风汛无常，凶险异常，如果不带足粮食水米，船上人员的生活是难以保障的，没有武器，遇到海盗抢劫，只好乖乖地投降任其掠夺了。这一政策对出海人员的生活是有很大影响的，并且严重影响了渔船、商船的远洋能力。乾隆即位后，海洋政策又有了新的调整变化。他对海洋贸易的控制越来越严密，事关民生和国家安全的粮食、丝绸、硫黄、火药、枪炮等商品严禁出洋贸易，对其他的出海物资也做了详细规定，对出海小船、小艇强化管理，严格限制商渔船所带武器，限制船上舵工、水手的数量，并禁止英国商人来华贸易等。在限制商船上，乾隆二十一年（1756），曾将压舱用的石块也视为武器，严令加以限制：“出海渔船、商船每借口压舱，擅用石子、石块为拒捕行凶劫夺之具。嗣后均止许用土坯、土块压舱。如有不遵，

---

① 《钦定大清会典实例》卷629，《兵部 · 绿营处分例 · 海禁》，台北文海出版社1992年版。

守口员弁澳甲兵役严拿解究。倘纵令装带，致有在洋为匪，用石伤人，即将纵放出口员弁澳甲兵役人等分别参处。"①普通石子都限制携带，可见其对商渔船管理之严厉。这种对商渔船军械的限制，一直持续到乾隆末年才有所松动，因为此时来自安南的"夷匪"已经在中国东南沿海大开掠夺之戒，中国商渔船的处境越来越危险。在福康安等人的建议下，清廷也认为"若拘泥禁止，何益卫商旅而御盗劫"。② 于是开始下令商船出洋时查点炮位，准其携带，不再严格限制商船军器。

事实上，乾隆末期，西方资本主义国家已经崛起，对华贸易的要求越来越强烈，清朝海洋政策面临的国际海洋贸易形势已经发生了重大的变化，应该及时调整政策以适应国际趋势发展才是正道。然而，清朝统治者并没有意识到这一点，海禁的政策依然存在，海洋贸易尤其是对外贸易越来越萎缩。嘉庆皇帝在位期间依然沿袭乾隆时期的海洋政策，几乎没有什么改变，海洋政策愈加保守。在海洋政策上，嘉庆帝强调最多的就是如何禁米出洋，如何断绝对海盗的供给，对于出洋船只所带食米严格审查，对于出洋船只的规制严格限制。嘉庆四年（1799）和嘉庆九年（1804）都曾下诏重申禁米出洋之例。

总的来讲，清代的海洋政策是不利于海洋贸易尤其是远洋贸易发展的，导致海洋贸易逐渐由外海压缩到内海。嘉庆时期，南北沿海商船呈增长态势，从渤海到南海，各段航线连接，构成陆岛贸易网络。而通贩外国的商船呈下降态势，海外贸易地向越南、暹罗、马来亚、新加坡转移，航往传统海外重点贸易地日本、吕宋、巴达维亚的商船锐减，每年平均都不足十艘。

影响商船与海洋贸易发展的因素很多，以往研究已从出航地与到航地两边的政治、经济、社会状况的变化来论证，在此不再赘述。从海洋社会群体看，他们谋生的手段单一，风险很高。飓风狂浪难于预防，是海船活动的巨大威胁，而官府对船只规格、出海人数、口粮、防卫武器等的限制，又削弱了他们应对海洋事变的能力。

---

① 《广东海防汇览》卷16，《船政》5，第15页。

② 《广东海防汇览》卷21，《方略》10，《戎器》4，第17页。

从事南北贸易的商船，在黄海、东海遭风沉没或漂到沿海各地的有多少，缺乏翔实的资料记录。遭风漂到朝鲜、琉球的，据中、朝、琉三方文献记载：嘉庆五年(1800)，江苏南通船6人在山东海面遇风漂至朝鲜。嘉庆六年(1801)，福建同安王久良船25人在山东海面遇风漂至朝鲜。同安徐三贯船32人在山东海面遇风漂至琉球。嘉庆十年(1805)，江苏宝山县傅鉴周船22人在山东海面遇风漂至朝鲜。嘉庆十三年(1808)，江苏元和县船龚凤来等16人在山东海面遇风漂至朝鲜。太仓州镇洋县船陈仲林等13人自关东金州返航，遇风漂至朝鲜。山东蓬莱县阮成九船40人在宁海州外洋遇风漂至朝鲜。江苏通州庄蔚廷船20人在江苏海面遇风漂至琉球。嘉庆十四年(1809)，江苏镇洋县肖长发船17人自关东返航，在大洋遇风漂至琉球。嘉庆十五年(1810)，福建同安叶榜船29人自盖州南返，遇风漂至朝鲜。嘉庆十八年(1813)，福建同安黄万琴船22人自天津返航，在山东海面遇风漂至朝鲜。海澄黄全船47人自锦州南返，遇风漂至朝鲜。同安黄宗礼船47人在锦州海面遇风漂至朝鲜。嘉庆十九年(1814)，广东澄海县吴利德船58人自西锦州返航，在江南大洋遇风，49人漂至琉球。嘉庆二十一年(1816)，直隶天津县陈百顺船20人自辽东牛庄往上海，途中遇风漂至琉球。嘉庆二十四年(1819)，同安吴永泰船30人在山东海面遇风漂至朝鲜。嘉庆二十五年(1820)，同安张尚华船21人自天津返航，在山东海面遇风漂至琉球。

通贩外国的商船在南海遭风的，现存中外记载有：嘉庆八年(1803)，厦门洋行李昆和发往麻六甲、槟榔屿、苏禄三船俱遗失。嘉庆九年(1804)，闽船遭风漂至越南。厦门洋行李昆和荣发船自巴达维亚返航，收风粤东。嘉庆十年(1805)，闽船遭风漂至越南。嘉庆十一年(1806)，广东官船一只在海遇风，漂荡外洋，8人被英国洋船搭救，载至新埠(新加坡)。厦门洋行李昆和十三万胜船自巴达维亚返航，因风收入羊城。嘉庆十三年(1808)，台湾船漂至越南。厦门和振万船往贩把揀，遭风漂到单丹，6人染病身亡。回棹在洋中遭风，漂收广东。嘉庆十四年(1809)，漳州诏安船户陈泉等39人驾金发兴船自暹罗回国，遭风沉没，27人逃在三板漂流获救，回到澳门。嘉庆十四年(1809)，厦门金集春船在番仔瓦洋面冲礁击碎。嘉庆十五年

(1810),厦门昆和洋行金顺源船往狮泥,到万里长沙打破,561人被英国兵船救起,送至越南会安。福建吴竟船自暹罗回国,在广东洋面遭风漂至福建。嘉庆二十年(1815),闽船一只遭风漂至越南富安。

海难失事加大了商船营运的成本,影响了造船更新的能力。加上乾隆末年以来闽粤沿海地区相继遭受大灾,民生益困,海洋贸易商品供销转滞,船主收益减少,甚至折本,“海船遭风,艰于复制,而泛海之艘日稀。”天津每年进口闽、粤各船,嘉庆五年(1800)有182只,嘉庆十一年(1806)降为90至100余只,嘉庆十三年(1808)则降至85只,嘉庆十四年(1809)只有81只。厦门横洋大船原有五六百只,到嘉庆十二年(1807),仅存100余只。经闽海关招募贩艚船,准其往台贩运,获有微利,才增至200余只。船只减少,也意味着船上人员失业的增多,一定程度上也反映了海外贸易的萎缩。

从以上分析可以看出,在清代严格的海禁和海外贸易政策之下,海商出口贸易障碍重重;天灾人祸和严格的政策之下,海商和船上社会的经营活动受限,社会生活越发艰难。在茫茫大海载货航行的商船没有足够的武装力量,难以应对来自海盗的突然袭击。对于海商的这一弱点,海盗是深知内情的,所以对于过往洋面的船只,他们要求事先购买“票单”,回报是在他们控制的海域保证航行的安全,本质意义上是一种“海上保护费”。海商在清朝官府无力保护海洋贸易,极力限制商渔船的发展的情况下,请求海盗的保护或许也能算作是一个不错的选择。从这一点来看,清朝不合理的海洋政策在限制海洋贸易发展的同时,客观上是给了海盗生存和发展的空间。试想,如果他们不制定如此严格限制海洋贸易的政策,如果允许海商自由贸易,如果能对海商活动进行应有的保护,自然也就没有海盗抢劫的可乘之机了。

第二节　水师作战能力微弱

一、东南沿海海防力量薄弱

清代前期的海防,也基本延续明代的海防部署。但是清朝为除海洋大弊，防止海上反清势力重新崛起，实行严格"重防其出"的海洋政策，"海防设想的主要对象在国内，岸防是重点，水防是辅助"。① 在海洋的管理上，严密限制渔民和商船的出海以及海外移民，将限制沿海居民出海作为主要任务。

清代的水师有汛（或者哨）、营、协、镇、提督等五级单位，设置了从外委把总到提督的各级水师军官。清代的海防任务主要由沿海驻防八旗驻军和绿营水师完成。其中沿海驻防八旗驻军有一万余人，但是战斗力不强，主要是监控当地行程和驻军，对具体的海防工作负责不多。绿营，是清政府收编归降明军官兵和招募汉族壮丁所组成的部队。因为部队所用旗子为绿色，故称绿营。清代水师的主要组成部分是绿营水师，大部分海战或者水战都由他们进行。其中水师提督是绿营的最高将领，统辖本省大部分水师，还监管一部分陆师部队。水师总兵是戍守一部分水上防区的绿营水师将领，仅次于水师提督，其直属部队叫作水师镇标。在水师和水师总兵之下，还设水师副将、水师参将、水师游击、水师都司、水师守备、水师千总、水师把总、水师外委千总、水师外委把总等各级军官。

清代水师由内河、外海两部分组成，外海水师又分为水兵和守兵两部分，各部队可根据自己的作战和巡防特点进行训练和建造战船。历经康、雍、乾三朝，清廷在东南沿海布置了一条以海岸、海岛为依托，水陆相维的海防线，海上力量以驻扎海岛、海口的绿营为主，岸上以绿营陆师为主，又以八旗兵在沿海核心城市集中驻防，加以监控。在东南沿海苏、浙、闽、粤等省设置水陆绿营官兵 21 镇，戍兵布于崇明、定海、金门、海坛、南澳、琼州以及台湾、澎湖列岛等沿海主要岛屿，逐步形成陆岸为依托的层层相因的东南海疆防御线：外有海岛防线，中有水陆相系的海岸防线，内连沿海区域重镇的东南陆边线，重点稽查沿海商渔船只出入，对出洋船只的大小、所带米石、防御武器、进出港口、回港时间等都做了严格限制，制止航海、商渔力量的增长。

---

① 王宏斌：《清代前期的海防：思想与制度》，社会科学文献出版社 2002 年版，第 61 页。

但总的来讲，清水师星罗棋布的布局，导致它过于分散布防，海上力量主要用于防范居民私自下海出洋，稽查民船规格、技术技能以及载运货物、武器、粮食等。只能用以防范零星海盗，不能进行大规模的海战。根据《洋防辑要》记载，在浙江洋面，浙江水师担负着河防和海防双重任务，海防任务重于河防任务，以海防为主的水师营自北向南主要有乍浦营、嘉兴协营、绍兴协营、定海镇、黄岩镇、温州镇、瑞安水师营、玉环营。浙江内河、外海水师官兵 9400 余人，拥有大小战船 302 艘。

福建水师。福建东南沿海凡 2000 余里，港澳凡 360 余处，要口凡 20 余处。额设水师 27700 多人，分 31 营，大小战船 266 艘。福建省的海防力量在沿海各省是比较强大的，拥有各类海洋战船最多，如赶缯船、双篷艍船、双篷船、平底哨船、圆底双篷罟船、哨船、平底船、双篷哨船等。各船水兵人数据船只大小分配，多则三四十人，少则十余人。自清初以迄乾隆，削平郑氏，三定台湾，以及嘉庆间靖海之役，福建用兵海上，较他省为多。福建岛屿星罗，处处与台、澎相控制，故海防布置，尤为繁密。雍正四年（1726），浙闽总督高其倬奏陈操练沿海水师，并令闽洋水师巡视本省各口兼赴浙洋巡缉。嘉庆四年（1799），闽省水师仿商船式改造战船 80 艘，编为两列。自泉州之崇武，分南北犄角。由崇武而南，令南澳、铜山、金门及提标后营各镇将率船巡缉。崇武而北，令海坛、闽安及金门右营各镇将率船巡缉。揆以漳州之鼓浪屿设防尚未周备，增建炮台，置新式炮。

福建的海防，在不同时期，侧重点随时异宜。康熙年间，因为郑成功势力的存在，漳州、泉州的海防工作格外受到重视。当时水师所用沙唬船不适于海战，便将其改造为鸟船。施琅平定台湾，鸟船起了重要的作用。到了嘉庆间，海盗蔡牵窜扰浙、闽、粤三省洋面，闽省的宁德、福州、泉州、漳州等地都曾是蔡牵侵犯之地，这些地方也就格外重视海防。在追剿蔡牵的过程中，清廷水师官员李长庚曾经造霆船 30 艘，置大炮 400 余具，屡次击败蔡牵。在当时，闽、浙水师两省还有多次合作共同对蔡牵展开围追堵截之役。但是福建海岸线、海岛线绵长，驻守相对比较分散，主要以海盗为其海防对象，没有集中驻防的水师基地。

广东海防。广东南境皆濒海，自东而西，历潮、惠、广、肇、高、雷、廉七郡,而抵越南。其东境始于南澳,与闽海接界。潮州支山入海,有广澳、赤澳诸岛,皆水师巡泊所在。广州海防,自零丁洋过龙穴而北,两山斜峙,东曰沙角,西曰大角,由此入内洋,为第一重隘。进口七里有山曰横当,前有小山曰下横当,左为武山,亦曰南山,为海船所必经,乃第二重隘。再进五里曰大虎山,西曰小虎山,又西曰狮子洋,乃黄埔入省城之路,为第三重隘。清初规制,设大小兵船一百数十艘,仅能巡防内洋,不能越境追捕,遇有寇盗,则赁用民船。康熙五十六年(1717),始建广州海滨横当、南山二处炮台。乾隆五年(1740),以广东战船年久失修,谕疆吏加意整顿。乾隆四十六年(1781),巴延三以各海口时有寇船出没,于石棋村总口设立专营,与虎门营汛联络。乾隆五十八年(1793),吴俊以东莞米艇坚固灵捷,便于追捕海寇,造二千五百石大米艇47艘,二千石中米艇26艘,一千五百石小米艇20艘,分布上下洋面,配置水兵,常年巡缉。嘉庆五年(1800),于沙角建炮台。嘉庆九年(1804),倭什布以粤海穷渔伺劫商船,遇水师大队出巡,辄登陆肆扰,遂无宁岁,乃规画水陆缉捕事宜。嘉庆十五年(1810),设水师提督驻虎门,扼中路要区,以二营驻香山,一营驻大鹏,为左右翼。嘉庆二十年(1815),就横当炮台加筑月台,又于南山之西北,增建镇远炮台,置炮多具。嘉庆二十二年(1817),建大虎山炮台,置炮32具。

浙江海防。东南沿海一带,由杭州经福州而至广州的东南沿海驻防线上,杭州、福州和广州是三座中心城市,驻扎着一定数量的八旗军。杭州将军兼辖乍浦驻军。根据《清代文献通考》以及《光绪朝修大清会典》的数字统计,整个东南还防线线上有八旗驻军一万余人。在浙江,水师肩负河防和海防的双重任务。海防为主的水师营自北而南为乍浦营、嘉兴协营、绍兴协营、定海镇、黄岩镇、瑞安水师营、玉环营。

在清代的绿营水师中,浙江提督直辖水师为钱塘水师营和乍浦水师营。钱塘水师营共有官兵660余人,船只21艘,有鳖子门、新城、钱江、富阳、塘栖五个汛。乍浦水师营是由定海镇邮营改编而来(雍正二年,1724年),有官兵600多,战船10艘。定海水师镇建于清初,设有前、后、左、右四个营。康熙九年(1670),减为左中右三个营,有官兵2800余人,战船80艘,哨船20艘。综合《清史稿》、《清代文献通考》、《浙江通志》等文献中的记录,将各绿营驻军大致情况列如如下表。①

营队	人数	船只	管辖范围
乍浦水师营	水战兵：240，守兵：276	10 艘	岑港、沥港、岱山等汛
钱塘水师营	官兵 660 余人	20 艘	鳖子门、新城、钱江、富阳、塘栖五个汛
绍兴协营	战守兵 1800 余人	72 艘	临海、观海 2 卫和沥海、三江等 3 所，设周家路水巡师
黄岩镇	战守兵 2700 余人	25 艘	黄礁门、三门、老鼠屿、牛头山、干江、龙王塘等 21 汛
定海镇	官兵 2800 余人	战船 80 艘，哨船 20 艘	象山、镇海、昌石等
嘉兴协营	战守兵约 1500 人	唬船 20 艘	是门、桐乡、平湖、嘉善等 11 汛及府城
温州镇水师	水兵 2550 人	25 艘	三盘、大门、铜盘山、南龙山等 12 汛。其中右营未配船只
瑞安水师	战守兵共计 240 人	15 艘	悲观、关山、金乡岙、南鹿山等 6 汛
玉环水师营	战守兵共计 400 余人	12 艘	乌洋、黄门、梁湾等 3 个内洋汛及沙头 1 个外洋汛
湖州协营	战守兵共计 1000 人	内河巡船 50 艘	乌镇、南浔、梅溪等 13 汛及府城

通过对闽浙粤三省海防力量的总体部署情况的分析可以看出，在绵延几千公里的东南沿海海岸线上部署的兵力严重不足，加上沿海地区地形复杂，岛屿众多，很容易给海盗留有藏身及逃跑的余地。

不仅如此，在战船的装备上，清代水师也不算强大。通过《清史稿》、《福建省外海战船则例》、《广东海防汇览》、《洋防辑要》等历史文献的记载以及既往的研究结果来看，清代水中外海战船主要型号有赶缯船、哨船、平底哨船、白艕舢船、艍船、唬船、巡船、沙船、平底船、拖风船等；内洋则是浆船、快浆船、橹船、六驾座船、艟艚船、大马船、中马船、哨艍船、急跳船、刷子

① 表格中的数字有些为约数。因为清代的陆师和水师的编制并是很严格，人数不完全固定不变，有时候，水、陆交叉管辖。浙江的分汛防守范围前后也有过较大变化。战船配置数量根据实际需要也有过调整。

船、花官座船等。从顺治到乾隆年间，清军外海水师共有战船 28 种，主力是赶缯船和艍船，内河水师共有战船 41 种，其中唬船和哨船是主力。这些战船机动能力差，并不特别适远洋和深海作战。

图：集字号大同安梭船图，1817 年绘，台北故宫博物院藏。同安船原是商船，嘉庆年间为了对付海盗，逐渐成为清朝外海水师的主力。船只使用三根桅杆，速度快；有主炮 8 门。该图头桅顶悬挂荷兰旗，主桅和尾桅则有定风旗。

战船在海战中发挥关键的作用。嘉庆时，程含章“尝半载在洋，与贼连战数次，颇知其略”。他在《复林若洲言时务疏》中说：

大抵外海之战，与内河陆路异。何则？汪洋之中，一望无际，非有山林险阻，可以凭扼塞；非有林木蔽翳，可以伏奔轶。其战也，惟恃船只炮火之多寡大小为强弱，而又有雾、有雨不可战，无风、大风、逆风、逆潮皆不可战，必天日晴朗，风力适中，师船乃出。……方战之时，必以船大

图：乌艚船。出自《中国的帆船》

> 炮大为贵。故以大船攻小船，如以虎驱羊，一可当十；以小船攻大船，如以卵击石，十不当一。①

乾嘉之际，清廷仿造性能较好的民船如广东的米艇和福建同安梭船，分派粤闽水师各营，但因为本身的制造技术和尺度都有严格限制，依其样式仿制的战船也难免受到影响。嘉庆年间，战船不敷使用，往往便添雇商船，但商船的防御能力基本上处于最简陋的水平，战斗力很弱，一旦征用进入军队，自然也影响到水师队伍的战斗力，并有相当多的后患。

> 偶有盗警，官兵需船配读，一时猝不及办，辄将商船雇募应用，此项商船，既无编号可查，设被洋匪抢占，岂不转为贼用，甚或肆其诡计，转将抢占船只作为商船，受雇于官兵驾坐，探听消息，皆属事之所有。②

由此也看出，清廷对民船的限制，最终影响到了国家海上军队的力量，这无疑是他们的海洋社会管理措施“自坏长城”的恶果之一。

---

① 《皇朝经世文编》卷12，《治体六治法下》。

② 《嘉庆道光两朝上谕档》第9册，第372页。

清军的水师装备远逊于当时的海盗，这造成交战过程中，水师连连失利。嘉庆八年(1803)正月，在浙江定海普陀山一带，蔡牵与水师交战，损失严重，向官方诈降。闽浙总督玉德信以为真，李长庚停止追击，蔡牵得机会收拾战船最终逃跑。嘉庆八年、九年、十年的多次交战中，蔡牵凭着自己船高大威猛几次化险为夷，成功逃脱。对此，李长庚曾向嘉庆帝直言：

> 实缘兵船不能得力，接济未能断绝所致。臣所乘之船，较合占为最大，及逼近牵船，尚低五六尺。曾与三镇总兵原预支养廉，捐造大船十五艘。而督臣以造船数月之久，借帑四五万之多，不肯具奏。且海贼无两年不修之船，亦无一年不坏之杠料，桅柁折则船为虚器，风蓬烂则寸步难行。乃逆贼在鹿耳门窜出，仅余船三十，蓬朽硝缺。一回闽地，装蓬燂洗，焕然一新，粮药充足，贼何日可灭。①

此后，阮元任浙江巡抚期间，全力支持追剿海盗活动，曾与李长庚一起督造大船，向福建商人订制一批大船，航行和战斗能力颇佳，军队战斗力得到提升。同时，不少商人家趁机驾船出海，船被海盗蔡牵劫去，海盗力量得以充实，造成一定时间内福建水师不敢出洋。

此外，清代还对战船的维修制定不少规定，比如战船三年一小修、五年一大修等政策，在没有战争时或许不会影响军队的战斗力，一旦战争开始，战船得不到及时修理，很大程度上会影响了清军水师的作战能力。

二、水师的巡洋制度存在弊端

清代将中国的海洋分为内洋和外洋，内洋一般归州县管下，岛屿周围或作内洋或为外洋，与大陆距离远近也无一定标准，外洋一般归水师负责，具体界限不甚明确。清代沿袭了明朝的巡洋会哨制度。巡洋会哨制度，“即按照水师布防的位置和力量划分一定的海域为其巡逻范围，设定界标，规定相邻的两支巡洋船队按期相会，交换令箭等物，以防官兵退避不巡等弊端，

---

① 《嘉庆朝上谕档》，嘉庆十一年五月二十六日上谕。

确保海区安全”。[①] 为了保证巡哨制度的执行，清王朝制定了严格的奖惩制度，比如说，会哨时间和地点一般不能随意变更；如海上出现飓风等恶劣天气，不能按时巡哨时，要据实报告原因；嘉庆五年（1800），因出海巡哨出现代巡的弊端，“如统巡一官，系总兵专责，今则或以参将、游击代之，甚至以千总、把总、外委及头目、兵丁等递相代巡。”嘉庆帝通谕沿海各省督抚，严禁他人代巡，负有巡洋会哨责任的统巡官必须亲身巡洋，如果被发现未能亲自巡洋，由总督题参革职等等。

按理说，实行巡洋会哨制度以及严格的奖惩制度对于督促水师将士履行职责应该会起到积极作用，巡洋会哨制度应该能够保证清代边疆海防的安全。然而实际上，清朝的水师力量很微弱。划界巡洋，限制了水师的作战能力，水师实行分防水域的活动，对于辖区以外的海洋地理、气候以及水文情况并不了解，缺乏远洋航行的知识。早在雍正四年（1726），闽浙总督高其倬就曾指出水师分防巡哨的弊端：“查闽浙之例，本处巡哨之兵，只在本处洋面巡哨，即总巡、分巡之员，亦只福建者巡福建，浙江者巡浙江。如此行走操练，止熟本处，不知他处，止知本省，不知外省。”[②]在清代，实力雄厚的“海盗”帮派，其活动区域多在外洋，只有部分零星小盗才在内洋抢劫。清代水师的是“期于外洋不但不敢去，实亦不能去。其最勤者不过在内洋巡哨。若只在内洋巡哨，即能擒贼，不过小盗。其于海洋大盗，不但不能缉捕，并其来去踪迹且不能知矣。”[③]实行分区巡防还容易使各省水师借故推脱责任，这一点在嘉庆朝追捕蔡牵时显得尤为突出。

嘉庆朝，东南沿海的海盗问题日益严重，水师任务较以前繁重。嘉庆六年（1801），福建水师提督李南馨鉴于各营总兵、副参、游击、都司、守都出洋不到，无法亲身巡洋，便请旨建议由他人暂代巡洋以便宜行事。嘉庆帝体恤

---

① 王宏斌：《清代前期的海防：思想与制度》，社会科学文献出版社 2002 年版，第 73 页。

② （清）高其倬：《浙闽督高其倬奏请设法操练水师将弁兵丁折》，《雍正朝汉文朱批奏折汇编》第 8 册，第 279 号。

③ （清）高其倬：《浙闽督高其倬奏请设法操练水师将弁兵丁折》，《雍正朝汉文朱批奏折汇编》第 8 册，第 279 号。

水师官弁辛苦，遂传旨准行。① 嘉庆八年(1803)，署福建布政使裘行建议：由于追捕海盗所费不赀，为避免无谓的浪费，似不必远涉大洋，冲波缉匪，只需在海口设置战船，仍照沿岸会哨例，使贼不敢近岸，军民即可安堵。② 前一项规定的实施破坏了原来巡哨制度不能找人代替之规，给一些不认真或者无心巡哨的水师官兵以逃避巡哨的正当借口。后一请求，巡防只放在近海口岸，使得远洋更成为朝廷管辖真空，商渔船在这一区域的活动更无法得到官方的保护，海盗便有了活动的机会。

三、水师水上作战能力微弱，缺乏精兵强将

按照水师官兵水上作战的能力，高其倬将其分为三等，“臣查熟悉水师之人，内有三等。其最高者，不但本处海洋情形无不熟知，即各处港口之宽狭、沙线之有无，何处外洋岛澳洋盗寄泊取水之所，何等日色云气是将作台飓回澜之候。因其熟极，故能生巧。实于巡防有益。此为第一等。其次或熟知数处情形，或熟知本处情形。此第二等。又其次者，于本处情形亦知大概，在船不晕，能上下跳动、运使器械，此为三等。其仅不甚晕吐，只坐舱内，不能上下跳动、运用器械者，此种不过充备人数而已。”然而，“现在闽浙水师将弁、兵丁之中，如第一等者，或一营之中竟无其人，或仅有二三人，而年近老迈、筋力就衰者居半；所有者不过第二等、第三等之人，而仅不晕吐、不能上下跳动、运用器械者参半。此等不知港沙之可以行走与否，不知岛澳之可以寄泊与否。行船搁浅撞礁，立有性命之虞。即内洋遇贼，尚难期其缉获，安望其巡捕外洋之盗?”水师不能适应海上生活便没有船上作战的能力，为此，高其倬奏请操练水师，但实施的效果甚微。

乾隆五十五年(1790)，乾隆帝对水师兵丁不以试演水务为急，“辄称船身笨重，雇用民船。其意以民船出海捕盗，俱用本船舵水，不须兵丁驾驶，是以借词推诿”，大为不满，谕令各督抚“严饬舟师实力训练，俾驾驶娴熟，于战船出入风涛，务期帆舵得力”。嘉庆四年(1799)，福建巡抚汪志伊在《议

---

① 《台案汇录乙集》，《台湾文献丛刊》第173种，第532—533页。

② 《清仁宗实录》卷118。

海口情形疏》中提到："闽省弁兵，从前未免因生疏而怯懊，甚至晕船呕吐，数年来缉捕洋匪，拔弁于老渔，简兵于海户，配定舟师，频年在海涉历风涛，获犯颇多，技艺日臻娴熟。是操练之效，即收于缉捕之中，更不必舍缉捕而别筹操演也。"①以缉捕代替操练，故水师的作战能力并没有实质性提高。面对水师微弱的作战能力，远在京城的嘉庆皇帝也忧心忡忡。嘉庆十一年(1806)，嘉庆帝指出：

> 近来该弁兵等于操驾事宜全不熟习，遇放洋之时，仍系另行雇募。此等舵工，技艺高下迥殊，其雇值亦贵贱悬绝。向来各省商船，俱不惜重价雇募能致得力舵工。至兵丁等出资转雇，价值有限，往往合该兵丁等数名分例，亦仅得次等舵工，是名为舟师，实不谙习水务，又岂能责其上紧缉捕乎？若水师不能操舟，即如马兵不能乘骑，岂非笑谈？战船出没风涛，呼吸之间，一船生命所系，若非操驾得力，有恃无恐，焉能追驶如意？

嘉庆帝的担心不无道理。清代水师在船舶和火药方面都弱于蔡牵等大的海盗帮派。有时候，水师迎战，多败战。这使得沿海地区水师有时看见贼船也不敢作战。作为专剿蔡牵的大臣李长庚也曾对手下缺乏精兵强将忧虑。面对追剿蔡牵屡屡受挫，李长庚曾无限感慨："蔡逆未能歼擒者，实在由兵船不力，接济未断绝所致。"②

嘉庆年间，海盗大帮凭借自身强大的军事实力，在海上漂浮往来多年。不仅如此，他们还伺机抢夺水师炮台、山寨，劫掠武器和水米。根据当时闽浙总督于嘉庆八年(1803)建造的大小、担山寨城碑记记载来看：嘉庆七年(1802)夏，蔡牵率领数百名海盗，趁夜袭击厦门港外的大担、小担两座炮台，打伤士兵，抢去大炮。③ 嘉庆九年(1804)三月二十一日，一股海盗在广东新安县外海村劫掠后又率船对当地的石狮炮台进行攻击。炮台署守备连

① (清)贺长龄等编：《清经世文编》，海防卷。

② 《嘉庆道光两朝上谕档》第11册。

③ 《建盖大小担山寨城碑记》，此碑现存于厦门大学思明校区内。

旭带守护官兵仓皇应战，“丙丁相率奔避，连旭寡不敌众，被海盗炮火击中殉职，兵房炮位，俱被焚劫”。① 嘉庆十年（1805），广东惠来县的赤澳炮台也曾遭海盗攻击，被海盗劫去炮火物资。

综上所述，查缉海盗是清代水师巡哨的主要任务之一。与此相联系，它还负责盘查民船资格、技术技能以及舵手人数多少，是否携带各种违禁货物等，对于来到中国海域的外国商船既有保护其安全的责任，又有稽查其走私的任务。从这些任务看，清代前期的水师职能类似现代的海上警察与海关。“它不是一支主要用于关于反击侵略的海上力量，只是一支维护社会治安的武警部队。”②再加上其巡哨范围只在近岸内洋，缺乏海上作战的训练和实战经验，水师之内缺船少将，对于往来在外洋的海盗，水师真的是只能望洋兴叹了。

四、水师之中腐败丛生

除了巡洋会哨制度的弊病、水师战船的落后之外，清代水师中的腐败现象也较为突出。他们随意勒赎出海商渔船，引得颇多民怨。嘉庆朝时，两广总督吉庆奏报：“粤东沿海穷民，素无恒产，类皆自造渔船，出海采捕，稍获微利，养赡身家。惟查从前滨海州县，往往借给船照需索陋规；而炮台弁兵及海口巡检，复以稽查验照为名，到处勒取规银；运盐船只，硬要鱼虾。扰累多端，以致穷民所得鱼价，除应付规费，所剩无多；不足以供养活；不免饥寒，遂起盗心，竟有出海为匪。”③而对贸易商人的侵害，浙江温处道秦瀛曾揭露，官兵不能保护商渔船，反而对商渔船吃拿卡要，随意诬陷，“哨船不敢近盗船，见商船辄横索赀财，商船不与，便指商船为盗船”。④ 这种渎职犯法的行为很普遍，更有甚者，勒索不成，杀人夺财。如广东潮州府澄海县樟林镇

① 《清仁宗实录》卷130。

② 王宏斌：《清代前期的海防：思想与制度》，社会科学文献出版社2002年版，第87页。

③ 卢坤、邓廷桢等主编：《广东海防汇览》卷29，《方略十八·军政二》，道光十八年刻本，第20页。

④ （清）秦瀛：《上抚军论诬盗书》，《皇朝经世文编》卷85，第17页。

林判以海运致富，“以赀雄里闬中”，兵备官派人送纨扇并带信给他，欲借银十万两，林判不借。兵备遂诬林判“私通洋盗”，发兵抄家，附会成狱，并匆匆“斩之于市”。①

官兵还勾结海盗准其出海，更有甚者向海盗私自出卖武器的情况也是存在的。例如，嘉庆九年（1804），嘉庆帝调那彦成赴任两广总督，赴任之初他就对广东省海盗问题一针见血地指出：“广东洋匪较多，一由营伍废弛，一由经费不敷，营伍之所以废弛之故，皆因兵丁等多与洋匪声气相通，每遇出洋巡缉，该兵丁等不但不能出力，并与洋匪相通消息，致令远扬。且与本管督抚提镇各官渐不知畏惧。文员虽亟欲设法擒捕，竟致无计可施，武管因所带兵丁与洋匪潜相勾结，呼应不灵，即欲督捕亦非一人所能剿办。是以动形掣肘。洋匪趁间劫掠，肆行无忌。”②“附近沿海各村，多有沟通洋匪接济之人，亦间有图利愚民以该匪肯出重价，竟有其同类私用小船买米两者。至各口岸兵弁虽不能指明其沟通，然米粮私自出洋者甚多，此类竟毫无见闻，亦大有可疑矣。”③

在闽粤一带，海盗与会匪、陆路土匪有着千丝万缕的联系，这一点官方并非不知，有时只是故意睁一只眼闭一只眼大开方便之门而已。这一点，嘉庆帝是有所了解的。嘉庆十年（1805）六月初十日，嘉庆帝在谕那彦成的旨意中曾提到“洋匪与土匪勾结为患日聚日多，皆缘吏治因循，营伍废弛，历任地方大吏不能督率文武实力整顿，以致积习难返”。④ 关于水师与海盗之间勾通串联的关系，本书以后章节还要涉及，在此暂不赘言。

水师是清朝控制海洋社会的主要军事力量，体现官方的海洋社会权力。与郑成功的水师依靠航海贸易而生存恰恰相反，清朝水师建立伊始就是执行海禁的工具之一，站在海洋经济和海洋社会发展的对立面。平定台湾、解

---

① （清）陈徽言：《南越笔记》卷3。

② 容安辑：《那文毅公（彦成）两广总督奏议》卷12，《近代中国史料丛刊》第21辑，第1429页。

③ 容安辑：《那文毅公（彦成）两广总督奏议》卷12，《近代中国史料丛刊》第21辑，第1433页。

④ 容安辑：《那文毅公（彦成）两广总督奏议》卷12，《近代中国史料丛刊》第21辑，第1498页。

除海禁之后，清朝在限制民间造船和商渔出海活动能力和范围的基础上，完善了以岸防为主的海防体制，水师执行海上警察的功能，根据布防的位置，在规定的海界范围内实行巡洋会哨制度，保护合法商船、渔船的安全，取缔走私、偷渡、抢劫等犯罪活动。由于荷兰海洋势力退出中国海域之后，在较长的时期内未再出现来自外国的海上威胁，养成清朝统治者“有海防而无海战”①的观念，水师制海能力不断弱化。官方以陆治海的思维，用管理陆路军队的方式来治理水师，水师之中缺乏熟悉水性的官兵，水军不足临时抽调陆路兵丁应战，这些都无法保证水师有良好的作战能力，不要说抵御西方来的装备精良的舰队，就连实力强大的国内海盗势力抵挡起来都成问题。大量的历史资料证明，清嘉庆年间的海盗无论是初年的安南艇匪还是后来壮大起来的蔡牵、朱濆、张保、乌石二，他们的船只、炮械之优良有些是在清军之上的。

第三节　沿海地区官府控制力的下降

清朝对基层社会的控制主要由保甲制和宗族制来实施。实行保甲制的宗旨在于“联甲以弭盗贼”②，清代的保甲制基本沿袭了明代，仍以十家为甲，十甲为里，十里为保，十保为乡，主要内容为：“户给印信纸牌一张，书写姓名、丁男口数于上。出则注明所往，入则稽其所来，面生可疑之人非盘诘明确，不许容留。十户立一牌头，十牌立一甲头，十甲立一保长。若村庄人少不及数，即就其少数编之。无事递相稽查，有事互相救应……客店立簿稽查，寺庙亦给纸牌。月底令保长出具无事甘结，报官备查，违者罪之。”③由此可见，保甲制是一种以个体家庭为基础，以地缘关系为纽带而构建起来的基层社会控制体系。保甲是负责纳税、巡察、监视罪犯和秘密社团，保甲长

① 嘉庆十四年三月初五日暂署两广总督广东巡抚韩崶奏，《宫中档嘉庆朝奏折》第23辑，第492页，013513号。

② 李映发：《清代州县下社会基层组织考察》，《四川大学学报》1997年第2期。

③ 《清朝文献通考》卷22，《职役》。

对手中户册要随时查核填注，每逢季末或每隔半年赴县呈报，同时倒换册簿。在中国古代实行“有身即有役，有役即有赋”的赋役原则，政府可以通过人身的控制来实现对基层社会的严密控制。但是雍正元年(1723)开始改行“摊丁入亩”的赋役制度，将田赋和丁银按地亩征收，朝廷对地方的控制便由以人身为基础转向以土地为基础，导致国家在一定程度上放松了对农业人口特别是对无地人口的控制，它使户籍查核在经济上失去意义。乾隆初年，废除编审制度，对农民离乡他往进一步放宽了限制。乾隆五十九年(1794)，清廷又制定一项政策，规定允许在故土以外的地方添置地产，如果在某地获得了地产并缴纳了20年税，那么就获得了该地的居民资格，随之也就丧失了在故土的居民资格。这实际上从法律上承认了早已存在的人口流动的合法性，也使保甲长查核户口更显困难，保甲制丧失了原来的作用。自乾隆以来，“户籍呈报，敷衍从事，保甲之制等于赘，不见功能仅余流弊”，①嘉庆朝时连保甲制度的执行都成了问题，“奉行既久，竟同具文……嗣后各省督抚，于编设户甲一事，务须实力奉行”。②“今之长保甲者……其人大率庶民之顾利无耻不自好者，弊且百出，安其有效？”③

在沿海地带随着“海禁”的放宽和取消，“自海禁大开，民之趋南洋者如鹜”。④人口流动较前更是大增，尤其是永久性移民不断增加，仅当时永久性移往台湾的“粤人约十余万，而渡台者仍源源不绝”。⑤移往广西、四川、海外的广东移民更多。“粤省向无鱼鳞烟户册，保甲之法，久未遵行。”⑥随着保甲制的崩溃，保甲制度所具有的维护乡里治安、司法、封建教化等功能亦随之丧失，清朝官府利用保甲对基层社会的控制力因之减弱。

---

① 岳成卒：《清代的户籍与保甲》，《政治月刊》1941年第二卷第2期。

② 转引自李映发：《清代州县下社会基层组织考察》，《四川大学学报》1997年第2期。

③ 沈彤：《保甲论》，载贺长龄等编：《清经世文编》卷74，中华书局1992年影印版，第1819页。

④ 光绪《嘉应州志》卷8《礼俗》。

⑤ 《清实录》，乾隆三十四年十月癸酉。

⑥ 军机处录副奏折：嘉庆七年十二月十五日内阁学士那彦成奏。

宗族既是中国最小的行政单位，也是一种经济合股方式，①宗族从政治与经济这两个最重要的方面控制着基层社会。宗族是社会成员建立社会关系网络的立足点，也是最可靠、最终的归宿，被宗族除名也就意味着丧失了公民资格。而且宗族还有自己赋予自己规约的权力，凭此规约可以对宗族成员实施惩罚，并且"在必要时，宗族还施医舍药、操办丧事、照顾老人和寡妇，特别是兴办义塾"②，也就是说，宗族在思想感情、文化教育、价值规范乃至社会生活的各个方面对基层社会实施着有效控制，以致"对于宗族成员……宗族就是一切"③，可以说宗族在稳定社会秩序、维护社会的正常运作、维护封建统治方面有着十分特殊的作用。正因此，自康熙二十年(1681)前后始，清廷积极支持并扶持宗族共同体的发展。至乾隆初年，各地宗族数量增加且每一宗族的规模也显著扩大。然而，随着宗族势力的日渐壮大，宗族逐渐"发展成为一种同政治上的统治者权力对等的势力"④，暴露出诸多消极作用。比如说，宗族势力壮大，导致宗族械斗事件增加，影响了社会治安；宗族势力以非法手段介入司法诉讼，影响了司法机关对案件的审判，破坏了国家的司法权；宗族常把族规置于国家法律之上，破坏了国家的司法权，并强化了宗族共同体的独立性。⑤ 凡此种种，使得专制政权与宗族组织之间也发生了冲突。为维护与强化自己的集权专制统治，自乾隆三十一年(1766)起，清王朝采取限制宗族法、散毁族产、削弱族权等一系列措施，打击宗族势力，⑥这种打击直到嘉庆中期才停止。

在清朝官府的打击下，宗族势力一度衰落下去，这虽然减弱了宗族势力

---

① ［德］马克斯·韦伯：《儒教与道教》，洪天富等译，江苏人民出版社 2003 年版，第 149 页。

② ［德］马克斯·韦伯：《儒教与道教》，洪天富等译，江苏人民出版社 2003 年版，第 143 页。

③ ［德］马克斯·韦伯：《儒教与道教》，洪天富等译，江苏人民出版社 2003 年版，第 144 页。

④ ［德］马克斯·韦伯：《儒教与道教》，洪天富等译，江苏人民出版社 2003 年版，第 142 页。

⑤ 朱勇：《清代宗族法研究》，湖南教育出版社 1987 年版，第 163—164 页。

⑥ 朱勇：《清代宗族法研究》，湖南教育出版社 1987 年版，第 169 页。

对王朝专制统治的挑战，但同时也使宗族共同体在稳定社会秩序、维护封建统治方面的特殊作用受到严重削弱，对基层社会的控制更显弱化。清嘉庆年间剿捕海盗的过程中，阮元任浙江巡抚期间，严行海禁，加强巡逻，整修碉堡炮台，招募乡勇，并用保甲、澳甲等基层组织来加强对沿海人口的控制；那彦成和百龄在广东任上也采取过类似的措施加强对基层社会的管理和控制并取得了一些成效。姑且不论保甲、澳甲制度是否完全符合海上社会管理规律的要求，起码可以看到，这些制度对于沿海基层的管理是有一定的控制作用的。乾隆末年至嘉庆初年，保甲和宗族制度无法发挥应有的作用，于是基层社会的动乱开始大规模出现。

第四节　自然灾害与社会骚动的频发

在近年来关于清代灾害史的研究成果中，不少学者都注意到了一个很明显的现象，就是嘉庆时期处于自然灾害多发的高峰期。李向军以《清实录》为主，依据官书、方志、档案、笔记、文集中的有关资料，统计出顺治元年(1644)至道光十九年(1839)全国共发生水、旱、风、霜、雹、火、蝗、震、疫等各类自然灾害28938次，并以历年受灾州县数，制成清代诸省区灾况年表及灾况变动图。其中康熙十三年(1674)和乾隆九年(1744)出现过两个灾害高峰期，后趋下降，再经乾隆末嘉庆初一个小小的升降波动，便一直上升，于道光十九年(1839)达到高峰。20世纪80年代，中国科学院地理研究所又以此为基础，补充了包括散藏在中国台湾及美国国会图书馆在内的1000余种地方志资料，增加了旱、涝之外的饥馑、霜灾、雪灾、雹灾、冻害、蝗灾、海啸、瘟疫等8个考察科目，重新编绘出1470—1950年间涝灾、雹灾、雪灾等10年平均振动曲线。他们的研究显示，清代自然灾害出现过两个群发高峰期，其一约在顺治七年(1650)至康熙十年(1671)，其中顺治十七年(1660)为峰值年；其二约在雍正八年(1730)至乾隆十五年(1750)，其中乾隆五年(1740)为峰值年。后趋下降。乾隆末嘉庆初出现一个小小的升降波动，而后自嘉庆二十五年(1820)起，一直保持大幅上升的趋势，于光绪六年

(1880)左右达到最大峰值。①

东南沿海是自然灾害的多发地区。常见的灾害有水、旱、风、震与瘟疫等。福建泉州府同安县,乾隆五十五年(1790)"六月大水",五十七年(1792)"感化里五峰澳内一带禾苗变葱,不能结实,岁歉"。五十八年(1793)"禾苗复变葱"。五十九年(1794)"八月大水,坏田庐"。六十年(1795)"三月四月,米腾贵,五月每斗价八百文,民多流殍"。嘉庆四年(1799)"四月初十夜蛟,见大雨如注,双溪水暴涨,几浸城版,至十一日巳刻,水始退,坏庐舍、漂人畜无数,桥梁多圮"。② 漳州府情况也差不多。嘉庆二年(1797),漳州府知府金城禀称:"卑府前年调任漳州,正当灾后价昂,斗米千钱,仓无粒谷……真觉粒谷如珠。"③民生益困,社会矛盾激化,"乾隆五十九年水灾后,二府械斗之风大炽"。④

除了旱灾、水灾这些对于农业生产造成巨大损失的灾害外,在东南沿海还要遭受海洋天灾,影响较为严重的有台风、风暴潮和海啸。⑤ 据相关研究,东海区域海洋灾害最为严重,台风风暴潮、灾害性海浪、海啸以及赤潮所占比例均分别超过其他三个海洋灾害区域的一半。⑥ 杨国桢先生在《东溟水土》中指出,影响较为严重的有台风、风暴潮和海啸。⑦ 于运全在《海洋天灾》中指出,清顺治朝以来,闽台两地成为自然灾害的多发地区,常见的灾害有水、旱、风、震与瘟疫等。

---

① 关于清代自然灾害的统计和研究,参考以下著作:李向军:《清代荒政研究》,中国农业出版社 1995 年版;李文海、林敦奎、周源等:《近代中国灾荒纪年》,湖南人民出版社 1990 年版;李文海、林敦奎、程歗等:《近代中国灾荒纪年》续编,湖南教育出版社 1993 年版;陈振汉等编:《清实录经济史资料》第 2 分册,北京大学出版社 1989 年版,第 693—706 页;中央气象局(今国家气象局)气象科学研究院编:《中国近五百年旱涝分布图集》,地图出版社 1980 年版;葛全胜、王维强:《人口压力、气候变化与太平天国运动》,《地理研究》1995 年第 4 期;等等。

② 民国《同安县志》卷 3,《大事记》,第 12 页。

③ 《福建省例》,《台湾文献史料丛刊》第七辑,第 65 页。

④ (清)姚莹:《东溟文集》。

⑤ 杨国桢:《东溟水土》,江西高校出版社 1998 年版,第 182 页。

⑥ 余宙文:《中国海洋灾害及减灾对策》,《海洋预报》1998 年第 3 期。

⑦ 杨国桢:《东溟水土》,江西高校出版社 1998 年版,第 182 页。

“明清以来，沿海居民为解决不断加剧的人口矛盾所采取的主要措施就是积极开发利用海洋资源，调整产业结构，广种经济作物，发展商品化农业，拓展海外贸易或者直接向海外移民。”“沿海农业商品化的发展，经济作物的广泛种植，使许多原来的粮食产出区变成缺粮区。”①“明清时期，东南沿海大多变成缺粮区，粮食主要靠两湖和海外供给，这带来的直接隐患就是每当歉收、灾荒来临，不法粮商囤积居奇，饥民抢米风潮不断。”②沿海人民的生活越发困苦。

一般情况下，天灾严重之时，也最容易发生社会暴乱。沿海地区多发的自然灾害，使得民众生活越来越困难。为了能够维持正常的生存和生计，各地民众的起义和反抗行动不断。尤其是嘉庆朝，先后有三省苗民不断起义、三省白莲教起义风起云涌，天地会在闽粤地区活动不断。灾荒和战乱，使得社会经济遭受严重破坏。于是，“当教徒发难，西北骚动之际，而东南沿海，有海贼之乱，其剧烈程度亦不下于教匪”。③

第五节　安南海盗的入侵

清代中叶，乾嘉之交，清朝开始走向衰落，人口不断增加的同时，自然灾难频发，无论是沿海还是内陆，人民生活都比较困难，因此有些地区爆发战乱，尤其是台湾的林爽文起义对闽浙海域的冲击力很大。在这样的情况之下，沿海居民或者奋起反抗或者铤而走险。同时，这一时期，邻国安南（后称越南）一带的政治情况也发生了变化，一批安南“艇匪”、“夷匪”在本土海盗的引领下入侵中国东南沿海，两股海盗力量合一，也是这次海盗黄金时代到来不可忽视的原因之一。

16世纪以来，越南名义上一直处于后黎朝的统治之下，实际权力由两个敌对的家族掌握：北方河内的郑氏和南方顺化的阮氏。两方势力交战多

---

① 杨国桢：《东溟水土》，江西高校出版社1998年版，第182页。

② 傅衣凌：《明清时代的福建的抢米风潮》，《福建文化季刊》第1卷第2期。

③ 萧一山：《清代通史》（二），华东师范大学出版社2006年版，第251页。

年。18 世纪 70 年代，越南（当时称安南）黎朝衰微，以阮文惠兄弟为首的西山农民起义爆发，推翻了黎朝的统治，建立新阮政权。阮文惠立国后（清廷准其改名为阮光平），向清廷上书邀封，乾隆帝封其为安南国王。在南方，"农耐王"阮福映在法国人支持下，与西山军展开了十几年的战争。西山政权兵力不足，粮草不够，就招募中国海盗土匪，加官授爵，关于这一情况，时人魏源在《嘉庆东南靖海记》中记录道：

阮光平父子窃国后师老财匮，乃招滨海亡命，资以兵船，诱以官爵，令劫内洋商舶以济兵饷。夏至秋归，踪迹飘忽，大为患粤地。继而内地土盗凤尾帮、水澳帮亦附之，遂深入闽、浙。土盗倚夷艇为声势，而夷艇恃土盗为向导，三省洋面各数千里，我北则彼南，我南则彼北；我当艇则土盗伺其劫，我当土盗则艇为之援。且夷艇高大多炮，即遇亦未必能胜。土盗狡，又有内应，每暂遁而旋聚。而是时川、陕教匪方炽，朝廷方注意西征，未遑远筹岛屿，以故贼氛益恶。①

洋盗与土盗相互勾结，闽浙粤三省海防的空虚，清朝廷在国内又要应对林爽文起义以及缉拿天地会会匪等一系列内乱，这给越南海盗的大举入侵制造了可乘之机。焦循在《神风荡寇记》中记载，嘉庆元年（1796）秋，闽中擒获艇贼安南总兵范光喜。范光喜供称：

阮光平既代黎氏，光平死，传子光缵，其中称新阮。黎之甥阮种奔暹罗。暹罗妻以女弟。助之克服农耐，谓之旧阮，岁为新阮患。新阮之总督陈宝玉召集粤艇，而劫掠于洋，继而安南总兵黄文海与贼官五存七隙。以二艇投诚于闽。……伦贵黎，广订澄海人，投附安南，与农耐战有功，封侯，以巡海私结闽盗，来闽浙劫掠。②

---

① （清）魏源：《圣武记》卷 8。

② 《续修四库全书》，集部，别集类。

通过这一部分供词可以大致看出，安南海盗在安南政权的支持下勾结闽浙海盗，对闽浙海盗封官加爵，提供船只和武器的支援。美国学者穆黛安研究认为："西山是渔民海盗的转变过程中迈出关键的一步。……到 18 世纪 90 年代中期时，小打小闹、时断时续的小股海盗已日渐衰微，相反，将海盗活动作为全天候行当的职业海盗却日益蔓延增长。如果没有越南西山农民叛乱。小股海盗也许仍然只是活动于近海岛屿的'挣扎求生的土贼流寇'。正是由于西山政权的庇护——比任何其他因素更为重要——使 18 世纪末 19 世纪初的海盗活动发展到了如此这般的规模。"①刘平在研究中也认为中国海盗与越南西山政权之间有着千丝万缕的联系：西山政权引诱、胁迫居住或流落至越南的中国民人投入西山军，纵使为匪。西山军对中国海盗封以官爵，授以印记，帮助其招兵买马，扩张势力。而中国海盗也从西山军那里学到了高超的军事指挥技术和组织方法并得到了西山军提供的精良武器。同时，一旦清军大举追剿中国本土海盗时，中国海盗就会逃遁到越南，西山军则向他们提供避风港乃至武器、粮草等。

乾嘉之交，越南的艇匪、浙江海盗、福建海盗、广东海盗力量合为一体，最终使得这一时期的海盗活动达到一个高潮。

综合以上各节分析可以看出，清政府长期重陆轻海的国家发展政策导致官方的海洋管理能力很弱，沿海水师力量的薄弱，地方控制力的降低，外来力量的支持，使得乾嘉之交的东南海洋社会激烈震荡和分裂。这些都给海盗活动的兴起提供了机会。于是，乾隆末期到嘉庆中叶，东南沿海海盗风起云涌，海盗又一次走到历史舞台的前沿，并与清廷在东南海域形成十多年的对峙局面。

---

① ［美］穆黛安：《华南海盗，1790—1810》，刘平译，中国社会科学出版社 1997 年版，第 58 页。

第二章　从“踏斗”到联合的海盗世界

第一节　广东海盗帮的崛起

一、广东海盗的兴起

广东一地，位处边陲，海疆辽阔，清代广东行政区划，主要包括广州府、韶州府、惠州府、潮州府、肇庆府、高州府、廉州府、雷州府、琼州府、南雄直隶州、连州直隶州、嘉应直隶州、罗定直隶州。广东西南与越南接壤，南濒南海，海岸线绵长而曲折，隔海与菲律宾、马来西亚、印尼、文莱、新加坡等国相望，分布着众多岛屿，有着许许多多的优良港湾和密集的水道。“岛屿不可胜数，处处可以樵汲、可以湾泊”。① 为海盗的活动提供了地理上的支持，便于他们藏身和活动。“不但可以伺劫，而内河桨船橹船渔舟皆可出海群聚剽掠。粤海之藏污纳垢者，莫此为胜。”珠江口外的香港、大屿山、老万山，雷州半岛东西洋面的涠洲岛、硇洲等地方有余内河沟通，地理位置优越，都曾经是著名海盗的巢穴。“从海盗角度来说，水道纵横交错、可以自由往来的海岸线，以及近海地区大大小小的岛屿所能提供的栖息藏身之所，乃是最理想的地理环境。”②时任两广总督的那彦成对于广东的海盗问题曾说，“粤东一省，环海依山，各属州县濒临大洋，港汊分歧，迩因萑苻未靖，匪船

① 陈炯伦：《天下沿海形势录》，载贺长龄等编：《清经世文编》下，中华书局 1982 年版，第 2028 页。

② 刘平：《清中叶广东海盗问题探索》，《清史研究》1998 年第 1 期。

四出游奕”。[1] 所以他认为“粤东之患，莫大于海洋”。[2] 并且他还指出，“粤东滨海地方，皆有盗船停泊之所。而大帮匪船倚为巢穴之固则惟吴川属之广州湾为著。该处有井泉可供汲饮，港澳可避风涛，西近湛川，北接赤坎，皆有米粮足资接济。乘东风之便则直驱琼州，西南风其则径向东中两路游劫，得利又复归泊。盗首郑一、吴十一指、乌石二等皆系附近之人，伙党勾结根株蔓延，极为盘固”。[3]

有清一代，广东的对外贸易一直是处于领先地位的，尤其是乾隆二十二年（1757），清朝对外贸易仅限于广州一口，广东的海上运输和贸易相比其他地方要自由。这些也为海盗的出现提供了经济条件。“贸易量越大，抢劫商船的引诱力也越强。”[4]海上有商船往来，海盗才有可以抢劫和勒赎的对象。“贸易兴旺、便于骑劫的航路，对那些生活在贫困线上而富有冒险精神的渔民、疍民、水手来说是十分诱人的。”[5]仅在粤洋西路，即高、雷、廉、琼四府这一路上，聚集着广东大多数盐场。其中重要的有高州府电白县的电茂盐场，廉州府也素有“珠官之富，盐池之饶”的美称。盐场临海，运盐多走海路。“盐船涉历外洋，或被掳劫，或畏怯盗匪，买照放行，间有不肖船户私带水米，济匪获利……暗通消息，是盐船出海实为目前大患。”[6]盐场和盐商都很富有，他们不仅是海盗抢劫的对象，还能为其提供水米炮械的接济，所以这一带是海盗理想的藏身之地和后援之所。

乾隆中叶以后，广东海盗呈现活跃趋势，“往来商船，时闻劫夺”。“迨乾隆五十四年以后，盗贼复起，祸缘安南夷主黎氏衰微，阮光平父子篡立，召

---

① 容安辑：《那文毅公（彦成）两广总督奏议》卷11，《近代中国史料丛刊》第21辑，第1464页。

② 容安辑：《那文毅公（彦成）两广总督奏议》卷12，《近代中国史料丛刊》第21辑，第72页。

③ 容安辑：《那文毅公（彦成）两广总督奏议》卷12，《近代中国史料丛刊》第21辑，第1652页。

④ ［英］格温·琼斯：《北欧海盗史》，刘村译，商务印书馆1994年版，第14页。

⑤ 刘平：《清中叶广东海盗问题探索》，《清史研究》1998年第1期。

⑥ 《满汉名臣传》（三），黑龙江人民出版社1991年版，第3090页。

至亡命，资以兵船，使其劫掠我商渔，名曰采办，实为粤东海寇之始。”①闽抚汪志伊在其奏疏中也曾提到，“至若洋匪从前不过土盗出没。自乾隆五十八、九年间，安南夷匪胆敢躏入，互相勾结，土盗藉夷匪为声援，夷匪为土盗为爪牙，沿海肆劫，掳人勒索。”②可以这么说，“越南西山政权的庇护是乾嘉之交广东海盗崛起的契机”。③ 魏源在其著作《圣武记》中也曾写道，“嘉庆初年，而有艇盗之忧。艇盗者，始于安南阮光平父子窃国之后，师老财匮，乃招濒海亡命，资以兵船，诱以官爵，令劫内洋商舶，以济兵饷……大为患粤。继而内地土盗凤尾帮亦附之，遂深入闽、浙”。④ 乾嘉之际，特别是阮光缵失国之后，安南国内政局动荡，其国内的武装力量流落海上，想凭借广东海上武装力量复国。而广东的海盗帮派也想借助安南海上力量发展壮大自己，抵抗清水师的追剿。两者互有所需，于是结合在一起。“当时中国有乌艚海匪，骚扰临海。为清朝驱逐，逃到我国请求归属，光中受乌艚将为总兵，命其前去骚扰中国沿海之地。”⑤“迨安南阮光平父子有国，惯以豢贼为能，给予炮火粮械船只，俾其至闽粤洋面肆行劫掠。盗匪出有经年累月之粮，归有销赃窝遁之所……其自安南驾船而来也，一由白龙尾而入廉、雷各洋面，缘白龙尾附之江坪，江坪其销赃之所也。一由顺化港而入琼州洋面，缘顺化港为安南富春门户，富春国都也。此两路盗船驶入粤洋，非百号即数十号，其志总在直趋福建、浙江。及其饱掠而归，仍由原船驶入江坪、富春。”⑥在西山政权引诱、胁迫下，居住或者流落至越南的中国民人投入西山军，纵使下海为匪。西山政权还向海盗提供避风港和精良的武器船械，当时的江平、顺化、归仁、河内等地成为著名的海盗巢穴。不仅如此，西山军对中国海盗封以官爵，授以印记（即所谓夷照），令其招兵买马，扩张势力，以为己用。广

① （清）程含章：《上百制军筹备海匪书》，《清经世文编》卷 85。

② （清）汪志伊：《议海口情形书》，《清经世文编》卷 85。

③ 刘平：《论嘉庆年间广东海盗的联合和演变》，《江苏教育学院报》1998 年第 3 期。

④ （清）魏源：《圣武记》卷 8，《嘉庆东南靖海记》。

⑤ 陈重金：《越南通史》，戴可来译，商务印书馆 1992 年版。

⑥ （清）倭什布：《筹办夷匪书》，《清经世文编》卷 85。

东各帮中的一些首领在接受安南的封官加爵后与安南的力量混编队伍，在海上一起劫掠，共分赃物。西山军向海盗提供了武器和藏身销赃之所，这些都使得广东海盗在与清军水师的对阵中占据了有利的地位。刘平根据第一历史档案馆所藏“朱批奏折”、“录副奏折”和各种地方志、《靖海氛记》、《清实录》等史料中关于广东海盗与西山政权的关系，整理出嘉庆初年接受过西山政权册封的海盗的简要情况，见表1。

表1　广东海盗盗首受封西山官爵简表①

姓名	籍贯	是否自愿为匪	受封官爵	结局
陈添保	新会	被夷官掳逼	总兵、保德侯、善艚道总督、保才侯、统善艚道各支大总督	嘉庆六年潜回内地投诚
莫官扶	遂溪	被掳捉入伙	艚长、总兵、东海王	嘉庆六年被阮福映拿获，次年缚献清廷
梁文康	新会	同上	千总、总兵	同上
樊文才	陵水	同上	指挥、总兵	同上
冯联贵	广东	同上	都督	嘉庆十二年被清军追击时遭风翻船落海被捕
郑七	新安	自愿为匪	艚长、总兵、大司马	嘉庆七年被阮福映捕杀
郑维丰（郑七之子）	新安	同上	金玉侯	不明（嘉庆七年后仍有活动）
乌石二	海康	被捉为盗	宁海副将军、清海大将军	嘉庆十五年被投降清廷的张保捉获
梁保	广东	不明	总兵、合德侯	嘉庆十四年被清军击毙
梁贵兴	广东	不明	合德侯	不明
郑流唐	广东	不明	都督	嘉庆十年投诚
谭阿招	不明	不明	平波王	不明

西山授予的头衔大致有两类，一类是爵位，一类是军衔，许多海盗最终是能够获得其中之一的。分封爵位最常见的是“王”与“侯”，王、侯之前并伴有誉称，如谭阿招的“平波王”、梁贵兴的“合德侯”。除了总兵，其他统兵军衔还有大元帅、副大元帅与副将等，如乌石二的宁海副将军。嘉庆十年

① 刘平：《乾嘉之交广东海盗与西山政权的关系》，《江海学刊》1997年第6期。

（1805），那彦成发现广东海盗的"公立约单"时，审问嘉庆五年（1800）投诚入伍的海盗陈刚、蔡世爵等人后得知："阮光平造乱之始，内谋黎氏，外抗官兵。用其亲信莫官扶、郑七等假以伪封，给与船支炮械，号为艚长。每年三、四月连帮东上。至九月收艅西下。粤闽江浙洋各小盗称为粤南大老板，掠所获，阮光平抽分销赃，各帮均获利。"①

西山政权的存在和支持使得广东海盗的发展获得了推动作用的外力，清中叶，清朝人口相比以前有所增加，人口压力造成大量剩余劳动力的存在，沿海地区的不少人为了生计下海为盗，这是沿海部分群众沦为海盗的首要条件，"但此时的广东海盗还有其独特性，不能过于强调越南西山政权的作用，而忽视国内政局的变动，即政府对基层社会控制的弱化"。② 有学者还认为："清初广东海防体系薄弱，这也是导致嘉庆时期广东海盗大幅度增长的主要原因。"③

嘉庆七年（1802），安南政权发生重大变化，西山政权在与南方军的战斗中接连吃败仗。七月，阮福映攻入河内，俘获光缵皇帝。控制越南局势长达 30 年之久的西山起义失败。西山政权灭亡之后，阮福映开始扫荡逗留在中国越南的中国海盗。"新受封，受朝廷约束，尽逐国内奸匪，由是艇贼无所巢穴。"④在这期间，郑七战死，莫官扶被俘获献给朝廷。

失去了越南的屏障，海盗开始转回国内活动。这一时期的广东海盗，互相争斗，"其中尤雄桀者，辄兼并群盗，自谋进取"。⑤

二、广东海盗的联合

嘉庆十年（1805）六月，广东海盗在组织上有了新的变化，由郑文显发起，郑文显（郑一）、麦有金（乌石二）、吴智清（东海霸）、李相清（金牯养）、

① 容安辑：《那文毅公（彦成）两广总督奏议》卷 13，《近代中国史料丛刊》第 21 辑，第 1802 页。

② 曾小全：《清代嘉庆时期的海盗与广东沿海社会》，《史林》2004 年第 2 期。

③ 曾小全：《清代前期的海防体系与广东海盗》，《社会科学》2006 年第 8 期。

④ （清）魏源：《圣武记》卷 8，《嘉庆东南靖海记》。

⑤ 萧一山：《清代通史》（二），中华书局 1986 年版，第 336 页。

郑流唐(郑志同)、郭学显(亚婆带)、梁宝(总兵宝①)等各帮首领共同签订了一份“公立合约”。“公立合约”的签订,标志着广东海盗结束了群雄并立、互相残杀的局面,从“踏斗”走上了联合的道路。

嘉庆年间广东海盗公立合约

立合约人郑文显、麦有金、吴智清、李相清、郑流唐、郭学显、梁宝等,为会同众议,肃以公令事。

窃闻令不严不足以儆众,弊不革不足以通商,今我等合众出单,诚为美举。然必始未(末)清佳,方能遐迩取信。凡我各支快艇,良恶不齐,妍强各异,苟非约束有方,势必抗行弗顾。兹议后开款条,各宜遵守,矢志如一,无论权势高底(低),总以不阿为尚。倘有恃强不恤,抗行例约者,合众究办。今恐无凭,立合约七纸,每头船各执一张为照。计议款条开例于后。

一、议通海大小船只边(编)作天、地、玄、黄、宇、宙、洪七支。各支将行纲花名登簿列号,每快艇于悝尖书某字若干号,头桅亦依本支旗号。如悝尖无字号,以及头桅旗色不符者,即将船艇、炮火充公,并将行纲处决。

一、议某支原有某支旗号,如有假冒别支旗号色者,一经察出,将其船艇、炮火归众。行纲立心不轨,候众处决。

一、议快艇不遵例禁阻截有单之船,甚至毁卖船货,以及抢夺银两、衣裳,计脏(赃)填偿,船艇、炮火一概充公,行纲分别轻重议处。如脏(赃)重填披不起者,则照本支份子扣除。

一、议打货船,所有船艇货物,系某先到者应得。倘有恃强冒占,计其所夺脏(赃)物多寡,加倍赔偿。如有不遵者,合众攻之。

一、议不拘何支快艇牵取有单之船,旁观出首拿捉者,赏银一百大员(圆)。对打兄弟披伤者,系众议医调治,另听公议酌偿。从旁坐视

① 关于这几个人的名字和绰号,见那彦成嘉庆十年十一月二十日奏稿,载于容安辑:《那文毅公(彦成)两广总督奏议》卷13,《近代中国史料丛刊》第21辑,第1800页。

不首者，以串同论罪。

一、议有私自驶往各港口海面劫掠顺校贩卖之小船，以及带银领照之商客者，一经各支巡哨之船拿获，将船烧毁，炮火、器械归众。该老板处死。

一、议不拘水陆客商，平日于海内有大仇者来，有不潜踪远遁及其放胆出入卖买者，虽略有口气亦可相忘，不得恃势架端扳害，以及借以同乡亲属波连，拿酷赎水，如违察出真情则以诬陷议罪。

一、议头船遇通海有事酌议，则于大桅树旗，各支大老板宜齐集会议。倘有话致嘱本支快艇，则于三桅树旗，本支行纲宜进船听令。如有不到者，以藐法议处。

奉主公命，抄发各船，以示遵守。

天运乙丑年六月日（年号处钤“有金记号”印）

吴尚德（系调行）执

在这份约单中，用天、地、玄、黄、宇、宙、洪编号标志，并对连帮各海盗在海上的打劫对象做了明确的规定。

从这份约单中，我们可以看出，他们有着严格的纪律，有共同的行为准则。一旦违约，将会受到惩罚。他们的打单活动主要针对无单无照的大商人。有单的商民和渔船，不可以随意打劫勒赎。

公立约单签订不久，郑流唐投降，联盟中剩下6大帮派：红旗帮、黑旗帮、白旗帮、绿旗帮、蓝旗帮、黄旗帮。根据朱程万《己巳平寇》记载，郭婆带一股“领船百只，号众二万余人，旗色黑，曰黑旗帮”；张保原是郑一部下，与郑一嫂共同管理帮内事务，“领船二百余号，众二万余人，旗色红，曰红旗帮”；梁宝一股，“船差少，附于张保，旗色白，曰白旗帮”。以上三股，“分据东中两路，有急则互相帮助，互为首尾者也。”西路时吴智清、李相清、乌石二分领黄、绿、蓝三旗，其中乌石二的势力最为强大，“敛财物岁计银不下十万两。”①他们分别掌管70—300只船不等，海盗联盟在短短四年的时间内

① （清）朱程万：《己巳平寇》，载郑梦玉修：《南海县志》卷14，同治十一年本。

扩大了一倍。嘉庆十年（1805），海盗联盟的总船约有 800 只，到嘉庆十四年（1809），已扩展至至少 1800 只船，以及七万人的规模。

在联合的海盗中，6 位帮主基本上都曾经受到过西山政权的册封。“多系安南旧人，自其子为阮福荫所并有号称安南三太子者带长发夷人数百蹿过郑一、乌石二帮内，年纪二十上下。各大头目十分崇敬。各帮商议想要扶他夺取安南。”①嘉庆九年（1804）冬天，各帮带船数百艘“由夷洋进汴山前攻打东京，不胜而归”②。他们的部属称呼他们时或者是“大老板”，也或者是他们所受的西山封号。西方人通常称他们为舰队司令或者旗主。清朝官员称呼他们大盗首、大帮盗首和总盗首。联盟中的一些海盗帮派的情况大体如下：

岭南地分三路。“惠潮以下路之东，广肇以下路之中，高廉以下路之西。”③六帮之中，黑旗帮郭学显带人占据东路，红旗帮张保和梁宝占据中路，乌石二、吴智清、李相清三帮占据西路。

红旗帮。帮主郑一，郑七的表弟，其家世代为盗，在珠江三角洲称王称霸有 150 年之久。郑一继承父业，组建了以他为首的一帮海盗。嘉庆九年（1804），郑七帮有人员万名，船只百余艘。嘉庆十二年（1807），郑一在南海的台风中丧生。郑一死后，他的遗孀郑一嫂和义子张保（也唤作张保仔）接替他掌管队伍。郑一嫂，本名石香姑，原是广东船妓。嘉庆六年（1801）嫁给郑一，并开始随其在海上患难与共。郑一嫂为人聪明能干，是郑一得力的助手。嘉庆十二年（1807），郑一暴毙后，郑一嫂全力活动，争取到郑家人支持，接管了郑一的船队。她凭借自己出色的领导能力以及张保的辅佐，迅速得到帮内人员的认可。张保，广东新会人，渔民之子。15 岁，随父亲打鱼时被郑一掳上盗船。因为聪明、伶俐、勤快，很快得到郑一的喜欢，收为义子。

① 容安辑：《那文毅公（彦成）两广总督奏议》卷 13，《近代中国史料丛刊》第 21 辑，第 1801 页。

② 容安辑：《那文毅公（彦成）两广总督奏议》卷 13，《近代中国史料丛刊》第 21 辑，第 1801 页。

③ （清）温承惠：《平海纪略》，《丛书集成续编》第 279 册，台湾新文丰出版公司 1991 年版，第 59 页。

张保加入郑一帮不久，就被允许驾船出海。郑一去世后，他与郑一嫂交好，并肩作战。《己巳平寇》记载：“张保居郑一部下，事郑一侄安邦，安邦软懦不能驭众，恃张保左右之。保每劫掠，不前者手斩之，得财瓜分不私蓄，虏人不妄杀，赏罚仍请命于郑一妻石氏。或云张与石阳主仆，实夫妇也。”①在两人的共同经营下，他们领导的红旗帮到嘉庆十二年（1807）时，人数超过17000，船百余艘，独霸广东沿海地带，势力范围远及附近村井市集。

蓝旗帮。帮主麦有金，也即乌石二，世居海康，因其故乡乌石村而得此名。嘉庆元年（1796），乌石二被海盗俘虏后上船为盗。起初是在各港口以敲诈勒索为生。稍后，在其兄麦有贵（乌石大）和堂弟麦有吉（乌石三）协助下，在广东西部遂意、阳江、吴川、海康、合浦、钦州和石城等地招兵买马。在他们的队伍中，还有一个叫作黄鹤的人，是陈昌齐的得意门生，被乌石二招入队伍做军师，负责草拟勒索名单，撰写吓唬村民的传单，并提出“红（蓝）旗飘飘，好汉任招，海外天子，不怕天朝”②的口号。日益壮大的乌石二带领匪众数千，活跃在西起北部湾，北至阳江的沿海地带。乌石二也是加入了西山军的，并被授予“宁海副将军”和“靖海大将军”的头衔。

黄旗帮。帮主吴智清，东海岛人，也称“东海八”或者“东海霸”。嘉庆《雷州府志》记载：“东海伯，先张保、乌石二而起。”③在越南结识郑一，并在西山军中服役过。后来发展成为华南大海盗帮帮主。嘉庆十五年（1810），投诚清廷。

黑旗帮。帮主郭学显，也即亚婆带、婆带，广东省番禺县人，“向业渔，为郑一所执，并虏其父母兄弟。遂协从。郑一殁，率众自成一旗。旗色黑，曰黑旗帮。”④14岁时，他被郑一掳上船为盗，很快被提拔，郑一死后，他独立发展成一旗旗主。他在鼎盛时期有船百余艘，人万名。与他人不同，郭婆带是个有文化的人，闲暇之时常坐在船头读书。嘉庆十四年（1809），郭婆

① （清）朱程万：《己巳平寇》，载郑梦玉修：《南海县志》卷14，同治十一年本。

② 金诺、岑元冯：《荡海王》，东方出版社1999年版，第88页。

③ 嘉庆《雷州府志》卷3，《沿革》。

④ （清）温承惠：《平海纪略》，《丛书集成续编》第279册，台湾新文丰出版公司1991年版，第59页。

带先于张保投诚。

郑流唐，又称刘唐柏，广东省江门县渔民，最早也是投在郑一船上，郑一让其统带八艘船只，后来势力逐渐壮大。但是就在签订合约不久，嘉庆十年（1805）十月十五日，郑流唐与正欲投诚的海盗黄正嵩在海丰、澄海外洋相遇，被"打沉数船，击杀多匪"。① 郑流唐咽不下这口气，二十三日，"郑流唐又向西路邀合亚婆带、郑保养等大船数十只前来寻衅报复"。② 这次战斗中，双方互有伤亡，"致伤郑流唐头面、手臂，烧去胡须大半"。③ 郑帮大乱，"踉跄驶逸"。此战之后，黄正嵩被允许投诚。这名"独占东路惠潮两府洋面"④的巨盗，投诚时盗众有1420名，妇女孩子三四十名，还有大小火炮、乌枪藤牌等上千件，可见实力雄厚。郑流唐"仅存七八船，又复被伤甚重，众势瓦解，该匪亦愿投诚。因邀之来之郑保养系郑七之侄，不能自行做主，以致两相牵制，尚在游奕"。⑤ 不久，郑流唐率300多名伙众投降。

穆黛安《华南海盗，1790—1810》一书中指出："有了联盟，海盗们便能克服个人之间的敌对，达成一定规模的合作，这在从前是难以办到的。同时曾经甚为活跃的各弱小帮伙由于联盟的创立而日渐减少。绝大多数海盗新成员不再自行拉帮结伙，而是直接投靠联盟中的各帮各股。事实上，许多人都是被联盟中人主动招纳进去的。"⑥

然而好景不长，公立约单很快失效，各帮海盗又陷入混战状态。面对风起云涌的东南海盗情形，清王朝加大了剿捕力度。嘉庆九年（1804）底，素

---

① 容安辑：《那文毅公（彦成）两广总督奏议》卷13，《近代中国史料丛刊》第21辑，第1780页。

② 容安辑：《那文毅公（彦成）两广总督奏议》卷13，《近代中国史料丛刊》第21辑，第1681页。

③ 容安辑：《那文毅公（彦成）两广总督奏议》卷13，《近代中国史料丛刊》第21辑，第1681页。

④ 容安辑：《那文毅公（彦成）两广总督奏议》卷13，《近代中国史料丛刊》第21辑，第1782、1783页。

⑤ 容安辑：《那文毅公（彦成）两广总督奏议》卷13，《近代中国史料丛刊》第21辑，第1788页。

⑥ ［美］穆黛安：《华南海盗，1790—1810》，刘平译，中国社会科学出版社1997年版，第69页。

以“平叛”著称的那彦成被任为两广总督。此时粤洋“洋面盗贼猖肆，如乌石二、吴十一指、郑一、朱濆等著名最大之贼，近据探闻乌石二附和黎氏余匪，匪船约有八九十只，窜往琼南。一路郑七、吴十一指，匪船亦有六七十只不等，在惠潮一带。朱濆本系闽匪，自上年窜入粤境，匪船有四五十只，亦在闽粤之间游奕，其余四散分劫者，或三五只，或十余只，在附近洋面漂荡无定，大小船只总计有三百余号，分路行劫。”①那彦成抵粤后，在兵力部署、地方团练、海上作战等方面进行了一番整顿，他奏请添造米艇“再为赶造三十三只，共计一百二十余只，再于朽废二十六只米艇内择其可以修理者，亟为修整……均配足火药粮饷分为东西三路”②。“令有海口各州县责其访缉奸商土匪接济沟通。劝谕约束各村团勇为分巡分防。”③同时，他还下令各道员在各属境内不时来往巡查，“各海口炮台换发可靠千把活动都守修整器械，稽查出入”。④ 还“通谕沿海士民举行团练以卫身家事”⑤，以便抵抗上岸的海盗，并准许他们可以向就近营县借拨小炮。到嘉庆十年（1805）二月，已有“袁亚明、陈五等八起悔过投首，胡亚发、李宗会、李福生等九起杀贼立功”。⑥ 随后，那彦成的这些政策的作用逐渐显现出来，被剿捕和主动投诚的海盗越来越多。“近日各盗或因劫食上岸，其被挟掳之人多有乘势逃散，其人心一不能自固。又向来各大盗分占地界行劫。今因谋食过急，因而逾界行劫，互相争拼亦有之”。⑦

---

① 容安辑：《那文毅公（彦成）两广总督奏议》卷11，《近代中国史料丛刊》第21辑，第1432页。

② 容安辑：《那文毅公（彦成）两广总督奏议》卷11，《近代中国史料丛刊》第21辑，第1436页。

③ 容安辑：《那文毅公（彦成）两广总督奏议》卷11，《近代中国史料丛刊》第21辑，第1438页。

④ 容安辑：《那文毅公（彦成）两广总督奏议》卷11，《近代中国史料丛刊》第21辑，第1438页。

⑤ 容安辑：《那文毅公（彦成）两广总督奏议》卷11，《近代中国史料丛刊》第21辑，第1451页。

⑥ 容安辑：《那文毅公（彦成）两广总督奏议》卷11，《近代中国史料丛刊》第21辑，第1465页。

⑦ 容安辑：《那文毅公（彦成）两广总督奏议》卷13，《近代中国史料丛刊》第21辑，第1674页。

但在嘉庆十年(1805)秋,一场颇具规模而战绩甚微的清剿雷州洋面海盗的战斗结束后,那彦成却开始把精力投到"招抚"海盗的计划上。他在沿海城乡遍贴"通谕口岸接济自首免罪"①、"通谕裹胁难民杀贼投诚立功赎罪"②等告示,晓谕海盗许以自新宽其既往,并奏请朝廷:"各犯之家口妇女先令登岸居住,严禁各地无赖烂棍及书差、兵役等人不能乘机欺凌。……将人口造册点查,其中有情愿归农者,查明实有产业可以谋生及有亲族可以依倚者,饬委差伴送,酌给路费,饬原籍地方官到亲族邻右取结保领回家安业,仍将收管送查备案。其实在无业可归者,当下赏给资斧,交该衙门充当壮丁夫役,不时稽查,均令一月一报,务使有安身之地,不致再流为匪。本人所有衣物银钱按名给还,以资生理,其年力精壮情愿入伍者,赏给马步名粮,听候转发各营学习或随舟师出洋缉捕。……并酌量每名各项费用准给银十两。"那彦成还在谕令中规定一名海匪来投,可免其罪并赏银十两,有些匪目还可得到官衔,"带领船只炮械投诚者,赏给把总顶戴。共谋之人赏给外委。一同投出之人均加恩上银两。愿投效者给予马步名粮,愿意归农者给予路票各归本籍"。③ 在那彦成的招抚之下,有很多海盗或者被捕,或者主动投诚。"风闻归化者接踵而至者颇多"④,仅嘉庆十年(1805)九月初四日那彦成的奏报中,就有五起投首,共八百四十名。此次投首之中最大盗首为林亚发。"林亚发在洋十四载,与郑刘唐伯、乌石二等同为著名大盗。"另外此次投诚的还有郑一一帮的盗首陈五带众而来。⑤ 当年秋天,约有 3000 名

---

① 容安辑:《那文毅公(彦成)两广总督奏议》卷 13,《近代中国史料丛刊》第 21 辑,第 1813 页。

② 容安辑:《那文毅公(彦成)两广总督奏议》卷 13,《近代中国史料丛刊》第 21 辑,第 1823 页。

③ 容安辑:《那文毅公(彦成)两广总督奏议》卷 13,《近代中国史料丛刊》第 21 辑,第 1826 页。

④ 容安辑:《那文毅公(彦成)两广总督奏议》,卷 12,《近代中国史料丛刊》第 21 辑,第 1632 页。

⑤ 容安辑,《那文毅公(彦成)两广总督奏议》卷 13,《近代中国史料丛刊》第 21 辑,第 1679、1680 页。

海盗投诚，数十名盗首当上千总、把总、外委等官。① 九、十月，又有“投首共一千三百十二名”②。同时，那彦成还招谕“红单各船协力杀贼，以通行商以裕生计”③，号召粤省疍民组织起来，驾驶其行驶便捷的红单船相约出海捕盗。“红单船户有情愿出洋杀贼者，约会数船、十数船公议家道充裕、办事明干之人为首，成名该管府厅州县将船中舵手、水工姓名、居址并军械器具造赉清册。探明贼匪湾泊，官为给发执照，径前搜捕。如能拿获著名大盗，多杀贼，立将为首之人奏予衔职顶戴。情愿入伍者，即行拔捕。帮同出口之人，赏给银两。”④为了将沿海渔户争取到捕盗的力量中来，他还发布《晓谕沿海渔户协捕盗匪》⑤的告示，他认为渔船终日在洋，水性熟悉，“盗船往来踪迹易于侦探。探其有欲近岸图劫者，尽可预先报知官兵，早为堵截。如日后出洋盗船报复，尔等于获盗后本部堂准其补食名粮，务须再行采捕……协同跟随实力擒捕。如得获有盗匪，立即优给赏银，愿入伍者即行拔捕。”⑥他还发布告示“谆切训诫”⑦已投首之海盗，尤其是入伍之人，告诫他们不能妄作胡为，要知道勤勉上进，为国立功。

对于那彦成如此高调的招抚工作，清廷与广东巡抚孙玉庭持反对态度。孙玉庭奏称，广东海盗不下数万，若尽行招抚，“藩库缉捕项”银两将很快告竭，对那些“罪皆凌迟斩枭”的海盗，不但不问其罪，且赏以银两，荣其顶戴，

---

① 其中数字根据容安辑《那文毅公（彦成）两广总督奏议》卷13（《近代中国史料丛刊》第21辑，第1813—1823页）那彦成剿捕海盗告示中的数字整理计算得出。

② 容安辑：《那文毅公（彦成）两广总督奏议》卷13，《近代中国史料丛刊》第21辑，第1732页。

③ 容安辑：《那文毅公（彦成）两广总督奏议》卷13，《近代中国史料丛刊》第21辑，第1828页。

④ 容安辑：《那文毅公（彦成）两广总督奏议》卷13，《近代中国史料丛刊》第21辑，第1831页。

⑤ 容安辑：《那文毅公（彦成）两广总督奏议》卷13，《近代中国史料丛刊》第21辑，第1832页。

⑥ 容安辑：《那文毅公（彦成）两广总督奏议》卷13，《近代中国史料丛刊》第21辑，第1834页。

⑦ 容安辑：《那文毅公（彦成）两广总督奏议》卷13，《近代中国史料丛刊》第21辑，第1835页。

以致民间有“为民不如为盗”①之谣。清廷认为投诚海盗“皆悬赏购募，非穷蹙求生”，实属不当，下旨申斥。嘉庆帝认为：“洋盗被拿穷蹙，相率投诚，自可贷其一死。但必须妥为安置。此等犷悍匪徒，总宜散不宜聚，该督等拟令交各衙门充当丁役，孰未妥协。若另入伍，食粮则尤不可。粤省绿营不肖兵丁本有私通盗匪之事，今若令投首匪徒隶名营伍，更得声气相通，稽查不易。设有调发缉捕，难保其不透漏消息。”②对于那彦成提出的赏给已获海盗袁亚明等把总、外委等请求，嘉庆帝认为“该匪等稔恶已久，应诛戮之人，令特以期悔罪自新，曲加叶宥，已属格外开恩，何得遽锡以官职”。“欲为鼓励招徕期间，以应令其帮差出力，帮同缉捕等事著有微劳，始可奏明赏给官职。”③对于投首者每人赏给资斧银十两，“此尚可行”。④ 此后对于那彦成奏报的招抚海盗并赏赐官职、安插军营的情况，朝廷几次提出异议，认为其“办理招抚洋盗失当”，⑤但那彦成我行我素，终被查办。嘉庆十一年（1806）正月初九日，“降蓝翎侍卫，派充伊犁领队大臣”。⑥ 清廷以直督吴熊光督粤。

嘉庆十年（1805）后，广东海盗开始与陆上土匪、会党采取联合行动。英国东印度公司的大班曾报称，从广州至澳门的珠江两岸，许多因海盗与土匪勾结烧杀抢掠的市镇废墟历历可见。⑦ 那彦成奉旨查办海丰县会匪、土匪与洋盗的勾通情况后，奏称：“（海丰）之所属梅陇地方有匪徒蔡亚堂、杨亚练等纠结土匪、沟通洋盗围劫墟场。……杨亚练、杨徐生二名勾结洋匪之

① （清）孙五庭：《延厘堂集》卷1，第53—55页。

② 容安辑：《那文毅公（彦成）两广总督奏议》卷13，《近代中国史料丛刊》第21辑，第1644页。

③ 容安辑：《那文毅公（彦成）两广总督奏议》卷13，《近代中国史料丛刊》第21辑，第1644页。

④ 容安辑：《那文毅公（彦成）两广总督奏议》卷13，《近代中国史料丛刊》第21辑，第1644页。

⑤ 容安辑：《那文毅公（彦成）两广总督奏议》卷13，《近代中国史料丛刊》第21辑，第1989页。

⑥ 容安辑：《那文毅公（彦成）两广总督奏议》卷13，《近代中国史料丛刊》第21辑，第1999页。

⑦ Canton Consultations, *East India Company*, India office, London, Nov.2, 1805.

后，由新村登岸潜回。……勾结洋匪郑乌等约定本月初三放火为号，围抢墟场。”①尽管在嘉庆十三年、十四年（1808、1809）前，清军对内河地段还有一定守卫能力，但随着清军水师的不断失利及总兵林国良和护理总兵许廷桂相继被海盗打败杀死②，这种能力便失去了。对此，朝廷认为内河盗匪问题日益严重与那彦成的招抚安插有着很大关系，曾经责问：“那彦成将投首数千人散在各属甚至列入营伍，能保反侧之组徒不潜相勾结乎？”③“现在外洋盗匪直入内河，肆意焚劫并至省城戒严，正所谓开门揖盗，尚得谓之穷蹙乎？……今洋匪纷纷投首者纷纷，而内河之盗其势日炽，岂将洋盗移入内河即谓之洋面肃清乎？”④

嘉庆十四年（1809）夏以后，张保红旗帮与郭婆带黑旗帮数度分头沿内河水道攻杀。如八月间，张保率船从蕉门闯入，沿河居民再遭荼毒⑤。同年夏秋，郭婆带黑旗帮在连续一个多月的分头行动中，共杀死约 1 万名百姓、乡勇和兵丁。例如在三善地方，海盗将整个村子劫尽焚烧后，将被杀村民的 80 多颗头颅悬挂在村头河边的大榕树上，复将关押在村庙里的妇女儿童悉数掳往匪船⑥。海盗的行动对珠江下游地区的社会经济发展造成了严重破坏，以至 30 年后，林则徐到广东禁烟，还谈道：张保红旗帮等“盗伙数万人，劫掠商民，戕伤将士……粤省滨海村庄，受其荼毒之惨，至今闾巷传闻，痛心切骨”。⑦

---

① 容安辑：《那文毅公（彦成）两广总督奏议》卷 13，《近代中国史料丛刊》第 21 辑，第 1446 页。

② 有关情况参见袁永纶：《靖海氛记》卷上，第 8—9、12—13 页，以及《清仁宗实录》卷 215，第 7 页。

③ 容安辑：《那文毅公（彦成）两广总督奏议》卷 13，《近代中国史料丛刊》第 21 辑，第 1980 页。

④ 容安辑：《那文毅公（彦成）两广总督奏议》卷 13，《近代中国史料丛刊》第 21 辑，第 1981 页。

⑤ （清）朱程万：《己巳平寇》，载郑梦玉修：《南海县志》卷 14，同治十一年本。

⑥ 有关红旗帮、黑旗帮此次行动的详情可参见袁永纶：《靖海氛记》卷上，第 15—17 页；李福泰：《番禺县志》卷 22，同治九年本；祝淮修：《香山县志》卷 6，道光七年本；戴肇辰：《广州府志》卷 81，光绪五年本。

⑦ 《林则徐集》，《奏稿（上）》，中华书局 1965 年版，第 3 页。

嘉庆十四年(1809)，闽省洋面的蔡牵、朱濆相继战死，朱渥随后投诚，闽省小帮海盗也被剿捕或者自愿投出，闽浙洋面暂时恢复宁静。与此同时，百龄督粤后也采取了一系列应对海盗的措施，十四年(1809)、十五年(1810)，粤省海盗开始大规模投诚或者被剿捕，到了十七年(1812)，粤省洋面上的海盗基本上被肃清，暂时恢复宁静。

第二节　闽浙粤海盗帮的分合

乾隆五十五年(1790)之后，闽浙海域已经形成一些固有的海盗帮派，例如林发枝、张表、纪佩等帮，他们一般拥有船只从十几只到几十只不等，这些海盗一般被称为土盗、洋盗，在洋面打劫大小过往船只。乾隆六十年(1795)开始，在闽盗林发枝的引导下，安南夷匪、艇匪进入闽浙沿海抢掠。"始洋匪之滋扰浙省者，安南艇匪尤为甚。夷艇本巡夷洋，乃私入浙境之松门，勾结水澳、凤尾各帮，屯聚伺劫。"①当地海盗活动地盘受到冲击，有些海盗或者投降或者被剿灭，或者开始寻求与安南艇匪的合作。嘉庆初年，在安南阮光缵政权的支持下，不仅粤省海盗有了很大发展，闽浙海盗也得到过西山政权的帮助，西山政权同样也提供给闽浙两省土盗船只兵械，使得其中一些土盗的力量有了一次发展的机会，在闽浙洋面威风一时。嘉庆元年(1796)，蔡新在家乡福建漳州闲居，曾对当时海上的海盗活动有比较清晰的描述：

> 洋盗现在有三种：有聚集在岛屿中者，闻南日之贼，至船近百号……一种多系沿海贫民，朝出暮归，或假作渔船、或假做商船，遇有货船则劫之……一种系番贼，此二三年，皆于秋风起时便来，闻系安南番，亦有汉匪入其中……前年只有三四船来，去年则六七船来此，数日前闻

① 《雷塘庵主弟子记》卷1，载张鑑编纂：《阮元年谱》，中华书局1995年版，第37页。

有二十三船在澄海海面截劫。①

嘉庆五年(1800),时任浙江巡抚的阮元对于闽浙粤三省的海盗问题忧心忡忡,在他上嘉庆帝的奏折中,曾指出:“三省皆有洋匪,而艇匪为尤甚。该匪半属夷人、半属粤产。经由粤而过不留,至浙则逗留伺劫,动辄半年。闽、浙土盗附和艇匪,各岸奸民暗通土盗,日多一日,年复一年,若不亟为剿灭,渐至酿成巨伙。”②据阮元统计,所有各帮船只,“合之不下百数十只。”③

嘉庆初年,活跃在闽浙沿海的主要帮派有:“安南总兵王贵利所统率的舰队,共有兵船28艘;由总戎将军黄胜长所率领的舰队,拥有兵船20余艘;由庄有美带领之凤尾帮,约有盗船50—70艘;以林亚孙为首之水澳帮,亦有盗船50—70多只,以江文武为首的箬黄帮,计有盗船122艘,拥有30只盗船的蔡牵帮,据统计上述独立不相隶属之盗帮,船只总数约有200伙众总数约有万人左右。”④据他们起源和活动区域,这些海盗分为夷匪:越南海盗;洋盗:跨省作案之海盗;土盗:主在一省活动作案之海盗。其中,王贵利即伦贵利,广东澄海县人,于乾隆五十九年(1794)投入安南艇匪,与该国国王宝玉侯对农耐作战有功,加封为善艚队总兵、贵利侯为避安南国讳改王姓为伦。嘉庆三年(1798),被加封为善艚队大统兵、进禄侯。嘉庆四年(1799),安南国王派他和善艚三和侯总兵耀、善艚后支大总兵金、善艚后支统兵总兵南带艇船二十八只到浙江洋面行劫,嘉庆四年十二月(1800年1月),伦贵利被浙江水师抓获。⑤ 嘉庆五年(1800)之后,因为安南政权更迭,夷匪逐渐消失,闽浙海盗以洋盗、土盗为主,洋盗主要以蔡牵、朱濆、穷嘴、黄葵等为主,土盗有卖油、小猫等帮,各自拥有活动的区域。

---

① 军机处录副奏折:嘉庆元年二月三日京畿道监察御史宋澍奏片,档案号3-31-1684-80:1801、1802、1803、1804、1805。

② 军机处录副奏折:嘉庆五年七月十六日浙江巡抚阮元等奏片。

③ 军机处录副奏折:嘉庆五年七月十六日浙江巡抚阮元奏折。

④ 张中训:《清嘉庆年间闽浙海盗组织研究》,《中国海洋发展史论文集》第2辑,台北“中研院”三民主义研究所1986年版,第163页。

⑤ 《雷塘庵主弟子记》卷1,载张鑑编纂:《阮元年谱》,中华书局1995年版,第35页。

表 2 乾隆五十九年至嘉庆十五年(1794—1810 年)闽浙主要海盗帮派

帮名	盗首	首次官方记载时间	结局	大致人数或投诚、被灭时人数	活动范围
蔡牵	蔡牵	乾隆五十八年	嘉庆十四年八月十八日黑水洋战死	到五年有船 30 只,最辉煌时有船近百艘,伙众达万人	闽浙粤
小臭	依附于蔡牵大帮,首领张然	嘉庆十年	十四年五月十四日在五虎门投诚	不详	闽浙
小仁	依附于蔡牵大帮,首领小仁,为蔡牵义子	不详	十五年五月投诚	投诚时 1300 余人,船 15 只	闽浙
武松	依附于蔡牵大帮,首领蔡勇	不详	不详	不详	闽
青筋茂	依附于蔡牵大帮,首领青筋茂	不详	五年被灭	不详	闽浙
朱濆	朱濆,死后其弟朱渥为首领	嘉庆二年	十四年正月初十朱濆战死,十五年九月二十三日朱渥率众投诚	朱濆为首时船有百余艘,朱渥投降时船 40 多只,伙众 3000 余人	闽浙粤
林发枝	林发枝	乾隆六十年	嘉庆二年投诚	船 12 只,人数 153 名	闽浙
沈振元	沈振元、沈弗桃	乾隆六十年	嘉庆二年投诚	不详	闽
张表	张表即赖窟舵	不详	嘉庆元年投诚后曾随水师打仗,旋又为盗,嘉庆七年四月十四日被浙江水师生擒	第一次投诚时,船 14 只,人数 473。再次被擒时,船两只,人数 85	闽浙
纪培	纪培	不详	嘉庆元年投诚	船数不详,人数 200	闽浙
王流盖	不详	不详	嘉庆元年的战斗中被浙江水师击毙	不详	闽
黄胜长	不详	乾隆五十八年	不详	不详	闽浙
林阿全	林阿全	嘉庆二年	不详	不详	闽
凤尾	林灿、庄有美	嘉庆三年	四年六月被浙江水师歼灭	不详	浙

续表

帮名	盗首	首次官方记载时间	结局	大致人数或投诚、被灭时人数	活动范围
水澳	林亚孙（亦作林阿孙）	不详	五年九月，在与浙江水师作战时，林落海身毙，伙盗被擒	不详	闽浙
箬黄	江文五（武）	不详	四年十二月被浙江水师生擒	被擒时有伙众170人	浙
红梅	不详	不详	不详	不详	不详
水溪	不详	嘉庆五年	不详	不详	不详
剃头乌艚	不详	嘉庆六年	不详	船数12，人数不详	不详
候齐添	候齐添	嘉庆五年	嘉庆六年十月，被蔡牵及其妻诱杀于台州石塘洋	船数20，人数不详	闽浙
小猫	张阿恺、许亚庐	嘉庆五年	嘉庆六年五月初六，张带众投诚，当年许亚庐被俘	张投诚时船7只，人数90。许被捕时，人数48，船不详	浙
补网	丁亚歪	嘉庆五年	嘉庆六年六月十四日被浙江水师生擒，伙盗被捕	被擒时尚存船三只，人数49	浙
卖油	杨课	嘉庆六年	嘉庆七年八月二十八日，在玉环厅投诚	投诚时，人数115，船只不详	浙
夷匪	伦贵利、陈阿保	乾隆五十九年投入安南艇匪	四年被浙江水师生擒	伦被擒时，所带兵船28只船全已遭风损坏	浙江
黄葵	黄葵	嘉庆七年	嘉庆十年三月十一日在温州玉环投诚	投诚时带船十只，人500余	闽浙
穷嘴	张阿治、陈角、郭潭、纪江均	嘉庆六年	嘉庆十三年陆续被灭	张阿治为首的一小帮有船三四十只，人数400多	闽浙
小肥饼	小肥饼	嘉庆五年	嘉庆五年投诚	船数有三四十只，人数不详	闽浙
页面	不详	嘉庆六年	不详	船12只，人数不详	不详

续表

帮名	盗首	首次官方记载时间	结局	大致人数或投诚、被灭时人数	活动范围
小差	骆仔芦	嘉庆十三年	嘉庆十四年投诚	不详	闽浙粤
七嫂	不详	嘉庆十三年	不详	不详	不详
梁山帮	吴振中	嘉庆九年	不详	船20,人数不详	不详

注:本表格在综合了张中训、穆黛安、安乐博、刘平等学者研究成果的基础上,又参照了《明清宫藏台湾档案汇编》、《清宫宫中档奏折台湾史料》、《清宫谕旨档台湾史料》、《清宫廷寄档台湾史料》、《嘉庆朝上谕档》、《嘉庆帝起居注》、《剿平蔡牵奏稿》、《一西自撰年谱》、《雷塘庵主弟子记》、《研经世文集》、《神风荡寇记》、《台湾道任内剿办洋匪蔡牵督抚等奏稿》、《台湾道任内剿办洋匪蔡牵赛将军奏稿》、《平海纪略》等档案文献归类综合整理。

海盗各帮之中,必有一个帮主也即一帮之领袖,很多帮的帮名就是该领袖的名字或者绰号,如蔡牵帮、朱濆帮、穷嘴帮、黄葵帮等都属此类。有些海盗帮的名字可能是由帮主为盗前的职业命名的,如补网帮、卖油帮应属此类。从表2中,我们可以看到,毗邻相交的闽浙粤三省,海面相连,在往来海面的过程中,这些海盗帮派不只在一省活动,通常是跨省行动的,在他们活动的过程中,虽然有各自的利益地盘,但却会常常在海面相会,有时候为了一时利益之需,他们可能会有联合活动的情况。如果正好是碰到水师剿捕风头紧时,他们也还会采取连帮的形式,一起作战,这样就会出现了海盗结帮的情况。

海盗结帮,就是同一洋面或者不同洋面的海盗将各自力量结集在一起,共同开展海上活动的行为。海盗结帮,从商渔船只"连䑸互保"制度脱胎而出。据张中训的研究,官方文书记载的"本船盗首"、"管船盗首",就是商渔组织的船主(船长),海盗内部称之为"老板"或"头人"。"小盗首"、"盗首"即连䑸(通常不超过12艘)而成的分帮主,海盗内部称之为"某大哥"。"首逆"、"总盗首"、"盗首"、"盗酋"或"贼酋"即帮主,海盗内部以绰号或头衔称之,如称蔡牵为"大出海"、"大老板",称朱濆为"老大哥"①。而"朱濆见

① 军机处录副奏折:嘉庆九年九月二十二日玉德折内林际泰供,中国第一历史档案馆藏。

蔡牵称呼大出海，蔡牵叫朱濆为头脑”①。广东海盗各大帮主亦自称“各支大老板”②。海盗结帮，又是连艅互保的商渔组织脱离水师监管的结果，也是与水师在海上不断交战的需要。

在分析海盗大规模的活动之前，先看一下广东海盗郑亚鹿被捕后交代的一些情况。

嘉庆十年(1805)，郑亚鹿被广东水师拿获，他原是潮阳人，与闽省盗首金开熟识，金开又在大盗首朱濆管下的船上做海盗。在金开的引荐下，乾隆五十四年(1789)，郑亚鹿投入朱濆帮，很快成为盗首，自成一帮，船十余只、伙盗700余人在闽粤洋面肆劫。嘉庆十年(1805)正月，在澄海县所属放鸡洋劫得一艘货船，“夺银八千余两，朱濆闻知，当即夺去。”五月初四，“齐集伙船，于南澳洋面与朱濆对敌，被朱濆抢去伙船数只。”③从中可见，郑亚鹿原本是广东人，是在投到闽省朱濆手下开始其海盗生涯的，在朱濆的帮助和指引下，势力逐渐扩大，逐渐自成一帮，自谋发展。后来两人因为所抢银两的归属，分赃不均反目成仇。

这一案例是闽粤海盗合作、分裂的一个小小的缩影。整理现有史料中关于闽浙粤三省海盗的记载，大致可以发现，他们之间比较大规模的合作有两次。

第一次大致出现在嘉庆元年至五年(1796—1805)，这一时期，闽浙海盗基本上是不分的，从表2可以看出，当时存在的海盗基本上都是闽浙两省兼顾、不分畛域的。这一时期，无论是广东海盗，还是闽浙海盗，一定程度上都得到了西山政权的帮助。他们在闽浙粤海面被击败时，会逃往安南寻求庇护。可以说，这个时候，西山政权的存在可能是联系他们的一个纽带之一。

第二次是嘉庆九年(1804)以后，广东海盗与闽省海盗，主要是跟蔡牵

① 嘉庆年四月十一日玉德奏，《剿平蔡牵奏稿》第2册，全国图书馆文献缩微复制中心2004年版，第753页。

② 《嘉庆十年广东海上武装公立约单》，《历史档案》1989年第4期。

③ 容安辑：《那文毅公(彦成)两广总督奏议》卷12，《近代中国史料丛刊》第21辑，第1548—1551页。

的合作，主要形式有与联合蔡牵力量，或向战败的蔡牵提供船只，帮助其恢复实力。在多年的海上发展过程中，嘉庆九年（1804）以后，蔡牵成为闽洋实力最大的海盗，广东的各帮海盗与他交相呼应，或与之相约合帮，或参与攻打台湾，或接济水米、火药。嘉庆九年（1804），广东海盗的公立约单签发之前，各帮曾相约帮助安南三太子攻取安南，未能成功。嘉庆十年（1805），“寄信约会福建之蔡牵、朱濆同到西路合帮。”①“蔡牵独为富足，常说台湾汛兵不能挡他”。同年六月，蔡牵“有书来叫李崇玉。朱濆又寄信郑一、乌石二说引下面兄弟北上相会”。② 嘉庆十一年（1806）正月与清军交战之后，蔡牵几乎全军覆没，仅带几只船逃窜至南海海域。很快得到了乌石二、郑一嫂等大力相助。郑一嫂给了他乌艇十多只，食米百多包，火药二三十单。同年三月，蔡牵、朱濆、郑一嫂的合帮船队有船“九十余只”③，蔡牵力量得以恢复。

嘉庆十二年十二月二十五日，李长庚与蔡牵激战之后，蔡牵仅余船三只败逃。半年后，嘉庆十三年（1808）闰五月，蔡牵再次出现在闽粤洋面。此时的蔡牵“同帮共有船四十余只”。④ 六月十八日，蔡牵的著名贼目不懂消被抓，据他供称，黑水洋战败后，蔡牵窜到越南，本帮船损坏即行拆毁，然后有“粤洋盗首乌石二挑送蔡逆乌底艇船十余只”⑤，“蔡牵本身乘坐之乌艇尤为高大。”⑥“蔡逆本身换坐之大乌艇，可装六千余担。”⑦十六日，蔡牵

① 容安辑：《那文毅公（彦成）两广总督奏议》卷13，《近代中国史料丛刊》第21辑，第1801页。

② 容安辑：《那文毅公（彦成）两广总督奏议》卷13，《近代中国史料丛刊》第21辑，第1801页。

③ 军机处录副奏折：嘉庆十一年三月福建巡抚温承惠奏折。

④ 嘉庆十三年六月十九日闽浙总督阿林保奏稿，《清宫宫中档奏折台湾史料》（十一），第634页。

⑤ 嘉庆十三年六月二十四日闽浙总督阿林保奏稿，《清宫宫中档奏折台湾史料》（十一），第641页。

⑥ 嘉庆十三年六月二十四日闽浙总督阿林保奏稿，《清宫宫中档奏折台湾史料》（十一），第640页。

⑦ 嘉庆十三年六月二十四日闽浙总督阿林保奏稿，《清宫宫中档奏折台湾史料》（十一），第641页。

先行入闽，并遣头目不懂消招寻小仁、小臭等合帮。十八日，在祥芝澳与蔡牵“从大乌艇船上搬过白底船，其船头俱插有红白及粉红三色旗号”。① 十九日，驶进澳口与官兵交战。二十五日，经外洋驶至水澳浮鹰洋一带游奕，“旋与逆子小仁及柳舵等匪伙连䑸，时分时合，大小约有匪船三四十只”。② 二十九日，“蔡牵又将本船三色旗号收去，只插红旗一面向北蹿去”。③

可以看出，这次蔡牵不仅得到了广东海盗的支援，还主动联络闽浙各帮海盗寻求合作。而且蔡牵深谙各洋面水情，懂得在不同洋面换用不同的船只，并随时更换船头旗帜颜色，以迷惑水师，逃避追捕。

从上述史料中可以看出，闽浙粤三省洋面海盗的时分时合，也只是表面上的支援与合作，并没有触及各个帮派之间的内部组织的变化。他们之间顶多是连䑸行船而已，并未形成统一的、具有单一指挥系统的三省合作的大船帮。

朱濆、蔡牵被灭后，闽浙洋面势力较大的、能与水师抗衡的海上武装集团组织几乎没有了。这一时期，广东洋面也加紧了对“海盗”的剿捕力度。闽浙粤三省海盗几乎再没有大的连帮活动，各帮派很快都被清廷剿灭或者招抚。

第三节　海盗的来源与成分

海盗指在海上使用暴力抢劫船只的人和武装集团（帮），当时被官方统称为“洋盗”、“土盗”、“海匪”、“海贼”等。这些人中，有的是临时海盗，有

① 嘉庆十三年七月初七日闽浙总督阿林保奏稿，《清宫宫中档奏折台湾史料》（十一），第 653 页。

② 嘉庆十三年七月初七日闽浙总督阿林保奏稿，《清宫宫中档奏折台湾史料》（十一），645 页。

③ 嘉庆十三年七月初七日闽浙总督阿林保奏稿，《清宫宫中档奏折台湾史料》（十一），第 645 页。

的是职业海盗，有的是社会性海盗，即貌似职业海盗、对抗官府的武装集团，实际上，他们所从事的可能已不单纯是海上打劫活动，有可能还参与海上贸易等活动。临时海盗是铤而走险、临时起意实施抢劫行为的渔民、船民、海商，他们通过抢劫获得一定的生产、生活资料后再去从事原来的生产、生活活动。职业海盗则是专门以打劫为生的海上群体。职业海盗和社会性海盗是从渔民、船民、海商中分化出来的特殊群体。“海盗，非别有种类，即商渔船是。商渔非盗也，而盗在其中，我有备则欲为海盗者，不得不勉为商渔；我无备则勉为商渔者，难保不阳为商渔而阴为海盗，久之而潜滋暗长，啸聚既多，遂立帮名抗官军，居然自别于商渔。”①

海盗的成员“有冤抑难伸，忿而流于寇者；有货殖失计，因而营于寇者；有功名沦落，傲而放于寇者；有佣赁作息，贫而食于寇者；有知识风水，能而诱于寇者”。② 主要来源是渔民、疍户和水手，为清朝剿办洋盗档案所证实。穆黛安分析了在1794年到1803年之间自愿走上海盗生涯的93人的职业背景情况，“其半数以上或者是渔民，或者是水手”。③ 安乐博对1795年到1810年间广东海盗刑案档案进行了研究，指出：“被虏的受害人和核心海盗的背景，其实都几乎一样，多是蛋民、渔夫、水手。”④“多数牵涉海盗刑案的人，并不是真正的海盗。”“那些被迫参与海盗活动的人，也都是被害者而不是罪犯。甚至于多数的核心海盗，最初也是受害者而非主动者。”⑤张中训分析了1785年至1810年闽浙海盗入盗前的职业，可考的109人，其中88人是渔民，并无农民。海盗有些是陆地失业的柴夫、挑夫、小贩、小偷等，但

---

① 嘉庆《雷州府志》卷13，《海防志》上。

② 道光《重纂福建通志》卷87，《海防》。

③ ［美］穆黛安：《华南海盗，1790—1810》，刘平译，中国社会科学出版社1997年版，第6页。

④ ［美］安乐博：《罪犯或受害者：试析1795年至1810年广东省海盗集团之成因及其成员的社会背景》，载《中国海洋发展史论文集》第7辑下册，台北“中研院”中山人文社会科学研究所1999年版，第448页。

⑤ ［美］安乐博：《罪犯或受害者：试析1795年至1810年广东省海盗集团之成因及其成员的社会背景》，载《中国海洋发展史论文集》第7辑下册，台北“中研院”中山人文社会科学研究所1999年版，第448页。

他们仅是依附分子，占的比重也很小。① 叶志茹从清廷官府档案文书中所录被俘的主要成员的供词中，就“其中有名有姓职业身份者”挑了蔡牵、张保、郭学显、陈亮、黄忠等34人进行分析后认为：“嘉庆前期活跃在东南沿海的蔡牵武装力量，是由一些无生活出路的贫困破产渔户、盐户、樵夫、水手、船工、疍户、农民和无正当职业的流民阶层等社会最低层人民组成的。”②季士家在此基础上又搜集了录副奏折《军务类》中33人的口供资料分析后得出结论：“蔡牵集团是以闽粤人为主，以青壮年人为主，自愿入伙与被迫入伙的几乎各占一半。成员以渔民居多，这些生活在社会最底层、在死亡线上挣扎的人们，到了生活的尽头之时才下海亡命的。”③

本书依据第一档案馆馆藏的部分军机处录副奏折中保存的海盗的供单④材料，选择了其中职业、年龄、婚姻状况都有记载的50名海盗的情况，对其进行了分析整理、分析，发现了与上述各位学者研究类似的结论。

表3　海盗职业、年龄、婚姻状况简表

姓名	年龄	为盗前职业	籍贯	婚姻状况	曾经抢过的船只或物品
冯阿得	28	捕鱼	广东阳江	未曾娶妻	米、火油、渔船、商船并掳人上船
赖阿五	38	捕鱼	广东海丰	未曾娶妻	米、渔船、壳船并掳人上船
郑阿德	33	捕鱼	广东海丰	妻殁有子	渔船、壳船
郑　翕	33	挑卖鲜鱼	漳浦县屿头乡	未曾娶妻	棉花、盐船
方　煎	35	务农	漳浦县西浦乡	未曾娶妻	商船食米、白布
陈　份	47	卖鱼	诏安	娶妻有子	食米、番银、衣服
流阿聪	33	捕鱼捞蚬	澄海县	有妻子	咸鱼船
王　店	27	耕种	漳浦县楼载社	未曾娶妻	商船、渔船

---

① 张中训：《清嘉庆年间闽浙海盗组织研究》，载《中国海洋发展史论文集》第2辑，台北“中研院”三民主义研究所1986年版，第186—187页。

② 叶志茹：《试析蔡牵集团的成分及其反清斗争实质》，《学术研究》1986年第1期。

③ 季士家：《蔡牵研究九题》，《历史档案》1992年第1期。

④ 这些档案的编号分别为：3-43-2341-9-1065；3-43-1240-40；3-44-2342-1104；3-43-2341-9；047-0949；3-43-2345-0940；3-43-2345-0542。

续表

姓名	年龄	为盗前职业	籍贯	婚姻状况	曾经抢过的船只或物品
陈享享	43	采捕	长乐县江田村	娶妻	虾皮船
陈　派	28	开卖干果店	漳浦县陈埭乡	娶妻有子	米、番银
吴　注	50	务农	诏安竹港溪乡	娶妻有子	红头船上的葛布
方　春	38	务农	漳浦县高楼乡	未曾娶妻	白布
陈山贵	44	捕鱼	晋江县深沪乡	妻殁有子	米、糖船、棉花
陈　连	26	捡拾蛎壳	漳浦县西庄乡	未曾娶妻	咸鱼、烟叶、衣服
郭明亮	54	捡蛎	福清县泽郎村	娶妻有子	渔船
韦　福	23	耕种	福清县	未曾娶妻	地瓜丝
林明鞍	30	挑卖鲜鱼	福清县沙乌柳乡	娶妻有子	刚入盗船，尚未参与行动
魏　曾	24	捕鱼	福清县西营乡	未曾娶妻	刚入盗船，尚未参与行动
郑宗西	29	耕种	漳浦县	未曾娶妻	扯篷起碇
王　彩	50	贩鱼	漳浦县山尾乡	娶妻有子	被迫替盗运载火药
李　养	51	耕种	晋江县深沪乡	未曾娶妻	向蔡牵船买地瓜丝、买米
詹阿猪	27	捕鱼	广东潮阳县	未曾娶妻	没有抢劫销赃行为
蔡阿等	35	捕鱼	广东惠来县	娶妻有子	没有抢劫销赃行为
郑阿江	29	捕鱼	广东惠来县	娶妻	没有抢劫销赃行为
罗阿六	66	捕鱼	广东商归善县淡水乡	未曾娶妻	没有抢劫销赃行为
陈　迎	56	捕鱼	海澄先深坞寮里乡社	娶妻有子	船只被抢，并无抢劫行为
林　朝	33	水手	海澄县后石乡	未曾娶妻	不详
刘发财	33	捕鱼	饶平县	有妻子	都穿、客船
符　贵	37	挑担	海康	未曾娶妻	行劫六次
池记蒙	26	雇工	揭阳县	未曾娶妻	多次行劫
李胜弟	35	捕鱼	海阳县	有妻	在船上做舵工
李明通	33	捕鱼	遂溪县	未曾娶妻	客船、货船
何得流	31	捕鱼	遂溪县	有妻有子	空草船、客船、槟榔船
周得仁	57	捕鱼	合浦县	未曾娶妻	糖船、客船
纪梦奇	26	种山	晋江县	未曾娶妻	运闽官米、客船银两
黎亚九	31	疍民/捕鱼	新安县	未曾娶妻	槟榔船、渔船、布船
陈　春	29	贩卖香线	合浦县	未曾娶妻	渔船、布船、杀人
江　成	42	捕鱼	石城县	娶妻已故	渔船、布船、杀人
练阿望	31	贩卖菜头	饶平县	未曾娶妻	客船、渔船

续表

姓名	年龄	为盗前职业	籍贯	婚姻状况	曾经抢过的船只或物品
袁庭贵	33	雇工过活	遂溪县	未曾娶妻	白糖船、白藤船
王　杰	28	帮驾船支	钦州人	有妻有子	猪船、货船
朱士荣	35	捕鱼	阳江县	有妻有子	渔船、棉花
江亚吞	26	捕鱼	诏安	未曾娶妻	不详
邱亚三	39	挑担	合浦县	未曾娶妻	不详
郑亚六	21	疍民	新安县	未能娶妻	行劫多次
王祖德	33	疍民	新安县	有妻	掳人鸡奸
蔡亚目	21	水手	澄海县	未曾娶妻	做水手
黄亚首	21	捕鱼	陆丰县	未曾娶妻	帮同扯篷
梁德有	29	疍民	阳江县	未曾娶妻	做舵手
吴弗四	24	捕鱼	晋江县	有妻有子	渔船、客船

在这 50 人中，其中 27 人是靠捕鱼或者采捕为生，4 人是水手，8 人做小生意，3 人为疍民，5 人是农民身份的，25 岁以下的只有 6 人，年龄超过 25 岁且尚未娶妻或者妻子已故的有 28 人。通过这些统计可以看出，其中很多人只是临时抢劫过一两次，甚至只是在船上帮忙做过一些杂役便被官府抓获定罪成海盗。一般那些船上的头领才是靠打劫为生的海盗。但无论是临时被掠为盗的、主动为盗投入海盗的，还是职业海盗，他们都有一个显著的特点：都是以海为生的海洋社会群体的一部分。无论是做渔民还是为“盗”，这一部分人始终都没有走出海洋的范围，都是海洋基层社会中的一部分。从渔民、疍民转化成海盗，只是他们身份的变化，是谋生的手段作了改变，而其作为海洋社会成员的本质上并没有改变。

第三章 “镇海王”与“南海王”

乾隆末年到嘉庆中期，活跃在东南沿海的海盗帮群众多，实力大小不一。他们在闽浙粤三省洋面上纵横驰骋，聚敛他们的财富。而在众多与清廷抗衡的海上帮群中，引人注目的是“镇海王”蔡牵和“南海王”朱濆领导的海上武装集团。在多年与清朝水师的角逐中，两帮时分时合。

蔡牵（1762—1809），原是弹棉花的手工业工人，祖居泉州府同安县（今厦门市）西浦乡①，少年时曾流落霞浦南乡水澳为人补渔网，和以水澳为捕鱼基地的同安渔民建立广泛的联系。乾隆五十九年（1794）左右，下海起事。嘉庆五年（1800），收编水澳、凤尾二帮海盗余众而崛起，嘉庆七年五月初一日（1802 年 5 月 31 日）率失去生计的渔民、船户等数百人突至厦门港的大、小担，斩杀官弁，夺取炮位，穷渔贫疍纷纷加入。旋在闽东三沙等地建立据点，成为纵横台湾海峡的“汪洋大盗”。嘉庆十年（1805）东渡台湾，称“镇海王”，次年败退回闽。嘉庆十四年（1809）在温州渔山黑水洋被闽浙水师夹击落海身亡。蔡牵战船最多时达 200 只，“盗众”达万人之多，以泉州府晋江、同安、南安县和福州府连江、长乐县失业渔民为主，同时也吸收浙江、广东人参加，主要活动在厦门以北的闽东南至舟山的浙江海域，延伸到江苏、粤东沿海和台湾一带。

朱濆（1749—1809），福建漳州府云霄厅人。生于商运之家。“家饶富，好结纳，与盗通，乡里欲首之，挈妻子浮海去，后为盗。”②乾隆三十七年

---

① “发掘蔡牵祖坟奏片”，《明清宫藏台湾档案汇编》第 104 册，九州出版社 2009 年版，第 87 页。

② 道光《厦门志》卷 16。

(1772),年仅23岁的朱濆就已经有一批追随者,经常随其出海,乾隆末年到嘉庆初年,朱濆组建海上船队。嘉庆五年(1800),安南艇匪被李长庚带领的水师队伍击败,蔡牵从中得船百余艘,朱濆也得数十艘。① 嘉庆八年(1803),朱濆与蔡牵合伙。嘉庆九年(1804),蔡、朱分手,各自在海上活动。朱濆开始在台湾海峡和广东洋面打劫过往商渔船。嘉庆十一年(1806)二月,蔡、朱两帮又在鹿港相遇,再度合伙。嘉庆十三年十二月二十七日,在东涌外洋,朱濆与清朝水师相遇,被金门镇总兵许松年攻击,追至长尾洋,朱濆受炮伤,嘉庆十四年正月初十日(1809年2月23日)去世。

以上是蔡牵和朱濆从下海到落海身亡的一个大致情况。他们是当时台湾海峡海域实力最大的海上武装集团首领,为嘉庆帝的心腹大患。为了将其剿捕尽净,嘉庆帝不仅不惜从全国各地调兵遣将,还责令浙江水师提督李长庚统领闽浙水师“专征”蔡牵,足见对其重视程度。本书试图将蔡牵、朱濆船帮整个发展过程做一次梳理,发掘档案史料,充实对蔡牵和朱濆生平事迹的论述,以期更全面地了解当时东南沿海的“海盗社会”,尤其是这两大海盗帮派发展的始末。

第一节 从临时抢劫到控制台湾海峡海域

一、蔡牵为人

蔡牵祖居泉州府同安县(今厦门市)西浦乡。嘉庆九年(1804)五月,同安县令孙树南会同同安营参将张大建,曾在蔡牵祖居村内对蔡牵的亲属查访,发掘其祖坟后,将其情况汇报给了当时的闽浙总督玉德,玉德在给嘉庆帝的奏折中这样写道:

> 该犯祖居同安县西浦乡地方,人丁本属无多,现在该犯亲支之人俱随蔡牵在船,其远支疏房恐被株连,俱已四散迁居。现在西浦乡并无蔡

① 《清史稿》卷350,《列传》137。

姓之人，并令地保填隣指引至蔡牵祖父葬填之处。令风水周历查看，据称，该犯祖父母之填左右护沙环抱，前面河水朝堂，填钱对虎头山石壁，形势凶恶。掘出骸骨带润色皆微红。及阅其父填，据风水称，该地来龙甚旺，左右群峰合抱，溪水回环，前对大帽山，后坐西浦社，过峡来脉，突起一峰，状如虎形，颇得受地气。遂挖掘见棺，棺木虽朽而骸骨井然，验其骨色亦带红色。骨上有白毛寸许。当将两填骨殖全行检出扬灰抛撒。用火焚烧以绝其暴戾之气。臣等迂拙之见。该匪凶悍暴戾，日久稽诛，未必不由于此。①

这一奏片中，不仅可以看出蔡牵的祖居确在西浦乡外，还可以看到蔡牵下海后，他的亲属除了跟他一起在船生活，远支疏房担心被朝廷通缉已四散逃亡。按照风水先生的说法，蔡牵之祖、父坟地风水甚好，“来龙甚旺……状如虎形，颇得受地气”。似乎在暗示蔡家将会出现一个“风云”人物。于是，当朝统治者将其祖坟挖掘抛撒，以解心头之恨。季士家曾经与厦门大学陈孔立教授一起实地考察，认定他出生的村子为靠海的小渔村新厝顶村。②“他自幼早丧父母，并无四亲六戚而孤苦伶仃（据嘉庆九年八月初六日玉德遵旨密查蔡牵原籍情形折）。”③

道光重纂《福建通志》中载：“蔡牵初佣工自食，继为海盗。”此类描述在清人郑兼才所著《六亭文选》中也有：

蔡牵，泉之同安人。初，佣工自食，继为寇，出没海上，遂成巨憝，为浙、粤、闽三省大患。④

① 嘉庆九年八月初六日，“发掘蔡牵祖坟奏片”，《明清宫藏台湾档案汇编》第104册，九州出版社2009年版，第87页。

② 季士家：《蔡牵研究九题》，《历史档案》1992年第1期。

③ 季士家：《清军机处〈蔡牵反清斗争项〉档案述略》，《历史档案》1982年第1期。

④ （清）郑兼才：《六亭文选》，《愈痦集》卷1，“纪御海寇蔡牵事”，《台湾文献丛刊》第143种，第57页。

道光《厦门志》记载：

> 蔡牵，同安人，以弹棉花为业，后入海为盗。①

在西浦至今还保留着蔡牵的祖宅，并流传有许多关于蔡牵的传说。据传说，蔡牵出生的时候，恰逢天文大潮，以讨小海为生的蔡牵父亲为了生计在老婆临盆之际也不得不出海。“这一天，天未亮他就出海了，走到海边，想着临盆的妻子，蔡牵父亲忍不住回头故居张望，故居的房顶上突然亮出一团光圈，像彩虹把房屋笼中，蔡牵父亲以为是火光，正准备往回走，火光很快又消失了，恢复原来样子。赶海回来，家人告诉说家里又添了一口男丁。”②这个男孩就是蔡牵。

图：传说中的“蔡牵故居”，位于同安区西柯镇西浦村新厝顶社。
也有当地人说这是当地林氏祖祠，买自蔡牵之手。当地人称“旧六路”。

蔡牵从出生好像就被蒙上了一层神秘的色彩，那么蔡牵这个人到底相貌脾气如何呢，从以下几则材料中，或许可以瞥见一端。

> 蔡三来本名林耦，籍隶马巷厅。嘉庆三年间，该犯年十六岁时，经

① 道光《厦门志》卷16，《旧事志》。

② 洪卜仁主编：《厦门名人故居》，厦门大学出版社2007年版，第47页。

> 伊生父林哲卖于蔡牵为子，改名蔡三来。蔡牵视为己出。……据蔡三来、郑昌供，蔡逆现年四十六岁，身材矮小，久服鸦片已成痼疾，刻不可离，日渐黑瘦，每日只喫稀饭两碗，精神甚属颓败。前在广东洋面与官兵打仗，右脸受碗片掷伤一处，早经平复。该逆终日在船，除与各贼伙商量驶往何处伺劫并躲避兵船外，总在舱内服喫鸦片，并与掳来妇女说话顽笑，并无别事。各船贼目贼伙去见该逆，均称为大出海，彼此或蹲或坐，言语戏谑，毫无礼节。①

这是嘉庆十三年（1806）正月初六日闽浙总督阿林保、福建巡抚张师诚奏稿中，记录的蔡牵义子蔡三来被捕后的供词。从中可知蔡牵当年46岁，为人豪爽，不拘礼节，深得帮内人心。此点，在蔡牵另一个义子蔡二来的口中也到了证实。

> 蔡二来原籍福州，自幼卖与泉州民人林端为子，取名林金嗣。林端病故，该犯于十四岁时因在海边捕鱼被蔡牵掳上盗船，见其伶俐，既收为义子，改名蔡二来，甚为亲爱。后蔡牵在三沙掳取民人康乞嚼之女康氏配给蔡二来为妻，并分拨管带船支在洋同劫，不计次数。十年，随同蔡逆过台湾滋扰，受封北路伪总兵，带领盗伙六百余名攻打鹿耳门、洲仔尾等处，杀害官兵无数。窜回内地后复在洋行劫。……据蔡二来供，蔡逆现年四十七岁，身材瘦小，每日只喫稀饭一两碗，惟鸦片刻不可离。每日在船不过商量劫夺并与妇女顽笑。各贼伙见他都称大出海，也没甚规矩。②

从中我们看到，蔡二来为人机灵，深得蔡牵宠爱，蔡牵不仅收为义子，还为其抢来民女为妻。从蔡二来与蔡三来的供词看，蔡牵都按照他们的功劳

① 嘉庆十三年正月初六日闽浙总督阿林保、福建巡抚张师诚奏，《清宫宫中档奏折台湾史料》，第572页。

② 嘉庆十三年四月二十日闽浙总督阿林保、福建巡抚张师诚奏，《清宫宫中档奏折台湾史料》，第610—611页。

赏赐了官职和权力，都交代了蔡牵身材矮小，饭量不大，吸鸦片，没有什么规矩，好与妇女开玩笑的情形。但是其中关于蔡牵的年龄有些出入，蔡三来称蔡牵“四十六岁”，蔡二来称蔡牵“四十七岁”。可能前者说的是周岁，后者说的是虚岁。以周岁计算，蔡牵应生于乾隆二十七年(1762)。

对蔡牵的身材相貌，与他亲近的人做过交代的，还有他帮内的另一名海盗林际泰。他说蔡牵“身材矮小，面色微黄，微须，左太阳穴有刀伤疤痕，身穿蕉布短衫、青纱裤，花绸巾包头，手带金镯，赤脚穿鞋，贼众呼为大老板，也有称大出海”①。蔡牵手下的人，“见了蔡牵，各人起坐自由，并无尊卑规矩。贼众彼此呼唤，俱叫绰号、排行，并没伪设职官名”。②

纵观以上材料，大致可以对蔡牵做简单描述：他自幼父母双亡，起初靠给人打工为生。他身材矮小、黑瘦，性格豪爽，不拘礼节，奖罚分明、有很强的领导能力。他被称为大老板、大出海，这沿用的是海洋社会对船主的称呼。至于他的养子说他好食鸦片，是个瘾君子，因没有发现任何蔡牵吸食的工具、烟土或贩卖鸦片的证据，也未接获任何举报，官方也难以肯定。但是长期的海上生活，养成嗜烟成瘾的可能性是存在的。此外，他在海上劫掠海上商船，也有机会获得烟土，所以他抽鸦片的事可能是真的。把他说成鸦片刻不可离，丧失战斗力，不理正事，每日与妇女开玩笑，也许是为迷惑敌人，放松追捕，掩护蔡牵逃脱所做的伪证，不可全信。但侧面可以反映出蔡牵为人随意，与部下相处打成一片，并没有居高临下的官腔做派，深得部下拥戴。

二、蔡牵在官方记载中的身份变化

关于蔡牵下海为“盗”的时间，时人焦循在其著作《神风荡寇后记》中称：蔡牵于“乾隆六十年间，入海为盗，时浙贼凤尾、闽贼水澳最强。牵及箬黄附之，嘉庆五年夏六月，神风荡寇之后，凤尾帮盗首庄有美，其母李缚献，水澳帮贼首林亚孙毙于东臼，惟牵遁于闽。牵之党侯齐添不睦于牵，收水澳

① 军机处录副奏折：嘉庆九年九月二十二日玉德折内林际泰供，中国第一历史档案馆馆藏。

② 军机处录副奏折：嘉庆九年九月二十二日玉德折内林际泰供，中国第一历史档案馆馆藏。

风尾余孽别为一帮。牵忌之。六年冬，与妻欲害齐天于台州石塘外洋”。①季士家推测：在连年灾荒的情况下，（蔡牵）于乾隆五十九年（1794）“铤而走险”，下海为“盗”（据嘉庆十一年九月十八日阿林保折内刘碧所供，其于乾隆五十九年加入蔡逆盗船；又嘉庆九年七月初一日玉德折内有“查明蔡逆肆劫已及十载”语）。② 关文发认为：“考蔡牵入海的时间，大致是在乾隆六十年（1795）左右。”他依据的是“闽督玉德于嘉庆九年七月折内提及：‘窃照蔡牵一犯来肆劫，已及十载’以及《神风荡寇后记》中的记载。”③

《明清史料》记载：“郭妈系闽人，先在土盗卖油船上为伙，随同行劫多次，迨后卖油投诚，该犯投入土盗蔡牵船上为伙。蔡牵旋被黄葵纠入新兴帮，为专管一船之小盗首。该犯仍在蔡牵船上经管火炮，会同蔡牵在竹屿山常打劫米柴食物，并掠人关禁勒赎。及至披山洋见有兵船往捕，该犯即在船放炮拒敌官兵被擒获。又蔡的、陈来系闽人，在蔡牵船上随同打劫尽山等洋商、渔船支各过搜赃，掠人三次。又郭叔我、郭海、邱第、曾项亦俱闽人，各随蔡牵在东机等洋面过船接赃……”④有学者根据这段史料，推断蔡牵入海为盗之时，应只是一船的小盗首。⑤ 这是嘉庆八年（1803）刑部为内阁抄出六月初九日浙江巡抚阮元奏“审拟接赃之洋盗王孝等发黑龙江为奴折”中的内容，仅据此就做出这样的推断是否准确，恐失严密妥当。蔡牵入伙之初是单干还是加入了其他的帮派，现在还未有足够的史料考证清楚。

据考证，乾隆末年至嘉庆二年（1797）间，称霸闽海洋的主要有王流盖、赖窟舵、林发枝三大帮。蔡牵在正式进入当局者的眼中时，一开始是被冠以“土盗”或者“洋盗”、“洋匪”等修饰语的。后来随其势力的不断增加，在官方中记载中的奏报或者上谕中，他名字前面所加的修饰语从“洋盗”、“盗

① （清）焦循：《神风荡寇后记》，《雕菰集》卷19。

② 季士家：《军机处〈蔡牵反清斗争项〉档案述略》，第115页。

③ 关文发：《清代中叶蔡牵海上武装集团性质辨析》，《中国史研究》1994年第1期。

④ 《明清史料编》第五本，正大印书馆、“中央研究院”历史研究所1972年版，第469页。

⑤ 薛卜滋：《清嘉庆年间海盗蔡牵犯台始末》，《台湾文化研究所学报》。

首”、“著名盗首”到“首逆”不断变化。这些用语的变化从侧面反映了他在海上势力的不断增强。

关文发在《中国史研究》1994 年第 1 期上发表的文章《清代中叶蔡牵海上武装集团性质辨析》中这样写道：“但蔡牵以‘盗首’名义见诸官方记载，最早是在嘉庆三年九月，当时嘉庆上谕两次点了蔡牵之名。一说：‘兹盗首蔡牵等已逃回内洋’，责成魁伦‘缉拿务获’。其二说：‘盗首蔡牵一犯，潜匿浙洋’，命王德‘严饬各舟师上紧查拿，以清洋面’。可见蔡牵最迟于嘉庆三年已发展成团伙首领。”①那么蔡牵到底是什么时候开始以“盗首”的身份出现在官方文档中的呢，来看以下几则材料。

1. 嘉庆二年（1797）七月二十三日上谕中提及魁伦奏盗首李发枝带领带船三只、伙盗 153 名自行投首分辩办理一折并另片奏中提到了蔡牵，“再海洋盗首王流盖早经击毙，张表、李发枝业已投出，但恐有零星伙盗在洋出没，亦当认真缉拿以净根株。另片据称有蔡牵盗船一帮现在蹿浙洋。着传谕玉德严饬浙省镇将等严缉务获。并着魁伦饬令闽省巡洋将弁一体留心侦缉，毋任远飏。”②此间，蔡牵的分量远在王流盖、张表、李发枝之下，在朝廷看来还是零星伙盗，不足为患。

2. 嘉庆二年十二月二十九日的上谕档中保存了一份阮亚星、张亚兴、张表和李发枝的供词。在张表的供词中，他供称：

> 现在尚有贼首蔡骞，系同安县人，现在福宁府三沙地方住家，他有船十三四号。又有蔡载花，系晋江县人，亦有船十余号。至海洋内泊船岛屿，温州外海有南纪地方，台州外海有凤尾地方，俱可泊船一百余号。那消赃地方，台州府有龟壳湾，与松门相连，福州府长乐县有舌澳地方住有刘三，泉州晋江县吴堡地方住有王广，相连东埠地方住有邱容，他们平时俱用船接消赃物，其余不能知道。这都是实情，不敢谎供。

① 关文发：《清代中叶蔡牵海上武装集团性质辨析》，《中国史研究》1994 年第 1 期。

② 《嘉庆道光两朝上谕档》第 2 册，第 212 页。

李发枝供称：

> 海洋盗匪自我们投出后，止有盗首蔡骞一名，不过率同余盗在外洋游奕，过便行劫，不敢如从前滋扰，现在海洋一带渔户人等皆安静畏法是实。①

在此供词中，此时蔡牵已是“盗首”、“贼首”。但海盗们口中应称他是“帮首”，称“盗首”、“贼首”是地方官篡改的，代表地方官府的说法，此时还没有看到嘉庆帝的表态。在嘉庆三年（1798）八月初三日的上谕档中，嘉庆帝再次提到蔡牵，只说：“又据魁伦等奏缉捕洋盗情形折内称，蔡牵匪船除拿获外，被风击碎外只有十余只，不难克期速获。”②

4. 蔡牵的地位在嘉庆帝眼里有了变化，应该是从嘉庆三年（1798）九月开始的。

> 军机大臣字寄总督魁、提督哈嘉庆三年九月初二日奉上谕：哈当阿奏，拿获洋盗，审明正法，并因盗首蔡骞远飏未获，请交部治罪一折。览奏俱悉。此次洋盗在台湾一带劫掠，哈当阿分遣将弁，督率官兵，前后拿获盗犯多名，并将遇盗畏葸之副将李鉷据实参奏，办理尚属认真。所有该提督自请治罪之处，着加恩宽免。此案哈当阿所办尚无大过，魁伦既不能认真督饬水师将弁上紧缉盗，而于哈当阿参奏李鉷又复心存回护，前已降旨严饬。兹盗首蔡骞等已逃回内洋，且所余盗船无多，即着责成魁伦缉拿务获，若再致盗首远飏，则二罪并发，恐魁伦不能当此重咎。至李鉷前已革职拿问，一到内地，即着魁伦遵照前旨，派委妥员，迅速解交刑部审讯，毋得稍有回护疏虞。将此各谕令知之。钦此。遵旨寄信前来。③

① 《嘉庆道光两朝上谕档》第 2 册，第 361、362 页。

② 《嘉庆道光两朝上谕档》第 3 册，第 100 页。

③ 嘉庆三年九月初二日上谕，《嘉庆道光两朝上谕档》第 3 册，第 113 页。

九月初二日的这份上谕中说:“兹盗首蔡牵等已逃回内洋”,责成魁伦“缉拿务获”。此时,蔡牵的“头衔”在嘉庆帝眼里已是“盗首”。

5. 同年九月二十五日的上谕中提到:“盗首蔡牵恐乘西北风复窜回闽洋,现在上紧缉拿等语。蔡牵为著名盗首,屡次谕令该督等实力查拿,今浙省洋面已有兵船堵截,势必乘风蹿回闽洋,着魁伦等务须分饬水师上紧截拿,并着王德苍保严督水师员弁一体巡缉,勿任漏网。”①到此,蔡牵已经升级为“著名盗首”。

纵观四、五两条,在这一年的九月,嘉庆上谕中两次点了蔡牵之名,身份从“盗首”变成“著名盗首”,可见蔡牵受重视程度增加,已越来越引起朝廷的重视。但是按照《雷塘庵主弟子记》中记载,嘉庆四年十二月(1800 年 1 月),“蔡牵复附水澳人……是时,水澳强,蔡牵尚弱。浙洋土盗,凤尾、水澳、箬黄各帮在蔡牵之前,最为猖獗”。② 此时,蔡牵还不是闽浙洋面最为抢眼的“盗首”。

6. 关天发认为:“蔡牵独居众多海盗之首,是在夷艇覆灭和嘉庆七年安南停止支持洋盗之后。”③根据是《圣武记》中记载:“由是艇贼皆无所巢穴,其在闽者皆为漳盗蔡牵所并。牵既得夷艇夷炮,凡水澳、凤尾余党皆附之,复大猖獗。”④

嘉庆七年(1802),蔡牵袭击厦门大、小担水寨,抢夺炮台军械,嘉庆帝震怒。此后蔡牵滋事不断,越来越引起朝野重视。季士家在《蔡牵研究九题》一文中认为:“嘉庆九年七月初一日,闽浙总督玉德具折奏报剿办蔡牵情形,嘉庆帝在读到折中‘窃照蔡牵一犯,在闽浙洋面往来肆劫已及十载,乞无弋获’一语时,嘉庆帝便在‘蔡牵’二字左侧旁朱书‘竟系大逆’四字。在浙江巡抚阮元关于胡振声死节奏折中第一次出现‘蔡匪’二字上作朱‘×’,‘匪’字右侧书一‘逆’。自此而后,所有官员奏折上凡述及蔡牵,均用

① 嘉庆三年九月二十五日上谕,《嘉庆道光两朝上谕档》第 3 册,第 129 页。

② 《雷塘庵主弟子记》卷 1。

③ 关文发:《清代中叶蔡牵海上武装集团性质辨析》,《中国史研究》1994 年第 1 期。

④ (清)魏源:《圣武记》卷 8,《嘉庆东南靖海记》,中华书局 1984 年版。

‘蔡逆’称之。因为在此以前处治蔡牵所部被俘者,均按《大清律例》中江洋行劫大盗律归办理;与此相适应,嘉庆帝还专门发出上谕,命令‘即日蔡牵拿获后,当按叛逆律严办’! 此后,凡拿获蔡牵所部骨干成员,均按叛逆律处理了。当嘉庆获悉李长庚在广东洋面丧生后,曾将蔡牵的海上斗争与中原白莲教起义进行类比,并得出蔡牵较之白莲教是有过之而无不及的结论:三省邪教逆党中,如刘之协、张汉潮等纠众焚掠,四处奔逃尚未僭称伪号……今蔡牵,以沿海偏氓,辄敢遁入重洋,伪称王号,并蓄谋攻占台湾,纠众攻城,经时累月……戕害廷镇大员,如李长庚、胡振声……该逆情罪重大,恶贯满盈,每思之不胜发指,应克期俘馘,方足以彰国宪而快人心。”①

但这一说法并不准确。因为,嘉庆八年(1803)八月,清安泰在奏报“洋匪蔡牵于六月间自闽蹿入浙洋,先经抚臣阮元及奴才叠咨各镇舟师及沿海营县严密防捕”一折中,叙述了和蔡牵在七月二十七日于南麂洋面的交战情况后,嘉庆帝朱批:“若得蔡逆,洵为可喜。”②此后大多数关于蔡牵情况的奏报中,都能看到嘉庆在“蔡逆”两字的右上方打个“×”。可见,嘉庆帝将蔡牵从“江洋行劫大盗”升格为“叛逆”,不应是在嘉庆九年(1804)蔡牵帮击毙水师官员胡振声之后。只是到了胡振声被害后,嘉庆帝彻底被激怒,正式强调按叛逆律严办蔡牵及其家人。

嘉庆九年(1804)四月二十八日,蔡牵帮船四五十号驶至台湾鹿耳门海口,突入北汕木寨,抢夺炮台,杀游击武克勤、守备王维光。六月初五日,蔡牵帮船在浮鹰洋击毙浙江水师温州镇总兵胡振声。六月二十七日,嘉庆帝接到“玉德等奏温州总兵胡振声兵船追剿蔡牵被盗匪掷火焚烧,官兵俱遭戕害一折”之后,十分震惊,朱批“览奏不禁发指”六个字。紧接着在上谕中指示:“该镇及同船官兵俱被戕害实属罪大恶极,此等凶悍情形非仅急迫拒捕,竟系有心谋逆。……即日蔡牵拿获须当按叛逆严办。”③当日,军机大臣字寄闽浙总督玉德,蔡牵戕害朝廷员弁“罪不在赦,断无招抚之理。即日蔡

① 季士家:《蔡牵研究九题》,《历史档案》1992年第1期。

② 陈云林总主编,中国第一历史档案馆、海峡两岸出版交流中心编:《明清宫藏台湾档案汇编》第103册,九州出版社2009年版,第252页。

③ 《嘉庆道光两朝上谕档》第9册。

牵拿获后当叛逆律严办,其妻子亦应问以缘坐。不能稍从宽贷。”①甚至要求玉德“查明蔡牵祖坟刨挖,将尸骨扬灰。”②嘉庆十年(1805)二月初十日,嘉庆帝认定蔡牵为郑成功之后的“海洋首逆”③,十二日派浙江水师提督李长庚为总统,统领闽浙水师,专征蔡牵。

三、朱濆其事及其大致发展脉络

朱濆的籍贯问题长期以来模糊不清。归结起来有以下几种说法:

1. 广东人。《清史稿》卷三百五十《列传一百三十七・李长庚》称:“粤盗朱濆”;连横《台湾通史》卷三十二《列传四・海寇》说:“濆,粤盗也。”《清稗类钞》中记载,“嘉庆初年,东南海上多盗,曰凤尾帮,曰水澳帮,曰蔡牵帮,皆是福建盗。曰箬黄帮,是浙江盗。曰朱濆帮,是广东盗。”④这些说法并未言及朱濆籍贯,但一些研究者据“粤盗”、“广东盗”之说便认为他是广东人。

2. 福建漳州人。大多数研究者持此说。“如果说蔡牵是福建第一号大海盗的话,那么,朱濆应该称得上是福建第二号大海盗。朱濆,福建漳州人,家境殷实,但自幼好与盗匪为伍。朱濆仗着和几位海盗头目交情甚笃,鱼肉乡里。”⑤此说不谬,缺点是没有指出是漳州府的哪个县。

3. 福建漳州府漳浦县人。根据是朱濆的族人朱弼、朱彤云、朱承恩等住居漳浦县,闽浙总督玉德令他们招抚朱濆,由此推断朱濆的故乡在漳浦县。

4. 福建漳州府云霄厅人。新编《云霄县志》为朱濆立了传,明确说明朱濆生于1749年,卒于1808年,云霄岳坑村人。其依据是在云霄岳坑村有朱

---

① 嘉庆九年六月二十七日军机大臣字寄闽浙总督玉德,《清宫廷寄档台湾史料》(一),台北“故宫博物院”1994年版,第482页。

② 台湾银行经济研究室:《清仁宗实录选辑》,“台湾文献丛刊”第187种,1963年,第50页。

③ 嘉庆十年二月初十日字寄闽浙总督玉德,《清宫廷寄档台湾史料》(一),台北“故宫博物院”1994年版,第494页。

④ (清)徐珂:《清稗类钞》,第5305页。

⑤ [美]安乐博:《中国海盗的黄金时代:1520—1810》,王绍祥译,《东南学术》2002年第1期,第39页。

渍的坟墓，相传为其弟朱渥在其战死后将其遗体葬于岳坑村。在岳坑一带流传了许多关于朱渍的事迹，据说其后代有传至漳浦、台湾等地。

实际上在清代官方档案记载中已经排除了朱渍是广东人的可能性，就连嘉庆帝几次提到他时，都曾言及其为闽人或者漳州人。至于朱渍的籍贯具体是漳州的漳浦县，还是云霄厅，则还没有定论。

关于朱渍的海上生涯，郑美华指出："新编《云霄县志》记载他生于商运之家，其祖父、父亲都是海商，乾隆三十七年（1772 年）23 岁的朱渍已拥有一批随从伙伴，经常随船出海，后被公推为船运帮主。乾隆末至嘉庆初，朱渍率先组建海上商运船队，与濒海地区有商运历史传统的中小船商、渔夫、舵手、船工等合伙，集资自立机构造船，发展自己的船运队伍。他的经营范围很广，开始主要贩运粮食等农副产品，后来增加营运布匹、陶器、靛青、糖、茶、盐鱼等，停泊的港口有福建的马尾、同安，广东的南澳、澄海，浙江的宁波、台州，台湾的鹿港、淡水等。在云霄的船场、漳浦的古雷等澳坞、埠头均设有司账管理人员。"①

朱渍到底是哪一年为盗的，现在还难以考证出具体时间。据后来被捕的朱渍的伙盗郑亚鹿交代，"郑亚鹿籍隶潮阳，与闽省大盗首朱渍管下小盗首金开熟识。该犯于乾隆五十四年经金开引下朱渍船内入伙。"②又《云霄厅志》卷 14 载：云霄人陈名魁，武进士出身，他获得朝廷的重任，乾隆五十九年（1794）调署为金门游击，移镇铜陵（今漳州市东山县），"嗣艇匪与蔡牵、朱渍等肆横行海上。"由此可见，至少在乾隆五十四年（1789）的时候，朱渍就已经在广东潮阳与福建东山岛之间的海域活动，是闽粤两省交界洋面比较有影响的"盗首"了。故当时官方有称之为"粤盗"，亦有称之为"闽盗"的。

朱渍的发展壮大大概是在嘉庆五年（1800）左右，也可能跟其收编了艇匪和浙江凤尾帮等的船队有重大关联。嘉庆五年（1800），"艇匪"浙江凤尾

---

① 郑美华：《论朱渍集团的崛起及其对清朝东南沿海海上贸易的影响》，载《2009 · 漳州海商论坛论文集》，第 121 页。

② 容安辑：《那文毅公（彦成）两广总督奏议》卷 13，《近代中国史料丛刊》第 21 辑，第 1548 页。

帮引夷艇入温州洋，被时任浙江定海总兵的李长庚击败。后“艇匪无所巢穴”，蔡牵并了一百多艇，朱濆也得数十艘。“九年夏，(蔡牵)劫台湾米数千石，分济粤盗朱濆，连䑸八十余，猝入闽。”①嘉庆八年，朱濆还和当时陆丰县的天地会头目李崇玉有密切联系。“嘉庆八年，李崇玉风闻查拿紧急，蹈海数月放回，自此与洋盗朱濆等交结。……销赃济匪。又假保护渔港村庄为名，勒索渔船陋规。”②

嘉庆十年(1805)，“粤东艇匪乌石二与闽盗朱濆连帮八十余船，与四月初旬蹿至厦门”。③ 同年十一月二十八日，两广总督那彦成在向清廷汇报广东省洋面的海盗投诚和剿捕的情况时，说“朱濆为闽粤两省巨寇”。④ 之后，朱濆与蔡牵和粤盗不断分分合合，直到最后战死在清军水师炮火之下。

在朱濆下海为盗的过程中，他并不是一个人孤军作战的，他的亲戚族人中，很多人是跟他一起下海的。“据朱和一犯供称认，系朱濆族叔。嘉庆十一年入伙为盗，朱濆派当头目，分管一船，在洋伺劫不计次数，杀死商船水手客民。”⑤“再四究诘，(蒋信、蒋若)据供……朱濆信用匪船，除他兄弟朱猛、朱恶外，尚有朱周、朱盘、林传……均系管舵头目。”⑥“初一日趁势剿杀，适见有三色旗大船一支，内有穿红马褂贼首一人指挥拒敌。认系朱濆之叔朱金，为著名盗首。”⑦嘉庆十四年(1809)二月初十日，闽浙总督阿林保、福建巡抚张师诚的奏折中，记载了金门镇许松年捕获的从朱濆本船上逃回的难民许蛟交代的一些情况：

① (清)魏源:《圣武记》下卷8,《嘉庆东南靖海记》,第355页。

② 容安辑:《那文毅两广总督奏稿》卷14,第19页。

③ 嘉庆八年二十日阮元奏,《雷塘庵主弟子记》卷2,《阮元年谱》。

④ 容安辑:《那文毅公(彦成)两广总督奏议》卷13,《近代中国史料丛刊》第21辑,第1788页。

⑤ 嘉庆十三年七月初十日武隆阿、许文谟、清华奏,《清宫宫中档奏折台湾史料》(十一),第655页。

⑥ 嘉庆十三年七月初十日武隆阿、许文谟、清华奏,《清宫宫中档奏折台湾史料》(十一),第656页。

⑦ 嘉庆十四年二月初十日阿林保奏,《清宫宫中档奏折台湾史料》(十一),第576页。

> 据供，上年十二月二十三日在漳州相连屿洋面载草出港，被朱濆掳去。二十七日朱濆本身坐船在广东长尾洋面被兵船动拢攻打，有伊第三兄弟朱屋的妻子被炮打为两截，其朱濆本身眼并咽喉等处均被枪炮打伤，用药敷治不效。本年正月初十日饭后毙命。亲见贼众卸下船桅改作棺木，将朱濆尸身收殓停放船舱。朱濆共有兄弟三人，第二系朱猛，第三系朱屋。①

从中我们了解到，朱濆兄弟三人，他排行老大，朱屋（即朱渥）排行老三，不仅跟随其在船行劫，他的妻子也在船上。再有，“朱濆帮内大小船均用牛皮网纱包裹，较为坚固，而各船伙盗多系本家亲戚，彼此同恶相济，并非尽属乌合之众”。②

尽管朱濆帮内有兄弟族人“同舟共济”，他与蔡牵又常常合作，但还是在嘉庆十三年十二月二十七日长尾洋之战中受伤，嘉庆十四年正月初十日不治身亡，这一天是1809年2月23日，所以新编《云霄县志》中朱濆卒年为1808年，是不对的。朱濆的战死时间，在此后陆续的奏报中都曾提起。比如嘉庆十四年（1809）三月，台湾道清华携家眷内渡，途中遇盗，被朱濆之弟朱渥解救，并护送到兴化府一带洋面登陆，此次，朱渥对他讲起朱濆战死之事：

> 据称伊兄朱濆……许令擒捕蔡逆来首，代恳天恩免罪，是以倾心向化。即在浙洋洋面与蔡逆分帮，屡次设法欲诱获蔡逆，总未得手。迨至十二月间，捕得蔡逆贼伙许凛等一百六十四名，闻金门镇许松年同南澳镇胡于鋐等兵船驶至广东长山尾洋，随将所获许凛等正欲解赴兵船投到，不料兵船遇见伊兄朱濆之船，即枪炮轰击。伊等各船不敢抵据，纷纷逃避，以致伊兄朱濆受伤。后越至本年正月初十毙命。现在伊等有

① 嘉庆十四年二月初十日阿林保、张师诚奏稿，《清宫宫中档奏折台湾史料》（十一），第730—731页。

② 嘉庆十二年四月初五日闽浙总督阿林保、福建巡抚张师诚奏报，陈云林主编：《明清宫藏台湾档案汇编》第114册，第358页。

投首之心，诚恐到官不能免罪，恳求该道转禀，许伊等率众来投并恳酌赏盗船数只，留为经商，养活伊寡嫂同幼侄之资。伊等共有匪船数十余支，分散在闽粤各洋。①

这是嘉庆十四年(1809)四月二十四日，闽浙总督阿林保的奏折中的记述。我们姑且先不论其中所论朱濆曾有意投首一事是否可信，朱渥是否真的有心投诚，比照前则材料中难民许蛟交代的一些情况，我们可以确定朱濆的去世时间，且还得知朱濆曾经娶妻生子，有后代传世。

关于朱濆死后葬身之地，官方文献记载：十四年(1809)九月二十三日，其弟朱渥率众在福宁内洋投诚，朝廷“准其率同眷属在省城居住，并准于船只实价下赏给养膳银两”。并规定，如果出洋捕盗缉捕出力，还可以视情况进行奖赏。朱濆和其妻的尸棺“准给就近掩埋”②。至于朱渥最终将朱濆葬在何地，尚未可知。有可能是在投诚地福宁或居住地福州的附近，也可能是在新编《云霄县志》所记载的岳坑附近。而朱濆从正月初十去世，到九月朱渥投降，死后八个多月，尸体一直随船在海上漂浮。

四、蔡、朱两帮的分分合合

作为活跃在当时在闽浙粤海域的两大重要力量的蔡牵和朱濆两帮，除了在各自的势力范围内打劫勒赎谋求自身发展之外，他们时而也联合活动共同抗击清水师的剿捕活动，他们的关系就像是恋爱中的情侣，时而甜蜜时而闹点小别扭。将两帮被剿灭之前大致的经历进行一次简单的梳理，发现两者的分合主要有以下几次。

1. 嘉庆九年(1804)夏天，蔡牵抢得粮食，分给断粮的朱濆，蔡、朱第一次合作，且并肩与李长庚所领导的水师作战。战后，蔡牵责怪朱濆不听话，朱濆愤怒出走。

---

① 嘉庆十四年二月初十日阿林保奏稿，《清宫宫中档奏折台湾史料》(十一)，第745、746页。

② 嘉庆十四年十一月二十八日军机大臣字寄谕闽浙总督方维甸、福建巡抚张师诚，《明清宫藏台湾档案汇编》第118册，第448页。

> 九年夏，劫台湾米数千石及大横洋台湾船。会闽、粤间盗朱濆断粮，牵分米饱之；遂与濆合八十余大船，猝入闽海。温州总兵胡振声以二十四船入闽运船工木，总督遽檄振声击之；振声陷于濆，死之，贼势甚炽。……秋，牵、濆同入浙。八月，追及之于马迹；牵、濆结为一阵，忠毅督兵冲贯其中，盗分东西窜；逐至尽山，沈其二船，毙牵船盗数十人，俘余船五十余人。终以牵船高未获，遁去。牵责濆不用命，濆怒，先返；自是，牵、濆始分，牵亦少衰。①

关于蔡牵和朱濆的这次合帮，魏源《圣武记》中也有类似的记载：

> 九年八月，牵、濆共犯浙。李长庚合诸镇击贼于定海北洋。二贼结百十艘为一阵。长庚督兵冲贯其中，断贼为二，使镇兵击濆而己急击牵。逐至尽山，沉其二副船，又断其坐船篷索。会风雨骤起，贼遁去。牵责濆不用命。濆怒，遂与牵分。是冬，长庚败朱濆于甲子洋。②

阮元弟子所编纂的《雷塘庵主弟子记》卷二也是认定“嘉庆九年八月二十一日，李公长庚率四镇兵船攻蔡牵于定海北洋……朱濆船被剿多伤，遂与蔡匪分散，遁回广东”。③ 焦循在《神风荡寇后记》中载：“九年，牵遂能渡横洋，劫台湾米数千石及大横洋台湾船，粤盗朱濆断粮，牵分米饱之，与濆合帮。”④而连横先生在《台湾通史》中认为：“嘉庆八年夏六月，牵劫台米数千石，分饷朱濆。濆，粤盗也，遂与合。”⑤时间提早一年，是有待商榷的。

2. 嘉庆九年（1804），蔡牵谋划攻占台湾时，还曾写信约会朱濆，但是朱濆并没有回话。显然这次的连帮意愿，蔡牵有点“单相思”。这个情况在嘉

---

① （清）阮元：《壮烈伯李忠毅公传》，《研经室二集》卷4。

② （清）魏源：《圣武记》卷8，《嘉庆东南靖海记》，第356页。

③ 《雷塘庵主弟子记》卷2，《阮元年谱》，第59页。

④ （清）焦循：《神风荡寇后记》，《雕菰集》卷19。

⑤ 连横：《台湾通史》，第98页。

庆十年(1805)二月,玉德“审讯拿获各犯严究蔡牵窜台谋为不轨各情形”之奏片做了记载:

上年十一月在三沙洋面,蔡逆与侄蔡添来、管账洪先生及各贼船贼目商议已定,并写信约会朱濆同攻台湾及各地方。朱濆尚无回信,蔡逆开船先到淡水……①

3. 嘉庆十一年(1806)二月,蔡牵被官兵追击,仓皇逃出鹿港,三月在竿塘洋面又与朱濆合。

许实一犯系蔡牵帮贼目张成船上伙盗,该犯在船上听闻蔡逆因在台湾被官兵击败,仅存船三十余只,不能拒敌官兵,遣伙央结朱濆帮助,在竿塘洋面合帮。朱濆见蔡牵称呼大出海,蔡牵呼朱濆为头脑,在洋行劫。是时,蔡牵帮伙所劫货物送归蔡牵。朱濆帮伙所劫货物送归朱濆。两帮共有匪船七十余只。又据朱濆帮伙黎连通供称,朱濆在闽粤洋面行劫,从未过闽省北洋,亦未去过台湾。今年三月间因闻蔡牵在台湾滋事,大帮兵船俱到台湾缉捕,是以游粤驶至竿塘洋一带洋面游奕,希图乘间行劫。后蔡牵由台蹿回,仅剩三十余只,不能拒敌官兵,遣伙央结朱濆合伙帮助。②

可见,蔡牵攻台期间,朱濆没有过台配合行动,而是在竿塘洋一带洋面独自行动。两帮所劫货物各自收入囊中,也未共享。

四月,合作后的蔡牵、朱濆一起到福宁外洋活动,被李长庚败于台州斗米洋,其党李按等被擒。“蔡逆、朱濆匪船窜至福宁府属之俞山外洋游奕……该提督(李长庚)(四月)初三驶抵三沙洋面,会合杜魁光、孙大刚两

① 陈云林总主编,中国历史档案馆、海峡两岸出版交流中心编:《明清宫藏台湾档案汇编》第106册,九州出版社2008年版,第206页。

② 玉德嘉庆十一年四月十六日福宁府拜发,《台湾道任内剿办洋匪蔡牵督抚等奏稿》(二),《台湾文献汇刊》第六辑,第三册,第290—295页。

帮兵船共八十九号，探知蔡逆同朱濆潜匿古镇洋面。”①“蔡朱二逆匪船经提督李于四月初三日在古镇洋面率师攻击外逃。”五月十日，蔡牵再次“窜入鹿耳门”，“朱濆匪船二十余只仍在闽粤交界之龟壳洋面游奕。”②

4. 嘉庆十三年(1808)，朱濆资助安南回来的蔡牵，两帮再度连帮，再续前缘。

> 秋七月，蔡、朱入浙。③
>
> 十三年，牵自安南回棹，朱濆资之，复与濆合帮入浙，并与土盗张阿治相应。巡抚阮元复莅任，用间离之。濆复舍牵窜闽，为许松年轰毙，牵亦为贼兵击败窜闽。④

五、蔡、朱两帮在海上的主要活动

嘉庆朝前中叶，蔡牵、朱濆两帮纵横在东南海域，风云一时。蔡牵据闽东的水澳、三沙、大嵛山、妈祖澳诸地为“巢窟”即根据地，又在闽浙沿海舟山、温州、福清、晋江、同安(今厦门)等地渔港建有秘密活动基地，基本上控制了从温州至同安之间的海域。朱濆据闽南的漳浦、云霄诸地为“巢窟”，在诏安、东山及粤东潮州南澳等地渔港建有秘密活动基地，基本上控制了从漳浦至潮州之间的海域。在这些地方，官府事实上失去了统治权力，蔡牵、朱濆填补了权力的真空。蔡牵称“镇海王”，朱濆称“南海王”，其自我定位就是海域秩序的控制者和保护者。他们最终没有成功，连自己的主张都没有文字留下来，但从官方认定的海盗“罪行”可以得到部分的了解：

一曰私收渔规、商税。蔡牵在其势力控制的“盗区”和海域内，从官府手中夺得了对商渔船征税的权力，“洋盗蔡牵私造票单，卖给出洋商渔船

---

① 玉德嘉庆十一年四月初七福宁府拜发，《台湾道任内剿办洋匪蔡牵督抚等奏稿》(二)，《台湾文献汇刊》第六辑，第三册，第347、348页。

② 奏为蔡逆复窜鹿耳门，《台湾道任内剿办洋匪蔡牵督抚等奏稿》(二)，《台湾文献汇刊》第六辑，第三册，第272、273页。

③ (清)焦循：《神风荡寇后记》，《雕菰集》卷19。

④ (清)魏源：《圣武记》卷8，《嘉庆东南靖海记》，第359页。

只，如遇该匪盗帮，见有单据，即不劫掠，及领单去后，装载货物回来，又须分别船只大小，明立货物粗细，抽分银两”。“出洋商船，买取蔡牵执照一张，盖有该匪图记，随船携带，遇盗给验，即不劫夺，名曰打单。”①“海口各商船出洋，要费用洋钱四百块，回内地者加倍”，“给则无事，不给则财命俱失。”②票单亦即执照，也就是所谓的“免劫盗单”。“凡有商渔船只致送银物，向买免劫盗单，俱系蔡三来经管，盖用图记。”③收取渔规、商税，同时承担保护航行安全的责任，实际行使了保护商渔的海洋社会权力。“愚民无知，相率牟利避害，纷纷转行散买。”“沿海商渔多纳贿于牵，领其旗以自保。”④这一措施的实行，提供了蔡牵船帮活动的财政来源，剥夺了“盗区”官府管理海洋经济的权力和水师监管商渔船的权力。

官方文书中的海盗口供也零星地透露了此类信息，如嘉庆六年（1801）九月间，同安县人黄奇托晋江县首饰店商人王宾代为散卖蔡牵票单五张，王宾转交王海代售，“适有不识姓名舡户三人赴王海店内打造首饰，道及海洋难行，王海即代黄奇将单卖给舡户，共得番银二百七十圆，黄奇当送王海谢银十五圆、王宾四圆”。七年（1802）十月间，王海乏本歇业，起领卖盗单渔利，浼王湖引至蔡牵舡上，“领单二十张，单内注明一年为期，分别舡只大小、货物粗细，每张番银一二百圆及二三十圆不等。王海散卖不知姓名商舡，共得番银一千五百圆，扣留一百圆，余银交王湖转送蔡牵收受”。八年（1803）九月间，“王海自至蔡牵舡上领单一百张，陆续散卖二十四张，得番银一千六百圆，扣留一百圆余银连剩单送还蔡牵舡上”。九年（1804）三月间，“王海又向蔡牵领单五十张，散卖四十四张，共得番银七百圆，剩单六张转交现获之邱麻花代售，得番银一百圆。王海一并送交蔡牵舡上，蔡牵分给王海七十圆，王海转给邱麻花十圆”。邱麻花驶舡度日，八年（1803）十一月间，“舡户李灯月惧被劫掳，因知邱麻花向与代蔡牵卖单之同安县人吕偏老

① 军机处录副奏折：嘉庆八年三月三十日闽浙总督玉德折，中国第一历史档案馆藏。

② 嘉庆八年二月二十日上谕，《嘉庆道光两朝上谕档》第8册。

③ 《清宫宫中档奏折台湾史料》第11册，台北“故宫博物院”，第571页。

④ 《澎湖厅志》卷11，《旧事·纪兵》。

熟识，托邱麻花邀同吕偏老赴蔡牵舡上，用番银三十圆买单一张。邱麻花又代李灯月同帮舡户陈雷、林孔等，用番银二百七十圆至蔡牵舡上买单三张，蔡牵分给邱麻花番银四十圆，并送给该犯本舡票单一张”。渔户李孝贵、李孝灼、林必幅“图免行劫，知庄可应有蔡牵盗单未卖”，托许成“向庄可应各买单一张”。① 其他情节不详的，还有：王元超“买受盗单”②，黄顺“为方两代买盗单一次”③，陈阿讲替渔户鲍加兴“买盗舡免劫票八张”。④ 苏雁、陈猴仔“代洋盗蔡牵索取渔船番银，并得渔户谢礼分用”。⑤

在这些案例中，向蔡牵买单是商渔船户的主动行为，有的还充当中介或推销员，从中分沾利益。在“盗区”之内，蔡牵废除了官府的课税和挂号验船的陋规，减轻了商渔民负担，商渔船户持有单据或令旗，便在航行中受到保护，有利于正常商渔活动的展开。闽台民间都有蔡牵赠旗保护船只航行无阻的传说，把蔡牵视为英雄。署福建布政使裘行简奏称：“闻蔡牵私收商税，任意挥霍，与沿海居民久相浃洽。”浙江水师提督李长庚认为“民多无行”，感叹“可怜沿海诸村落，尽作犯科罔法家”⑥，均反映这一事实。有人认为买单是双重征税，实是混淆“盗区”与非“盗区”的差别引起的错乱，并无史料根据。

二曰劫船勒赎。劫持船只是所有海盗的共性。临时海盗意在抢劫财物，职业海盗意在勒索赎金，抢劫财物只是辅助性的。因为商渔经济是他们的衣食父母，一律采用灭绝的手段，等于断绝自己的经济来源。蔡牵对非“盗区”未领执照纳税的商渔船，主要是商船，沿袭职业海盗的做法，加以重罚，扣留船、货、人质，索取赎金。“勒索商船，重载须番银八千元，轻载五千元，方听取赎”⑦。“查节年五月内，台湾糖船出口时，该匪船每窜至澎湖及

① 嘉庆九年十一月刑部奏，中国历史第一档案馆藏，军机处录副奏折 3－41，2188－8，缩微 2646－2647。

② 《剿平蔡牵奏稿》第 2 册，国家图书馆微缩复印中心 2006 年版，第 646 页。

③ 《剿平蔡牵奏稿》第 2 册，国家图书馆微缩复印中心 2006 年版，第 644—645 页。

④ 《明清史料》戊编上册，第 1033 页。

⑤ 《清宫宫中档奏折台湾史料》第 11 册，第 488 页。

⑥ （清）李长庚：《舟中偶成》，《李忠毅公遗诗》，厦门大学图书馆馆藏稿本。

⑦ 嘉庆十一年六月初九日温承惠奏，《剿平蔡牵奏稿》，全国图书馆文献缩微复制中心 2004 年版，第 516 页。

鹿耳门一带伺劫。”①《台阳笔记》描述说:“每当四、五月间,南风盛发,糖船北上,则有红篷遍海角(贼船多以红篷为号),炮声振川岳(贼船之炮,大者重三千斤,小者五六百斤),风送水涌,瞥然而至者,乃洋盗勒索之期也。大船七千,中者五千,小则三千,七日之内,满其欲而去。否则,纵火烧船为乐。”②

扣船勒赎成功的概率高,单纯的杀人抢劫不会是蔡牵的主要选择。扣船勒赎的目的不能达到,才会撕票,“其船只坚固者辄行占驾,桅篷杠椇任意选用”③。即使纵火烧船,也会留下货物、舵工水手。遭遇巨大反抗,才会狠下杀手,将整船人员杀害。吸收舵工水手加入,是蔡牵船帮与商船、水师争夺海洋社会权力的重要内容。这一点就连远在京城的嘉庆帝都有所耳闻,“即如海船舵工一项,闻好手多为贼船所雇用。盖由小船小民趋利若鹜,在贼船中得雇价较多,是以为乐”。④ 海盗供词中的蔡牵,“身材矮小,面色微黄,微须,左太阳穴有刀伤疤痕,身穿蕉布短衫,青纱裤,花绸巾包头,手带金镯,赤脚穿鞋,贼众呼为大老板,也有称大出海”,手下人“见了蔡牵,各人起坐自由,并无尊卑规矩”。⑤ “朱濆见蔡牵称呼大出海,蔡牵呼朱濆为头脑”⑥,和商船的大船主一模一样。他们是否从事商船的企业经营,因史料的湮没不得而知,但与官方所称的“海洋巨盗”的形象完全不同,则是可以肯定的。

蔡牵势力盛时,有船百余艘、部众上万人,粮食供应主要靠沿海和岛屿居民接济。当时的官府为掩饰自己的无能,对蔡牵的海上抢劫行为张大其词,连嘉庆帝也相信:“盗船食米不全资内地偷运,只需将台湾商贩劫掠一船,即可用之不尽。”⑦其实这是不可信的。据嘉庆十五年(1810)正月闽浙

---

① 《台湾道任内巡抚勦办洋匪蔡牵赛将军奏稿》,第 50 页。

② (清)翟灏:《台阳笔记》,台湾古籍出版有限公司,第 27—28 页。

③ 嘉庆十一年六月初九日温承惠奏,《勦平蔡牵奏稿》第二册,第 516 页。

④ 容安辑:《那文毅(彦成)公奏稿》,《近代中国史料丛刊》第 21 辑。

⑤ 军机处录副奏折:嘉庆九年九月二十二日玉德奏。

⑥ 嘉庆四年十一月玉德奏,《勦平蔡牵奏稿》第 2 册,全国图书馆文献缩微复制中心 2004 年版,第 753 页。

⑦ 嘉庆十四年正月初十日上谕,《嘉庆道光两朝上谕档》第 14 册。

总督方维甸、福建巡抚张师诚报告："乾隆十六年(1751)至嘉庆十四年(1809)十月，在洋被劫带谷商船一百四十六案，共米三千余石、谷一万七千余石。"①平均每年劫案2.5起，米51—68石、谷288—305石。这一时期台湾运往福建的米谷，各项官运和私运合计，每年可达80万至100万石。以80万石计，被劫300石也仅占1/2666，只是偶发事件。如果蔡牵抢劫的运米船是中型的商船(载重2000石)，只要两次就超过59年间被劫食米的总数，是个破天荒的巨案，却不见档案记录，显然是个谎言。

扣船勒赎是蔡牵在非控制区的港口和海域开辟财源、补充物资的手段，也是与当地渔商社会分享民间海洋社会权力，挑战官方的海洋社会权力的行为。福建沿海的商渔力量部分转化为蔡牵的海上力量，甚至有海商代蔡牵建造大型商船，"载货出洋济牵用，而伪以被劫报官"。② 嘉庆十一年(1806)，蔡牵"在鹿耳门窜出时，篷索破烂，火药缺乏，一回内地，在水澳、大金装篷燂洗，现在盗船无一非系新篷，火药无不充足"。以至他的海上武装力量一度超越官方水师的武装力量。一部分民间商渔力量转化为抗官的军事力量，是蔡牵船帮屡遭水师打击毁坏，又不断再生的原因。台湾港口和海域非蔡牵的控制区，民间海洋群体基于自身的海洋利益，做出不同的反应，"故凡盗至之日，无知贸易之小民有喜色焉，喜其有利于己也。裕国通商之大贾有惧色焉，惧其有害于己也"。③ 前者归附于蔡牵，为其代销货物，提供急需的粮食和军火，后者则归附于官府，捐银助饷，募兵抵抗。他们在官府与蔡牵之间做出不同的选择，反映了小民与大贾的政治倾向和立场，具有阶级对立和对抗的内涵。

由此可见，蔡牵、朱濆在海洋上生成的军事力量，一度掌握了制海权，改变了海洋渔业、航运贸易的秩序。就渔民社会、船民社会、海商社会而言，这种以"非法"的暴力手段形成的海洋社会权力，根植于贫渔穷疍阶层，并被一部分海商所接受，体现海洋利益再分配的要求，具有一定的社会合理性。

---

① 军机处录副奏折：嘉庆十五年正月二十八日方维甸、张师诚折，中国第一历史档案馆藏。

② (清)焦循：《神风荡寇后记》，《雕菰集》卷19。

③ (清)翟灏：《台阳笔记》，第27—28页。

有关蔡牵的民间传说对海上抢劫行为的忽略，并非“不经意间的”，而是涉海社会群体对官府称其为大海盗的说法极不信任的表达。地方官府、水师官兵有许多诬良为匪，如把盗船上没有抢劫行为的船上人员当成海盗从重惩处，对蔡牵根据地水澳“驱其民而火其庐”①的劣迹，没人相信他们会执法公正，即使官方所说的抢劫是事实，也不会接受，而认为是谎言。在官民对立的情况下，沿海的主流民意站在了蔡牵一方。

第二节 攻打台湾，谋占噶玛兰

蔡、朱两帮的活动中，活动范围主要在闽浙粤三省的洋面，除了抢劫商船，勒赎人质货物，杀戕朝廷官员外，最值得一提的两人曾多次将目光瞄准台湾，并试图在噶玛兰、苏澳等地建立“根据地”。尤以蔡牵的攻台活动声势为大，不仅勾结“陆路匪徒滋事”，甚至“竖旗为王”。

一、嘉庆十年前的蔡牵攻台的几次主要行动

关于蔡牵的攻台行为，根据现在可以看到的史料并综合以前学者的研究成果②，嘉庆十年（1805）之前，蔡牵的攻台的行为大致有以下几次。

1. 嘉庆二年（1797）春，“蔡逆拢靠沙仑（苏澳附近），上岸打掠。”③

2. 嘉庆三年（1798），闽浙总督魁伦奏：“洋盗蔡牵屡次在竹堑、沪尾等处希图登岸滋扰。”④

3. 嘉庆四年（1799），闽浙总督书麟奏：“嘉庆三年五月间，蔡牵因官兵

---

① 光绪《霞浦县志》卷8。

② 关于蔡牵的攻台行为，详见《清军机处〈蔡牵反清斗争项〉档案述略》，《历史档案》1982年第1期；关文发：《清代中叶蔡牵海上武装集团性质辨析》，《中国史研究》，薛卜滋：《清嘉庆年间海盗蔡牵犯台始末》，《台湾文化研究所学报》等文章。

③ 柯培元：《噶玛兰志略》卷4，《海防志》，《台湾文献丛刊》第92种，1961年，第34页。

④ 嘉庆三年八月十九日魁仑奏折，《宫中档案嘉庆朝奏折》第六辑，台北“故宫博物院”。

围拿严紧，带领同帮匪船逃窜台。”①

4. 嘉庆五年(1800)，蔡牵入鹿耳门。《续修台湾县志》中记载：“牵来台湾，入鹿耳门，始嘉庆五年。”②清人郑兼才在《六亭文选·愈瘖集》卷一“山海贼总论”中记述：“蔡牵率众入鹿耳门，始嘉庆五年，兵将退守安平，商船悉为贼有。自是，蔡牵始垂涎台湾矣。蔡牵既去，扬言越五年当再至；至期，果以贼众至，为嘉庆九年四月二十有八日。值雨甚，北汕枪炮不得发，兵溃将亡，郡城民情汹汹，贼去始定。自是，蔡牵敢窥伺台湾矣。是年十一月，蔡牵继至；十年四月又至，皆停泊累月。其声势联络，不炽于前，而胡杜侯余党洪四老等得以民无斗志，蛊惑蔡牵。蔡牵岁资利于商船，不惜重赀厚结山贼。山贼不知自速其死，广为招致；而向来被掳稍知书之徒，又以天时、人事散布谣言。蔡牵自是妄称王号，逆造正朔，于十月一日起衅沪尾，窜连东港。”③

5. 嘉庆八年(1803)五月初，蔡牵预先遣伙潜来台地探听南北口岸防堵情形，有两个盗犯为官军所获，并承认蔡牵欲到台洋伺劫，遣令先来查探。正在严讯办理之间，蔡牵船帮有三四十只，于五月十三日窜到鹿港洋面，游奕伺劫。官方接到鹿港厅、营禀报，台湾水师副将詹胜赶驾巡哨舟师驰赴奋力合捕。总兵爱新泰驻鹿耳门南北汕及安平、郡城等地。④

6. 嘉庆九年(1804)，蔡牵成为闽洋实力最大的海盗，并有广东海盗与之遥相呼应。“蔡牵独为富足，常说台湾汛兵不能挡他。”⑤是年，蔡牵率60余船到台湾，四月十五日进攻鹿港，十六日窜至澎湖，二十一日又窜往鹿仔港，总兵爱新泰带兵由陆路赶往防御，蔡牵已远窜无踪。⑥ 二十八日，蔡牵进泊鹿耳门，乘雨攻打北汕，官兵溃，炮不能发，游击武克勤、守备王维光战

① 嘉庆四年五月一日长麟奏折，《宫中档嘉庆朝奏折》第七辑，台北“故宫博物院”。

② 谢金銮：《续修台湾县志》卷5，《外编·兵变》，《台湾文献丛刊》第140种，1962年，第380页。

③ (清)郑兼才：《六亭文选》，《愈瘖集》卷1，“山海贼总论”，《台湾文献丛刊》第143种，第52页。

④ 《台案汇录辛集》卷1，《台湾文献丛刊》第205种，1964年，第16—17页。

⑤ 容安辑：《那文毅公(彦成)两广总督奏议》卷13，《近代中国史料丛刊》第21辑，第1801页。

⑥ 《台案汇录辛集》卷1，《台湾文献丛刊》第205种，1964年，第33—34页。

死，官军莫之奈何。三十日夜，蔡牵焚鹿耳门营署，火光达安平。五月初二日，又烧商船一艘，营兵义民满布海岸，莫敢何。“船户知无所恃，各赴牵议偿自赎。十三日，东南风发，乃拥重资本，悠悠而去。”①

嘉庆九年(1804)蔡牵攻台，其主要目标就放在鹿耳门。为什么蔡牵要选择鹿耳门呢？这是因为：“鹿门为用武必争之地者，以入港可以夺安平而抗府治也。夺安平则舟楫皆在港内，所以断其出海之路；抗府治则足以号令南北二路。故一入鹿耳门，而台湾之全势举矣。”②

7. 嘉庆九年(1804)五月二十七日，蔡牵船只六七十只自台湾回闽，此时，广东红头船20多只也加入了蔡牵的队伍，他们在竿塘洋面集合蔡牵原有基本的船队人马，“又添有粤束艇匪及浙省匪徒船只”③，其势力渐渐壮大，当时清廷甚至认为蔡牵想要与粤省各盗合帮，“意欲觊觎台湾做伊巢穴，再图与盗匪郑一等恢复安南”。④。

嘉庆九年十一月二十四日，蔡牵“窜至淡水滬尾社地方滋扰，共有船五十余只，带同登岸者即有千余人”。⑤ 可见当时船上的伙众更不止于此。嘉庆帝惊呼蔡牵为“海洋首逆”，其屡次窜赴台湾滋扰抗拒官兵，并遣伙党到彼煽诱，其意“窥伺台湾”⑥。

二、嘉庆十年以后蔡牵攻台行为

嘉庆十年(1805)四月，蔡牵进泊淡水，对于台湾陆地的“山贼”，拟加联

---

① 连横：《台湾通史》卷32，《列传四·海寇列传》，《台湾文献丛刊》第128种，1962年，第842页。

② 黄叔璥：《台海使 录》卷1，《赤嵌笔谈·形势》，《台湾文献丛刊》第4种，1957年，第6页。

③ 嘉庆九年七月十六日军机大臣字寄闽浙总督玉、福建巡抚李，《清宫谕旨档台湾史料(三)》，台北“故宫博物院”1996年版，第1786页。

④ 嘉庆十年十二月十七日军机大臣字寄闽浙总督玉、福建巡抚李，《清宫谕旨档台湾史料(三)》，台北“故宫博物院”1996年版，第1902页。

⑤ 嘉庆十年正月初六日闽浙总督玉、福建巡抚李，《清宫谕旨挡台湾史料(三)》，台北“故宫博物院”1996年版，第1802页。

⑥ 嘉庆十年四月二十二日军机大臣字寄闽浙总督玉，《清宫谕旨挡台湾史料(三)》，台北“故宫博物院”1996年版，第1832页。

合,《续修台湾县志》载:“皆不惜重资,与山贼洪四老等联络声势,辗转招致;而船中被掳稍知书之徒,又以天时人事,散布谣言。于是蔡牵伪造逆示,自称镇海威武王。”①

整个攻台之役,蔡牵是以郡城攻坚为核心,凤山、嘉义两路为两翼。②并辅之以淡水一路进行骚扰。为了确保胜利,隔绝交通以阻止大陆清军的增援为第一务。为此,在进行攻台之前,“蔡逆与蔡添来等商,内地如接文报,兵船过来总不能迅速。趁早围住府城,并将大船六只堵住招门(指鹿耳门海口),倘兵船一到,即行凿沉,谅兵船断难飞进。一面急攻府城,若抢夺了,不怕南北两路不归于我等语。……并嘱令贼伙,专一搜劫来往文书,以绝官兵信息”。于是,“来信、差人,无不被其杀害。”③

嘉庆十年(1805)十一月,蔡牵入鹿耳门,展开与清廷大规模的决战。“接据淡水同知胡应魁禀报,蔡逆盗船于十一月十四日窜至淡水滬尾港。十六日分遣小船三四十只乘潮登岸。”④当时淡水同知胡应魁会同署都司陈廷梅带兵围剿,结果陈廷梅在战斗中身亡,胡应魁也受伤。台湾北路协副将金殿安台湾镇总兵爱新泰、台湾知府马夔升等又“先后带兵赶往堵缉”。随后,“蔡逆船由淡水窜至鹿港外”,遭遇爱新泰统率的部队,继续向南“窜至凤山县署之东港等处,勾结陆路匪徒,竖旗滋事。复敢分散伪札,自称镇海王,欲攻凤山县”。⑤ 在围困府城的同时,蔡牵指挥各路起义队伍,用声东击西之法,于洲仔尾歼灭署都司、守备陈廷梅所部清军,并击毙陈廷梅,引出总兵爱新泰、知府马夔升提兵援嘉义。此时,蔡牵则“遣其党至凤山”,许和尚、陈棒等带领起义军于十一月二十三日夜,抢入凤山竹城。

---

① 谢金銮:《续修台湾县志》卷5,《外编 · 兵变》,《台湾文献丛刊》第140种,1962年,第380页。

② 季士家:《清军机处蔡牵反清斗争项档案述略》,《历史档案》1982年第1期,第117页。

③ 嘉庆十一年十二月二十六日爱新泰等片内王义等供,《明清宫藏台湾档案汇编》,第205—206页。

④ 《台湾道任内剿办洋匪蔡牵督抚等奏稿》(一),《台湾文献汇刊》第六辑,第二册,第396页。

⑤ 抚臣李、提督王合词嘉庆十年十二月六日拜发,《台湾道任内剿办洋匪蔡牵督抚等奏稿》(一),《台湾文献汇刊》第六辑,第二册,第404页。

十一月二十四日，蔡牵入鹿耳门，“进踞洲仔尾，距郡城才六里也，自是南北不通，民心惶惑。”①蔡牵率领船队进军鹿耳门后“抛船鹿耳门内，拨驾小船分往各港汊勾结陆路匪徒，纷纷肆扰，凤山县竹城失守”。此时领军与官兵交战的是李添赐和许和尚，交战中同知钱澍“被炮火烧伤头面，知县吴兆麟阵亡，印信遗失”②。同时在陆地也有百姓和他互相呼应，在嘉义、彰化等地有“山贼”洪四老乘机起事，在凤山也有“山贼”陈棒、吴淮泗等人应和。蔡牵“勾结洲仔尾等处匪徒于十二月初六、初九、十一等日分路攻打府城”③，被爱新泰、庆保等人所率部队击退。“十二月初五，蔡逆分驾大小船数十只攻打安平镇。”④十二月初一至初七，盐水港、笨港也遭遇数百名贼匪攻。十二月十三日从郡城败回的起事贼匪欲再次攻打笨港，义军首领黄汉与官兵竭力拼杀，十五日击退贼匪。

嘉庆十年(1805)十一月二十三日，南路的许和尚、陈棒、吴淮泗等人带领部众，攻入凤山城，凤山失守。同知钱澍及凤山令吴兆麟逃入粤庄，同知等因共课回埤头。十一月二十九日，粤兵将两人送至淡水溪南止。吴兆麟为前队要渡过溪流，突然遇到蔡牵的部众，战斗不久，从队同知钱澍的火药桶着火，军队陷入混乱，吴兆麟被杀，只有钱澍得以脱险。陈棒、叶豹、黄灶、李琏、卢章平等，在楠梓坑率众攻打游，吉凌阿援助凤山，屯兵在此，仅有三百人，最后也逃入郡城。

“蔡逆此次蹿台勾结台地匪徒，南北滋扰，令党伙挑招番银，沿海着急匪徒，有愿入伙者给番银十元，白布旗一面，上盖木印一颗。”⑤在利益的诱

① 连横:《台湾通史》卷32,《海寇列传》,《台湾文献丛刊》第128种,1962年,第843页。

② 《台湾道任内剿办洋匪蔡牵督抚等奏稿》(一),《台湾文献汇刊》第六辑,第二册,第417—418页。

③ 抚臣李、水师提臣许、陆路提臣王合词奏,嘉庆十年十二月二十四日拜发,《台湾道任内剿办洋匪蔡牵督抚等奏稿》(一),《台湾文献汇刊》第六辑,第二册,第419—420页。

④ 《台湾道任内剿办洋匪蔡牵督抚等奏稿》(一),《台湾文献汇刊》第六辑,第二册,第419—420页。

⑤ 《台湾道任内剿办洋匪蔡牵督抚等奏稿》(一),《台湾文献汇刊》第六辑,第二册,第456页。

惑下，到了嘉庆十年十二月，蔡牵领导下的队伍已经很庞大，“惟洲仔尾岸上贼匪约有万余人，连日攻打府城甚为猖獗。又嘉义县属之盐水港等处贼匪亦有万余，道路梗塞”。①

蔡牵“其在滬尾时已伪称镇海王，私自刊印，分封贼目伪封军帅、将军、先锋等项名号。至凤山、嘉义及台湾陆路之贼多藉蔡逆之势乘机起事。有领蔡逆之旗，亦有自行竖旗者纷纷不一”。② 蔡牵在城内并遍贴告示煽惑民心，“如庄民不助官兵，概不杀害，若充当义民，定行杀害”。③ 在蔡牵刊刻的印章上，印有“王印正大光明”六个字，以号召群众。嘉庆十一年（1806）七月初九日，赛冲阿所率部队曾于海中捞获这样的一枚印章④。同时还施行一套职官制度以组织起义大军。“蔡牵自穿蟒袍，下设军师、大元帅、元帅、将军、总先锋、先锋、总兵、巡捕等职，他们各有令旗，统率各路起义军。”于是台湾民情浮动、南北两路人民，纷纷响应。南路凤山（即今之高雄）以李添赐、许和尚、吴利万等为首，北路嘉义以邱红、邱恩、吴三池、马美等为首，中路台湾县（即今之台南）以周添秀、叶貌等为首，“藉蔡逆之势，乘机滋事。另外，还有自行树旗者，纷纷不一”。⑤

面对蔡牵起事风起云涌之势，嘉庆帝对福建官员的表现颇为恼火，嘉庆十一年（1806）二月二十三日，他痛斥闽浙总督玉德无能，以致“现在蔡逆树旗称王，勾结台湾陆路匪徒，焚劫凤山，围攻郡城逾两月，鹿耳门凿船堵塞，嘉义县知县被围。玉德惟以惶遽之词空衍塞责，又有何益？……今玉德既未亲自渡台即驻扎海口一无调度，节次零星抽拨官兵不及三千名，任意延玩……玉德自正月十八日发报之后，直至本月初九始行续报，此报计算前后

① 臣谟会同抚臣李、陆路提臣王合词奏，嘉庆十一年正月十八日拜发，《台湾道任内剿办洋匪蔡牵督抚等奏稿》（一），《台湾文献汇刊》第六辑，第二册，第452页。

② 嘉庆十一年十二月二十六日爱新泰等片内王义等供，《明清宫藏台湾档案汇编》，第206—207页。

③ 嘉庆十年十二月奏片“在台遍贴告示重赏能擒获蔡牵之人”，《明清宫藏台湾档案汇编》，第214页。

④ 嘉庆十一年六月初三日赛冲阿折，《台湾道任内剿办洋匪蔡牵赛将军奏稿》，《台湾文献汇刊》第六辑，第二册，第104页。

⑤ 嘉庆十一年六月初三日赛冲阿折，《台湾道任内剿办洋匪蔡牵赛将军奏稿》，《台湾文献汇刊》第六辑，第二册，第104页。

相距实系二十余日，未经发报，竟不知是何居心，岂竟安坐厦门养尊处优，既不实心筹办，亦不确探消息，惟欲静候等文报敷衍入奏，大负皇考及朕委用之封疆之深恩。再不知愧励感恩，试思魁伦甫任川省漳河一败立予刑诛，况久任者乎，试思之，祸福任汝自取耳。巡抚李，自蔡逆滋事以来，亦未亲赴厦门等筹备一次，屡次奏折中从未提及一字，竟置身事外，漠不经心……”①为此专门“派赛冲阿为钦差大臣，到福建前线亲自督办围剿”。② 嘉庆十一年（1806）二月十九日，赛冲阿从大担门带领兵船开出，带去兵丁有 1800 名之多，二月二十四日晚乘风从料罗洋驶往台湾，三月初一日钦差将军赛冲阿率军抵达台湾。③ 此为蔡牵入台之后，清廷所派最高级别的长官。赛冲阿当时为广州将军，后调为福州将军，统领对台事务，从提督李长庚以下皆得受其节制，凡是有奏报之折，赛冲阿都须列名在前，清廷希望四方厚集兵力设法擒蔡牵。此时，在台水师兵丁，“李长庚所带一千名，又发往北路四起官兵二千三百名，连预备赛带去兵丁一千八百名共有五千九百名”。④ “连台湾本省陆路额兵八千七百八十余名”，⑤但这些依然不敷使用，清廷仍从福州、广东、广西等地调派增援。

鹿耳门之役决战初期，清廷水师全完处于守势、被动挨打的状态，这种情势直到李长庚率舟师到达之后才有新的变化。

嘉庆十年（1805）十一月十四日，李长庚由黄岐洋统师南下，二十九日行抵崇武。在此闻得料罗洋面有“朱濆帮匪船牵劫商船，随领兵船于三十

① 军机大臣字寄闽浙总督玉，嘉庆十一年二月二十三日奉上谕，《清宫廷寄档台湾史料》（一），台北“故宫博物院”，第 562—564 页。

② 《剿平蔡牵奏稿》，第 1 册，全国图书馆文献微缩复印中心影印，2004 年，第 106 页。

③ 《台湾道任内剿办洋匪蔡牵赛将军奏稿》（一），《台湾文献汇刊》第六辑，第二册，第 341 页。

④ 抚臣李、提臣王合词奏，嘉庆十一年二月二十五日拜发，《台湾道任内剿办洋匪蔡牵督抚等奏稿》（二），《台湾文献汇刊》第六辑，第三册，第 53 页。

⑤ 抚臣李、提臣王合词奏，嘉庆十一年二月二十五日拜发，《台湾道任内剿办洋匪蔡牵督抚等奏稿》（二），《台湾文献汇刊》第六辑，第三册，第 55 页。

日驰赴料罗挥令兵船上前擒捕”。① 十二月初一日，李长庚在厦门换领厦门商人捐造新船，“统带护金门镇总兵许松年、护温州镇总兵李景曾、澎湖协副将王得禄等大帮舟师七十一只，并署台协副将邱良功管带赴台换班陆路兵丁一千四百余名候风”②，初七日由厦门开驾继续驶往台湾。十二月二十一日李长庚于抵澎湖③。十二月二十四日，李长庚带领舟师到达鹿耳门。此时距离蔡牵攻打鹿耳门已有一个多月。“李长庚率舟师由厦门渡台后，但直到是一月中旬官方也未收到他对蔡牵的攻剿信息。”④这种情况让远在京城的嘉庆皇帝焦灼万分，除了不断责备玉德等相关官员外，为了激发将士们的斗志，清廷还发布谕令，制定出奖赏，规定如果有人能将蔡逆擒获，“无论军民人等，奏明赏银一千，并赏给优品官职，其能擒获贼首李添赐、许和尚之类，赏银五百两……”⑤

蔡牵攻入鹿耳门，初期凿舟塞隘使官船不得入，免遭水陆两军夹击⑥，蔡牵也并没有随众登台，只是派人上岸打探消息，乘机上岸劫掠。因为蔡牵沉船堵住港道，李长庚的部队不能进口，只好在招外寄碇。李长庚“用该逆凿船阻式官兵之法，四面兜围，截去其退路，逼令登岸，以便夹击掩捕”。⑦

嘉庆十一年(1806)正月初五日，用火攻法夹攻鹿耳门，烧毁蔡牵分泊洲仔尾一带船只。二月初二日，王得禄攻上洲仔尾击散岸上贼匪，初四、初

① 《台湾道任内剿办洋匪蔡牵督抚等奏稿》(一)，《台湾文献汇刊》第六辑，第二册，第387页。

② 《台湾道任内剿办洋匪蔡牵督抚等奏稿》(一)，《台湾文献汇刊》第六辑，第二册，第399—400页。

③ 嘉庆十一年正月二十二日军机大臣字寄闽浙总督玉，《清宫谕旨档台湾史料》(三)，台北“故宫博物院”1996年10月，第1932页。

④ 刘正刚:《嘉庆时期藏兵入台始末探析》，《西藏大学学报》2007年第5期。

⑤ 嘉庆十一年正月十一日军机大臣字寄闽浙总督玉，《清宫谕旨档台湾史料》(三)，“台北故宫博物院”1996年10月，第1925页。

⑥ 嘉庆十一年正月十一日军机大臣字寄钦差大臣广州将军赛，《清宫谕旨档台湾史料》，台北“故宫博物院”1996年10月，第192页。

⑦ 嘉庆十一年正月二十九日军机大臣字寄钦差大臣广州将军赛、闽浙总督玉、浙江提督李，传谕台湾镇总兵爱新泰、台湾道庆保，《清宫谕旨档台湾史料》(三)，台北“故宫博物院”1996年10月，第1957页。

五日蔡牵与清廷水师激战，二月初七日蔡牵冲出鹿耳门，逃往南路，仅剩船只三十余艘，实力大大耗损。“十九日夜窜至距离淡水港二十里之外的王耶庄停泊。”①中路蔡牵败逃的同时，二月初四日，南路凤山的陈棒等人在桶盘浅之战溃败而归，屡次出战不利，南路也已溃散。十二日，总兵爱新泰领兵南下，十五日，凤山收复。到此时，凤山已被蔡牵所率部队占领了八十多天了。

二月十六日，蔡牵复泊鹿耳门，但似乎没有作为。随后“窜至福宁府属之俞山一带游奕”。② 三月，与朱濆再次在竿塘洋面连䑸合帮，四月初三日，被李长庚在古镇洋面击散向南逃窜。

中路、南路相继失败之后，包围嘉义县城两个多月的起事贼匪，遭到福建陆路提督许文谟援军的攻击，在二月十七、十八、十九日三天的战役接连失败，首领吴三池身受重伤，多人被俘，北路的行动也告失败。③

淡水一路，“嘉庆十年十二月内李光于听从股头洪四老纠上蔡牵盗船入伙，分给帅旗、伪印并番银四百圆，招伙攻扰笨港等处营盘，杀死兵勇三人。高貂则于嘉庆十年十一月内自投蔡牵盗船入伙，分给令旗一枝并番银三百圆，招伙攻扰艋舺营盘杀死兵丁二人”。④ 但最后都被官军拿获而告失败。

五月十七日，“蔡逆匪船于五月十七日窜至鹿耳门洋面”⑤，“勒赎商船，重载须番银八千元，轻载须番银五千元，听取赎。稍不遂意纵火焚烧。其船支坚固者陬取占驾，桅篷杠椇任意选用。”⑥蔡牵借此机会，敛钱攒船，以期重振势力。钦差大臣赛冲阿得知蔡牵复窜鹿耳门的情况后，派拨总兵

---

① 许文谟奏报，嘉庆十一年二月二十日拜发，《台湾道任内剿办洋匪蔡牵督抚等奏稿》（二），《台湾文献汇刊》第六辑，第三册，第35页。

② 玉德嘉庆十一年四月初二日在罗源县拜发，《台湾道任内剿办洋匪蔡牵督抚等奏稿》（二），《台湾文献汇刊》第六辑，第三册，第269页。

③ 许文谟奏报，嘉庆十一年二月二十日拜发，《台湾道任内剿办洋匪蔡牵督抚等奏稿》（二），《台湾文献汇刊》第六辑，第三册，第27—39页。

④ 《台案汇录辛集》卷三，《台湾文献丛刊》第205种，台湾银行经济研究室，1964年，第98—100页。

⑤ 《台湾道任内剿办洋匪蔡牵赛将军奏稿》，《台湾文献汇刊》第六辑，第二册，第93页。

⑥ 《台湾道任内剿办洋匪蔡牵督抚等奏稿》（二），《台湾文献汇刊》第六辑，第三册，第377、378页。

张见陞、护副将邱良功因带现船二十九只于二十五、二十六等日赶至。因风大浪涌暂在鹿耳门左首寄碇，“贼匪见舟师齐集即将口门八船移首向内，其余贼船三十三只在口外一字排列，船头向外，以为内外抗票官兵之计”。①二十九日，副将王得禄、游击庆长、守备王贇等带领兵船十三只自口内攻出，总兵张见陞、护副将邱良功、游击廖国署、都司吴安邦带领兵船二十九只在外洋围拢，南汕有总兵爱新泰、侍卫武隆阿等在彼截剿，义民首港秀文等将所捐澎船四十五只配载熟悉水性义勇由北汕抄截四面合围剿捕口门，一起向蔡牵发起攻击。此次战斗中，“官兵鼓勇争先将贼船贼匪残戮捡获过半，首逆蔡牵虽乘机窜逸，仅有贼船二十只四散奔逃，并不能联踪合驶，且桅柁均有损伤，贼势穷蹙，已极断难支”。②

六月初一日，蔡牵再次仓皇逃出鹿耳门，退回闽洋。六月初七、初八日，李长庚“在大岞洋面瞭见贼船十余只，赶至张坑返埕，两次攻剿。……在张坑洋面所剿蔡逆之船，系王得禄在鹿耳门剿散之窜匪”。③

从此，蔡牵窜回内地，重新修整。随后他又窥伺噶玛兰，以期建立新的基地，也终未成功。

三、噶玛兰之简要情况

《东槎纪略》中记载：“噶玛兰，本名蛤仔难，在淡水东北三貂、鸡笼大山之后社番地也。三面负山，东临大海，三貂、金面掖其左，摆芝、苏澳、草岭揢其右，员山、玉山枕其后。自山至海，宽广不及四十里。自三貂溪南至乌石港三十余里，皆山石无地。自乌石港至苏澳山下，绵亘不及百里，然一望平畴，溪港分注，实天生沃壤也。”④又闽浙总督方维甸谈及噶玛兰时，也曾做了类似之描述：

① 《台湾道任内剿办洋匪蔡牵赛将军奏稿》，《台湾文献汇刊》第六辑，第二册，第97页。

② 《台湾道任内剿办洋匪蔡牵赛将军奏稿》，《台湾文献汇刊》第六辑，第二册，第105页。

③ 《台湾道任内剿办洋匪蔡牵督抚等奏稿》（二），《台湾文献汇刊》第六辑，第三册，第424—426页。

④ 《东槎纪略》卷三，《噶玛兰原始》，《台湾文献丛刊》第7种，第69页。

> 淡水玉山之后，地名噶玛兰，系番语，闽音不正，讹为蛤仔难。其地三面距山，东临大海，平原宽广，形若半规。南有苏澳，可进大船。北有乌石港，仅容小艇。中有浊水大溪，出山东注，原在噶里阿完社东旁入海，近年故道淤浅，正溜北徙，绕过员山，径五围之东，由乌石港入海。民人所居，自五围之外，尚有员山、溪洲、罗东、汤围、柴围、大湖围、三十九结围、都美鹤围、劳劳围、下溪洲、几穆捞、辛那罕等处，及围外零户。浊水溪故道之北、尽为漳人开垦。①

由此可见，噶玛兰一地土地丰腴，地势险要，南有乌石港、北有苏澳，是重要的出海口，又是良好的泊船之所，向来都是兵家和盗匪所争之地。“康熙中，即有汉人与通市易。乾隆三十三年，民人林汉生始召众入垦，为番所杀。后或再往，皆无成功。吴沙者，漳浦人，久居三貂，好侠，通番市有信，番悦之。民穷蹙往投者，人给米一斗，斧一柄，使入山伐薪抽藤自给。人多归附。沙既通番久，尝深入蛤仔难，知其地平广而腴，思入垦。与番割许天送、朱合、洪掌谋，招三籍流民入垦，并率乡勇二百余人、善番语者二十三人，以嘉庆元年九月十六日进至乌石港南，筑土围垦之，即头围也。”②噶玛兰归入版图之前，乾隆末年台湾的林爽文起事之时也曾想谋占此地。而“蔡逆在洋行劫年久，积有资财，初拟专取蛤仔烂地方安身”。③ 随着实力的发展壮大，蔡牵攻打噶玛兰的决心更加坚定，“蔡牵垂涎台湾，然日久计熟，所欲得志者噶玛兰耳。其地膏腴，未入版图，田亩初辟，米粟足供。居郡城上流，险固可守；漳、泉人杂处，其衅易乘。而同时巨盗朱濆力足控蔡牵，又虑为其所夺，是以挥金布赂，密谋先发；令其党赴东港，而自留沪尾督率。意以沪尾既得，即可上迫噶玛兰而下制郡城……官所不辖，贼所必争”。④

---

① 《东槎纪略》卷三，《噶玛兰入籍》，《台湾文献丛刊》第7种，第75页。

② 《东槎纪略》卷三，《噶玛兰原始》，《台湾文献丛刊》第7种，第69页。

③ 赛将军嘉庆十一年六月初三奏稿，《台湾道任内剿办洋匪蔡牵赛将军奏稿》，《台湾文献汇刊》第六辑，第二册，第110页。

④ （清）郑兼才：《六亭文选》，《愈瘖集》卷1，《山海贼总论》，《台湾文献丛刊》第143种，第52页。

四、蔡牵、朱濆攻占噶玛兰始末

嘉庆十一年(1806)六月初三日,赛冲阿在抓获了蔡牵船上的管船头目大猫、陈养等人之后,详加研讯,各犯“系蔡逆信用之人,其于蔡牵谋逆情形及贼船许是必知其详……据供蔡逆在洋行劫年久,积有资财,初拟专取蛤仔烂地方安身,因恐台湾陆路官兵擒拿中止,后与台地奸民洪四老、陈棒等勾结,复有谋取台湾之意”。① 可见,蔡牵攻台之前就已经将眼光瞄准噶玛兰,并做足了准备。

蔡牵对于噶玛兰采取行动有两次。第一次为嘉庆二年(1797)靠泊沙仑。另一次是在嘉庆十一年(1806)鹿耳门之役后,乘机窜至乌石港,欲取其地,但最后失败。

> 时蔡牵、朱濆窥台湾不获,则屡绕窥台湾后山之噶仔兰,为土民生番击退。诏收入内地,毋为贼踞。其漳、泉赴台买米之船,令兵船配行,浑其旗帜以诱贼。②
>
> 十一年,海寇蔡牵至乌石港,欲取其地,使人通谋共垦,众患之。贼舟有幼童被掳者,乘间登岸,遇其父,匿之,贼索不得,扬言且灭头围,众益惧。头人陈奠邦、吴化辈相与谋,今通贼,官兵必讨,不如拒之,且以为功。乃夜定计集乡勇并各社番伏岸上为备,贼犹未觉,晨入市货物,众乃缚之,得十三人并贼目。贼闻之,怒,连帆进攻。众断大树塞港,贼不得进。拒敌久之,贼败去。化等乃以所擒贼献。

这一次,蔡牵企图占领乌石港,被当地义民击退,未能成功。身为朝廷重臣的赛冲阿也曾多次注意到蔡牵对噶玛兰的用心,并屡次上书朝廷,建议对噶玛兰加强管理,如:“蔡逆匪船于四月内窜至滬尾洋面,奴才恐其有图占蛤仔烂番地之意,当饬台湾道庆带同前任台湾府知府马夔陞驰赴淡水与

① 赛将军嘉庆十一年六月初三奏稿,《台湾道任内剿办洋匪蔡牵赛将军奏稿》,《台湾文献汇刊》第六辑,第二册,第 110—111 页。

② (清)魏源:《圣武记》卷 8,《嘉庆东南靖海记》,第 358 页。

总兵李应贵妥筹办理。”①嘉庆十一年六月二十四又上奏朝廷，称“淡水极北蛤仔烂地方有膏腴之地，为蔡逆素所窥伺”②。当时，清廷正欲采取诱敌深入的方法将蔡牵歼灭，赛冲阿的建议并未引起足够重视，反而制定了如下“诱敌深入”战略战术：

> 此次该逆复又窜至淡水各港来，始非图占此地而来，与其在洋剿捕总未得手，不若将计就计诱令登岸以便生擒。此所谓兵不厌诈。或即于此次剿贼出力得有顶戴之义勇内择其勇敢精细者派令前往，藏过顶戴，貌为本地居民。俟蔡逆到时，或应其招募，或自投入伙，使之毫无疑贰。③

谢金銮在《蛤仔难纪略·原由》中也记载了蔡牵和朱濆对噶玛兰垂涎欲滴的状态和心情：“嘉庆十年，蔡骞结陆贼，焚艋舺，掠凤山，犯郡城，官军击之走，有诏严捕海盗，水师军日追截于海上，于是蔡骞、朱濆辈愈垂涎于蛤仔难，思获负嵎之地。”在谢金銮的记述中，蔡牵攻打噶玛兰也遭到了当地民众的抵制。为了保护这片丰腴的土地，当地民众自发组织起来对抗海盗的入侵。“海寇蔡骞以贼艘进苏澳，侵蛤仔难，欲取其地。吴氏率耕民御之。”面对当地的阻挠，蔡“骞使告于吴氏曰：‘吾欲得地为耕种计耳。此间地多旷，愿得共耕，于尔无伤也。……吾得耕地，且不为盗’”。蔡牵提出的“和平共处”的主张遭到了吴氏的强烈反对：“吾辈为良民，若为盗，吾何敢通盗。”他们建议蔡牵“尽焚汝舟，吾与汝登岸”。蔡牵不肯，遂率众贼登陆海口，与当地生番展开战斗，双方展开搏斗，均有很大死伤，“吴氏耕民败之”。蔡牵想要争取吴氏进驻乌石港的想法未能成功。

---

① 赛将军嘉庆十一年(1806)六月二十四日拜发，《台湾道任内剿办洋匪蔡牵赛将军奏稿》，《台湾文献汇刊》第六辑，第二册，第166页。

② 赛将军嘉庆十一年六月二十四拜发，《台湾道任内剿办洋匪蔡牵赛将军奏稿》，《台湾文献汇刊》第六辑，第二册，第157页。

③ 赛将军嘉庆十一年六月二十四拜发，《台湾道任内剿办洋匪蔡牵赛将军奏稿》，《台湾文献汇刊》第六辑，第二册，第158页。

赛冲阿、杨廷理等官员知道蔡牵对噶玛兰的用心，多次向官方呈报将噶玛兰收归版图。“将军赛冲阿闻，乃有该处膏腴，为蔡逆窥伺之奏。夏四月，奉命官兵相机筹备，犹未议开也。七月，杨廷理以事戍伊犁返，复授知府，召见问状；廷理奏蛤仔难当开，不宜弃置贻边患，上使驰驿至闽，与督抚商之，未果。”

在嘉庆十二年（1807）三月，朱濆开始对噶玛兰打起了主意。噶玛兰之大举开发，始于嘉庆元年（1796）漳浦人吴沙招漳、泉、粤三籍流民入垦乌石港南。“沙所召多漳籍，约千余。泉人渐乃稍入，粤人则不过数十为乡勇而已。”①“然吴沙系漳人，名为三籍合垦，其实漳人十居其九，泉、粤不过合居其一。”②朱濆也是漳州人，来台湾之前，就应该对漳州人开垦噶玛兰的情况有所了解。

> 朱濆者，蔡牵之余丑也。先是蔡逆寇于海，收泊苏澳，纵伙抢掠马匹，社番粮食。见漳氏吴沙占垦头围，筑有土城，思夺为狡窟。一日，遣伙见沙，沙与壮丁等诱之，截其十三贼以献于官。此嘉庆十二年三月事也。③

到了嘉庆十二年（1807）七月，朱濆对苏澳又有新动作。

> 十二年七月，海贼朱濆大载农具泊苏澳，谋夺溪南地为贼巢。……自罗东以南，至苏澳数十里，朱濆谋夺之，以哔叽、红布散给东、西势各社番。④
>
> 至是秋，朱濆以未入化之兰民多有与之通者，因满载农具，靠泊苏澳，占五围为巢穴，沿海游奕五十余日。……南澳总兵王得禄会前知府杨廷理攻克之，贼东遁而去⑤

① 《东槎纪略》卷3，“噶玛兰原始”，《台湾文献丛刊》第7种，第70页。

② （清）杨廷理：《议开台湾后山噶玛兰即蛤仔难节略》，《噶玛兰厅志》。

③ 《噶玛兰志略》卷10，“武功志”，《台湾文献丛刊》第92种，第91页。

④ 《东槎纪略》卷3，“噶玛兰入籍”，《台湾文献丛刊》第7种，第73页。

⑤ 《噶玛兰志略》卷10，“武功志”，《台湾文献丛刊》第92种，第91页。

谢金銮《蛤仔难纪略·宣抚》对于朱濆的进犯也进行了详细的记载：

> “〔嘉庆〕十二年秋七月，海寇朱濆以贼艘至鹿仔港，寻泊淡水，遂扬帆窜入苏澳。……朱濆谋有东势地，思结于贤文，不可则杀之。乃以哔吱红布散结东西势番，有彰人李佑辈阴与通焉。”“时朱濆使众贼凿山开路以达东罗，仅差二十里。”“朱濆自负漳属，而所求者东势之旷地，独不利于潘贤文耳。……且朱濆散结围民，市恩番族，稍迟且久，为李佑者岂止一二人哉！……蛤仔难之事未可知也！”

朱濆带着农具来到苏澳，并设法用钱物招徕当地番人，以期获得力量上的援助。得到战报的杨廷理和王得禄水陆支援，与当地义民设木栅于海口，各出器械，巡逻搜捕通贼者。

朱濆占据苏澳港内之南澳，王得禄的舟师追至港口，港口内宽外狭，朱濆以巨缆缠铁锹横沉港口。义民林永福等番勇千二百人穿山开路，以达苏澳，合舟师；潘贤文以众断贼樵汲。接着，王得禄率领舟师进攻苏澳，杨廷理率义民林永福等自澳后夹攻之。八月，朱濆大败逃出，官军截击，焚其舟三，沉其大舟一，获二舟，朱濆带着十六艘船顺流东遁。

此次之后，杨廷理建议赛冲阿，在噶玛兰设官丈升田园，没有得到允许。嘉庆十三年(1808)三月十二日，赛冲阿奏报皇帝将噶玛兰纳入版图，称：“朱濆匪船于上年八月内在鸡笼港澳经官兵剿败蹿匿苏澳，当经奴才札饬前任台湾府知府杨廷理驰赴内山蛤仔兰番地，鼓励番勇协力杜堵截。……该处民番久已相安，且经为官出力，自应归入版图。……查蛤仔兰北有乌石港，南有苏澳，为海口门户，近年来时有洋匪窥伺，该处既未安设官兵，自应筹酌防范，以免疏虞。”①十二月，时任少詹事的福建人梁上国奏言：“蛤仔难田土，平旷丰饶，每为海盗窥伺。前朱濆、蔡牵皆欲占之，俱为官兵击退。若收入版图，不特绝洋盗窥伺之端，且可获海疆之利。”并条奏其状甚悉，皇帝

① 嘉庆十三年三月十二日，赛冲阿奏稿，《清宫宫中档奏折台湾史料》(十一)，第593、594、595页。

谕令总督阿林保、巡抚张师诚对这件事展开讨论。接到命令后，阿林保、张师诚派台湾知府徐汝兰前往噶玛兰调查情况。

嘉庆十三年（1808）四、五月间，朱濆在闽粤洋面不断遭到清朝水师的围追堵截，他带领二十多只船“于闰五月初五、六等日陆续蹿至台湾之中港、滬尾等处外洋，十二日蹿往淡水极北之大鸡笼洋面游奕”。① 大鸡笼与噶玛兰甚近，清廷担心其又有心谋占噶玛兰，便又厚集兵力严加防范。六月初一日，“朱濆族叔朱和上岸勾结接济水米”②时被抓，正在审讯时，朱濆带领伙众前来解救，与官兵交战。此时，朱濆“驾杉板二十余支，贼匪八九百人，分为三路”，③分别直扑二重桥、小港和港中木栅。从午时到酉时的激战中，朱濆与官兵四进四退后败走。

嘉庆十四年（1809）正月，清廷决定将噶玛兰收入版图。“上谕阿林保：蛤仔难居民，现已聚至六万余人，且盗贼窥伺时，能知协力备御杀贼，深明大义，自应收入版图，岂可置之化外？况其地又膏腴，素为贼匪觊觎，若不官为经理，妥协防守，设竟为贼匪占踞，岂不成其巢穴，更添台湾肘腋之患乎？”④并命令阿林保、张师诚等人商议噶玛兰如何安立厅县，或用文职，或用武营之事。

嘉庆十五年（1810），闽浙总督方维甸渡台，查勘噶玛兰地方情形。至艋舺，有噶玛兰番土目包阿里率噶里阿完等社番迎见，呈送户口清册，入版图，并请设立通事，以免熟番侵凌。又有民人何缋等呈请已垦田地，照则升科，设官弹压，分定地界。

嘉庆十七年（1812），清廷正式在噶玛兰设置噶玛兰厅。

---

① 嘉庆十三年六月初六日闽浙总督阿林保、福建巡抚张师诚奏稿，《清宫宫中档奏折台湾史料》（十一），第630页。

② 嘉庆十三年六月二十一日闽浙总督阿林保、福建巡抚张师诚、按察使衔台湾道清华奏稿，《清宫宫中档奏折台湾史料》（十一），第638页。

③ 嘉庆十三年六月二十一日闽浙总督阿林保、福建巡抚张师诚、按察使衔台湾道清华奏稿，《清宫宫中档奏折台湾史料》（十一），第639页。

④ 嘉庆十四年正月初十日上谕，《嘉庆道光两朝上谕档》，第14册。

第三节 海盗与沿海居民、水师的关系

一、海盗与沿海农民、贫民

“水贼之肆恶虽在海洋，而水贼之资生俱在岸上。”①沿海居民“贪利忘害，接水消赃，久且制送军械，代购火药”，为海盗提供支持。蔡牵、朱濆集团长期在海上活动，日常需要淡水、粮食、青菜、柴火以及枪械、火药、铁钉等物，这多是由沿海居民来接济供给的。

> 各省濒海地方，洋盗瞬啸聚窜扰，总由内地匪徒暗中接济水米，始得日久在洋存活，而尤为贼船所少，闻蔡牵等不惜重价，向内地民人私买米石。②
>
> 贼船所需水米火药，与夫修船之篷索工料，必资之内地，所劫商货，必借内地销售。……然接济之弊，不尽在商船之透漏，窃闻贼船所在，必诱附近村落负米运水，倍偿其值，愚民趋之若鹜。③
>
> 附近匪徒贪利忘害，接水消赃，久且制送军械，代购火药。……（贼船）故敢傍洋停泊，就地卖赃。④

沿海平民把这种“通盗”活动“视同贸易之常”，清朝当局无法禁止。对于海上战斗所需的军火，海盗自己私搭寮厂私铸火药炮械，如蔡牵曾经派人“私搭寮厂，赴各迹购买硝磺，偷运赴彼，合造火药”⑤，抢夺过往商船，或者商船接济之外，其所用火药或枪支等还有一大部分是来自沿海居民的帮助。

---

① 《台湾道任内剿办洋匪蔡牵督抚等奏稿》（二），《台湾文献汇刊》第六辑，第三册，第457页。

② 《清仁宗实录》卷160，第14页。

③ （清）陈庚焕：《答温抚军延访海事书》，见《皇朝经世文编》卷85，《兵政十六·海防下》。

④ 《福建省例·船政例》，《台湾文献丛刊》第200种，第669页。

⑤ 《明清史料》戊编，第6本，台湾历史语言研究所1953年版，第526页。

关于这种情况，当时的官员也都是认可的，“如漳浦之古雷、杏仔，诏安之铜山、悬钟等处，向为接济渊薮”。① 此外，在水澳、大金、外洋的芹角山等地也有这样的据点。“南洋泉州府之崇武、篷尾、沙格、五堡、斧头厝与兴化府属之湄洲、赤岐、岐尾，漳州府属之白沙、杜浔、北洋，福州属之古镇、水澳、下浒、间峡、延亭等十余处，或居口岸，或避在穷岛，皆多通盗之人。更有三沙为蔡牵生长之区，几于人人通盗。愚民贪利接济水米易换货物者更难悉数，积弊已深，不可胜诛。”②这些沿海居民一般都有船只，且能随时驾船出发，一探听有海盗船只而来，便可直接开赴过去与之会合交易。同样，一旦在交易过程中发现官兵也能立即驾船逃遁入海。对于他们来说，接济海盗是有天时地利的条件的。

> 蔡逆等船只人数不少，每日需用水米计有若干，其火药铅弹之数与官兵对敌从无匮竭，若内地各口岸仅些少透漏，断不敷。该逆之所用必有源源接济可知，又如桅帆缆索之类日久须更换，船只经久亦须燂洗。一切雇觅工匠购办物料皆非可以猝办之事。若非陆路奸徒在各口岸设立窠巢，善为经理，该逆又何从与官兵进剿之时，得暇修理。蔡逆在洋常接客船货物甚多，洋面如何销售，必有陆路奸商代为囤积销售。看来该逆竟有陆路窝巢伙党在于附近海口为之经营，甚或谋于文武衙门不肖兵役为之纵容包庇未可知。

嘉庆十一年（1806）台湾战役，蔡牵帮损伤严重，篷索破烂，火药缺乏，可是“一回内地，在水澳、大金装篷燂洗，现在盗船无一非新篷，火药无不充足”。可见蔡牵能在战争中立即得到补给，实在是如上述所言，必有“必有源源接济”。

后来的剿捕海盗中，张师诚和百龄都是从切断沿海居民的接济入手，先

① （清）张师诚：《一西自纪年谱》，手抄本，《台湾文献汇刊》，九州出版社、厦门大学出版社 2008 年版。

② 《台湾道任内剿办洋匪蔡牵督抚等奏稿》（二），《台湾文献汇刊》第六辑，第三册，第 457 页。

让海盗断炊、断军火，这在一定程度上造成海盗生活、军事物资的匮乏，让其生活日益艰难穷困，不能不说对海盗最后投诚是起了作用的。

李长庚之子李廷玉后来任浙江提督，道光二十三年（1843），他在给道光帝的奏折中也谈到了滨海地区人民与海盗之间的关系：

> 奴才籍隶同安县，深知洋盗匪近来伎俩，愈出愈奇，竟有滨海殷实之户合伙出自整理船只，私制抢炮药铅，招集滨海穷民，结为伙党，令其出洋行劫，得赃均分。此风沿海多有，近来即浙省台州府属海滨亦然，而泉州府属各厅县之马巷厅、同安、惠安两县之滨海乡村为尤甚。①

二、海盗、官方与海商的关系

（一）海商为保护和独占海上商业利益，需要武力做后盾；海盗则以海上商业活动为生存的前提

“贼之所利在于渔商。”②海洋渔业、海洋商业的发展为海盗提供主要的经济来源。海商为保存海上商业利益，在水师失去海域控制权的情况下，与海盗妥协，形成既互相对立又互为依存的关系。

1. 海盗收取保护费

向商船“私收商税”即保护费，这是海盗收入的主要来源之一。比如蔡牵自封“镇海王”与朱濆自封为“南海王”，其自我定位就是海域秩序的控制者和保护者。这从他们的行为和“盗规”可以证实。“洋盗蔡牵私造票单，卖给出洋商渔船只，如遇该匪盗帮，见有单据，即不劫掠，及领单去后，装载货物回来，又须分别船只大小，明立货物粗细，抽分银两。”“出洋商船，买取蔡牵执照一张，盖有该匪图记，随船携带，遇盗给验，即不劫夺，名曰打单。”③“海口各商船出洋，要费用洋钱四百块，回内地者加倍”，“给则无事，

---

① 中国第一历史档案馆编：《鸦片战争档案》第 7 册，天津古籍出版社 1992 年版，第 374 页。

② （清）周镐：《上李提军书》，载《皇朝经世文编》卷 85，《兵政十六 · 海防下》。

③ 军机处录副奏折：嘉庆八年三月三十日闽浙总督玉德折，中国第一历史档案馆藏。

不给则财命俱失"①。收了钱就要保证航行安全，海盗内部也有纪律约束。广东海盗的公立约单规定："快艇不遵例禁阻断有单之船，甚至毁卖船货以及抢夺银两、衣裳，计脏填偿，船艇炮火一概充公，行纲分别轻重议处。""不拘何支快艇牵取有单之船，旁观者出首拿捉者，赏银一百大员。对打兄弟被伤者，系众议医调治，另听公议酌偿。从旁坐视不首者，以串同论罪。""有私自驶往各港口海面，劫掠顺校贩卖之小船，以及带银领照之商客者，一经各支巡哨之船拿获，将船烧毁，炮火器械归众，该老板处死。""不拘水陆客商，平日于海内有大仇者来，有不潜踪远遁及其放胆出入卖买者，虽略有口气亦可相忘，不得恃势架端板害，以及藉以同乡亲属波连，拿酷赎水。如违察出真情，则以诬陷议罪"。

在官方和水师无力提供保护的条件下，商渔船向海盗交了控制海域的保护费，海盗发给他们"免劫票单"，"再遇他盗，照票乃免"。由于"所取有限，不如海关之层层剋剥"，大多数船只能够接受。

2. 海盗勒赎船只、货物与人质

对于按规定交了保护费的船只，海盗实行保护，对不交纳保护费的船只海盗则要进行查扣，通常对所劫船只货物进行估价，提出赎金价码，这是海盗收入另一个主要来源。赎金除现金外，或以海盗急需的航海器具、硝磺、米粮等物品来交换。人质赎金则据其家庭背景及财务状况而定，由人质书写家信，通知家人依期付款。

蔡牵对非"盗区"未领执照纳税的商渔船，主要是商船，加以重罚，扣留船、货、人质，索取赎金。"勒索商船，重载须番银八千元，轻载五千元，方听取赎。"②"查节年五月内，台湾糖船出口时，该匪船每窜至澎湖及鹿耳门一带伺劫。"《台阳笔记》描述说："每当四、五月间，南风盛发，糖船北上，则有红篷遍海角（贼船多以红篷为号），炮声振川岳（贼船之炮，大者重三千斤，小者五六百斤），风送水涌，瞥然而至者，乃洋盗勒索之期也。大船七千，中

① 嘉庆八年二月乙丑日上谕，《嘉庆道光两朝上谕档》第2册。

② 嘉庆十一年六月初九日温承惠奏，《剿平蔡牵奏稿》，全国图书馆文献缩微复制中心2004年版，第516页。

者五千，小则三千，七日之内，满其欲而去。否则，纵火烧船为乐。”①

海盗向商渔船所收商税、渔规和赎金可谓丰厚。如蔡牵帮被官方视为最富有的海盗帮群，“勒索商船，重载须番银八千元，轻载五千元，方听取赎”②。攻打台湾，“招聚亡命，用去番银一百余万两”。台湾地方人士亦这样认为，如郑兼才诗《蔡骞逸出鹿耳门闻信感作》有“不悔空挥百万金”之句。广东蓝旗帮主乌石二（麦有金）自供：“每年收取打单银五六万两不等。”③

3. 海商为海盗接济水米，改造船只

海盗除了向商渔船大胆勒赎外，其中一部分盗船也是劫掠自商渔船的。这些海上武装集团船上所需水米武器，除了依赖沿海居民接济之外，在海上活动的商渔船也会为海盗捎带水米。

《上海县志》中记载，“牵所需粮米，火药，实潜通邑之奸商偷载出洋、有脚夫担皮蛋下海，过酒肆，取蛋下酒，去泥壳，乃火药也”。④ 从中可以看出，为了能够偷运接济，商人们费了心思对所带物资进行乔装改扮。而除了这些水米火药外，有些海商还会帮助修造船只。

嘉庆八年（1803），“渔山之役，牵几获，牵畏霆船，厚赂闽商，更造船大于霆，令商载货出洋济牵用，而伪以被劫报官。牵遂能渡横洋，劫台湾米数千石及大横洋台湾船”⑤。在福建沿海，部分商渔力量还会转化为蔡牵的海上力量，甚至有海商代蔡牵建造大型商船，“厚赂闽商，更造大于霆船之船，先后载货出洋，伪报被劫”。⑥ 十一年（1806），蔡牵“在鹿耳门窜出时，篷索破烂，火药缺乏，一回内地，在水澳、大金装篷燂洗，现在盗船无一非系新篷，火药无不充足”。如果不是当地有实力的海商支持他，蔡牵断不可能恢复

---

① （清）翟灏：《台阳笔记》，台湾古籍出版有限公司，第 27—28 页。

② 嘉庆十一年六月初九日温承惠奏，《剿平蔡牵奏稿》，全国图书馆文献缩微复制中心 2004 年版，第 516 页。

③ 《明清史料》庚编上册，第 487 页。

④ （清）应宝时修，俞樾纂：同治《上海县志》卷 11，《兵防 · 历代兵事》，台北成文出版社有限公司 2003 年版。

⑤ （清）焦循：《神风荡寇后记》，《雕菰集》卷 19。

⑥ （清）焦循：《神风荡寇后记》，《雕菰集》卷 19。

得这么快。嘉庆十二年十二月二十五日，与李长庚黑水洋最后一战，蔡牵逃脱之时，只剩下三只船，十三年（1808）闰五月，蔡牵再次出现在粤省洋面，原来仅剩的三只船已经变成“同帮共有船四十余只”①。阿林保推测是“勾结艇匪连䑸”，实际上，这些船，是蔡牵战败后窜到越南洋面，先把本帮船拆毁，然后有“粤洋盗首乌石二挑送蔡逆乌底艇船十余只”②，那么除了这十余只之外的船只，则可能是蔡牵抢夺的商船，也可能是其重金购买的商船，这种可能不是没有的。与蔡牵如此精良高大的船相比，水师的船只情况要差很多。闰五月二十六日，许松年所带兵船虽然已放洋从海口驶至广东电白洋面，但“所带师船在粤洋日久，兼屡次遭风，篷索桅柁多损坏，一切物料粤省无从购觅”。③ 只好等回到厦门再大加修理。海盗帮派很容易就弄到高大船只，而官方常在粤洋却无处可以买到用以修补船只的材料，此种情形，令人诧异。其中缘由，恐难讲明。

4. 商、盗勾结，共同打劫

作为当时在海上活动的两大主要社会群体，海盗除了要通过抢劫海商壮大自己的实力，获取利益外，有时候，两者还会合作，共同设定抢劫目标，实现双赢。嘉庆十年（1805）四月初三日，香山知县彭昭麟的理事谕提到，在澳门海域“近来盗船勾结盐船带进澳内河边，晚间欲登岸杀劫番人殷实富厚之家。……今不法之徒复尽如初，日间聚赌，夜间窝留穷匪，扰害唐番”。④ “盐船不法水手，同照新令掠□，□半通盗匪，若聚港内，于行劫必便”。⑤ 更有甚者，有时海商自己主动下海为盗。如张师诚在提到整治沿海私盐贩运问题时，曾提到“东南滨海民情刁悍，轻于犯法，私盐充斥。缉捕

① 嘉庆十三年六月十九日闽浙总督阿林保奏稿，《清宫宫中档奏折台湾史料》（十一），第634页。

② 嘉庆十三年六月二十四日闽浙总督阿林保奏稿，《清宫宫中档奏折台湾史料》（十一），第641页。

③ 嘉庆十三年六月二十四日闽浙总督阿林保奏稿，《清宫宫中档奏折台湾史料》（十一），第642页。

④ 嘉庆十年四月初三日署香山知县彭昭麟为复原禀盐船勾通盗船伺劫等事下理事官谕，《葡萄牙东档案馆藏清代澳门中文档案》，第450页。

⑤ 嘉庆十年香山线程衙门为盐船水手不法通匪等事行理事官文餐抄件，《葡萄牙东档案馆藏清代澳门中文档案》，第451页。

稍懈,则官引滞销,查禁严急,则又入海为盗”。① 可见,为了追求利益的最大化,盐商经常携带私盐出海贩运,谋求更多的利润,一旦官方查禁严厉,他们难以从中获利时,这些盐商就下海为盗,直接参与海上的抢劫行动另辟财路。

经由以上分析可以看出,海商与海盗是不同的海上社会群体,但互为依存。海商为保护和独占海上商业利益,需要武力做后盾;海盗则以海上商业活动为生存前提。海盗与海商一样都有追逐海利的特性,他们之间既是对立的又是合作伙伴,有时还相互转化,其船上组织编成相似。“所不同者,商船以买卖为手段,崇拜金钱,以富为尊;盗船以抢劫为手段,崇拜暴力,以强为尊。”②

(二)海商为官方剿捕海盗提供经济援助

可以这么说,没有海商,海盗便没有抢劫的对象。海商在一定意义上是海盗的“衣食父母”。但是也正是因为海盗在海上的存在,对于海上的活动构成了直接的威胁,海商也就希望海上能够平安无事,没有打劫勒赎的事存在,所以他们也会对官府追剿海盗的活动提供经济援助。海商对于官方的资助,有时是自愿请捐的,有的也是被摊派的,所捐赠的有钱有物,有时还要有人。

1. 商人主动要求捐钱造船、修建防御山寨

海盗的大量存在必然会给海商的经济利益带来一定损失。为了维护海上航行的安全,海商有时会主动向政府提出捐赠的要求,他们或捐钱造船,或者提供水师官兵的粮饷衣裳。嘉庆十一年(1806),“洋盐两商公捐二十万两为剿捕洋盗经费之用”。③ 嘉庆十三年(1808),“行商金天德等呈请捐造巡船二十支,添募兵丁八百名,并每年公捐番银四万元,以为兵丁舵水等月饷米折口粮及燂洗船只、修换篷索之费”。④

① (清)张师诚:《一西自传年谱》,《台湾文献汇刊》第六辑,第四册,九州出版社、厦门大学出版社 2005 年版,第 120 页。

② 杨国桢:《中国船上社群与海外华人社群》,原载《海外华人研究论集》,中国社会科学出版社 2001 年版,转引自《瀛海方程》,海洋出版社 2008 年版,第 161 页。

③ (清)阮元修,伍长华纂:道光《两广盐法志》卷 29,《捐输》,道光十六年刊本。

④ 阿林保、张师诚奏,“为商捐巡船损坏过甚不堪配缉应请给还发价以恤商力”,嘉庆十三年正月初六日,《清宫宫中档奏折台湾史料》(十一),第 575 页。

除了捐钱造船、提供水师官兵的粮饷外，遇有修筑防御工事以抵制海盗的活动时，清朝政府会要求商人来捐赠部分款项。因为也是受益者，商人会捐助这部分款项以帮助官兵完成对海洋的巡防任务。例如，嘉庆七年（1802），蔡牵攻大小担岛，夺炮台军械。随后，官方便在此处修建山寨。除了当时的官员捐赠了数量不等的养廉银外，厦门的一些商户、郊行也是捐赠了的。

> 闽浙总督部堂玉捐廉三百两；福建巡抚部院李捐廉三百两；布政使司姜捐廉二百两；按察使吕使司成捐廉一百两；粮储道赵捐廉一百两；盐法道捐廉二百两；兴泉永道庆捐廉四百两；厦防同知袁捐廉四百两；职员：吴自良捐番六百员；吴自强捐番六百员；洋行：合成捐番六百员；元德、和发共捐番六百员；商行：恒和、天德、庆兴、丰泰、景和、恒胜、源远、振隆、宁远、和顺、万隆；郊行：同兴、承美、隆胜、益兴、万成、庆丰、联祥、源益、瑞安、坤元、振坤、振兴、鼎祥、聚兴、联成、丰美、万和、联德、捷兴；台郊、广郊，共捐番银四千八百三十员。①

2. 被动接受捐造任务

除了主动请捐外，更多时候，是清王朝要求各地商人接受捐造任务，要求他们或者出钱，或者出物。嘉庆年间，两广盗匪横行，沿海地区盐业的运营受到了影响。盐商不可避免地被要求担负了捕盗的任务，在经费上主动或被动地对捕盗之事予以资助。周琍根据清人何兆瀛编修的光绪《两广盐法志》卷四七《捐输》中的记载，整理统计发现，从嘉庆九年（1804）到嘉庆十五年（1810），仅在此中记录的两广盐商向朝廷捐赠的用于修造米艇、剿捕洋盗的费用就达 821100 两之多。②

清代，在缉私捕盗的问题上，统治者还采取谁受益谁负责的办法，将缉私捕盗的任务落实到不同的商人身上。比如嘉庆九年（1804）七月，两广总督倭什布等奏言，“此次驾回省河应修米艇五六十支，除应入运厂修理之二

---

① 何丙仲编撰：《厦门碑志汇编》，第 115 页。现在该碑保存于厦门大学校内。

② 详见周琍：《清代广东盐商捐输流向分析》，《盐业史研究》2007 年第 3 期，第 22 页。

十一支由局运两商捐修外，尚有府厂应修米艇三十五支……米艇船身宽大，工料厚实，每届修理需费浩繁。运厂应修米艇向各商捐办，原以该商等出海运盐道靖，亦于盐务有益，嗣后每届修造时由运司先行筹款垫发，仍分年由运商等捐还归款。不必动用经费”。①

嘉庆时期，商船除了经常被官府征用以外，有时候对于商人的捐赠质量，官府还会质疑。

> 前据金门镇许松年禀称，前项巡船二十只，因涉历波涛，易于损坏，业经节次垫项修整。今冲碎一只，又桅舵杠具船身破坏不堪驾驶者十五只仅存四只，亦均渗漏。查此项船只，成造之初，本系行商叫匠包办，钉稀板薄，不耐风浪，即使动项修理亦于捕务不能得力等情形，臣等随饬藩臬两司，查议去后。字据藩司景敏、臬司庆保会详转据厦防同知详复，该商金天德等呈称，近年来，海产不丰，商力渐兴竭蹙，前捐船只将及三年，朝夕在洋驾驶以致击碎破损，修费浩繁，商等一时未能捐办。现在厦门大担一带洋面较前宁静，毋须巡船防护。至缉捕蔡朱两逆亦有奏明新造大同安梭船二十只，又挑雇横洋商船三十五只，足资追剿。若将此项低小巡船配兵随缉，不但不能得力，且多累坠。恳请将损坏原船给还变价以省繁费。所有前此官为垫修银两情愿照数缴还。②

由此可见，即便是经营条件不好的情况下，海商也要出钱修船。而出钱之后，即便是真心捐赠，一旦捐赠船只出现问题，还会遭到政府的质疑。他们也只能再度为清廷水师捐建来剿灭海盗。

3. 大型商船被挑选加入水师

嘉庆十一年(1806)七月初三日，嘉庆帝令福建巡抚温承惠承造大同安梭船三十船，或照前议，仍凑足四十号。造船不及，“该处商船似此坚固宽大者自复不少……或向商民雇用，或用价购买归公，先得若干号，交与李长

---

① (清)阮元修，伍长华纂：道光《两广盐法志》卷29，《捐输》，道光十六年刊本。

② 阿林保、张师诚奏，“为商捐巡船损坏过甚不堪配缉应请给还发价以恤商力”，嘉庆十三年正月初六日，《清宫宫中档奏折台湾史料》(十一)，第575页。

庚应用”。① 九月二十五日，又令温承惠即雇用大号商船四十只。十月初七日上谕：“其所雇商船四十只内，将来即择其坚固高大者，给予价值，购买二十只，以抵续造二十只之数。”所雇商船，经副将王得禄挑选，有五船过形笨重，不适于用（十一月二十四日上谕）。至十二月，新造大船二十只，经李长庚验明换驾出洋，另挑米艇、同安梭船二十只及另雇商船三十五只，交王得禄、许松年统带归帮，水师战船的劣势从而得到扭转。通观嘉庆年间追剿海盗的过程，一旦兵船不够，雇募商船，挑选大船补充水师队伍的情况很多。几乎每一次大规模部署追剿海盗计划中，都会涉及雇用商船一事。十三年（1808）闰五月初，朱濆再次率船出现在大鸡笼洋附近，阿林保等立即檄调福宁镇总兵周国泰带兵渡过淡水会剿，“饬令添雇商船十余只，交安平邱良功迅速管带，赴滬尾扼住要路”。随后，台湾道清华从“续到大商船内挑雇十只，交邱良功配齐带往”。②

除了商船直接被挑选加入水师之外，商船还经常担负起运送水师官兵和粮饷的任务。如嘉庆十一年（1806）三月初九日玉德的奏稿中，就曾提及“现在驻防满兵一千名配坐商船十只，于三月初八日放洋东渡，兵力加厚，更不难根株。”③“现又委弁押运粮米二千五百石，随同驻防满兵过台，计算解往米及各兵裹带口粮，已足敷九月之需。”④

4. 熟悉海洋的水手、舵工被征用到兵船

商船上都有雇募的水手、舵工，常年在海上往来行驶，熟悉沙线，对海路轻车熟路，有着丰富的海上航行经验。水师在征调派商船的同时，还积极招用商船舵工。例如，嘉庆十三年（1808）五月，朱濆船只又出现在噶玛兰一带，为了防止其再次攻占，清廷水师部署兵力严防。在阿林保和张师诚的奏

① 《台湾道任内剿办逆匪蔡牵督抚奏稿》（二），《台湾文献汇刊》，九州出版社、厦门大学出版社 2005 年版，第 565 页。

② 嘉庆十三年六月二十一日闽浙总督阿林保、福建巡抚张师诚、按察使衔台湾道清华奏稿，《清宫宫中档奏折台湾史料》（十一），第 638 页。

③ 《台湾道任内剿办逆匪蔡牵督抚奏稿》（二），《台湾文献汇刊》，九州出版社、厦门大学出版社 2005 年版，第 129 页。

④ 《台湾道任内剿办逆匪蔡牵督抚奏稿》（二），《台湾文献汇刊》，九州出版社、厦门大学出版社 2005 年版，第 139 页。

稿中,就曾提到“预雇熟悉台洋沙线舵工二三十名,以备内地兵船到时派拨导引”,并且“所雇商船舵工价值口粮,准其将来据实详报,作正开销”。①

三、海盗与会党的关系

闽、浙、粤三省,人口流动相比其他省份要突出,且都濒临海洋,对外贸易发达,各种民间秘密社会组织很多。这些会党难免会和海盗勾结起来。

天地会,是清代中叶产生于闽广沿海,进而蔓延至中国各省广大地区,以生活在封建社会最底层的游民阶层为基本成员的秘密社会组织。② 清代海盗的鼎盛时期恰好是天地会的产生和发展时期,海盗与内陆游民同属边缘性的流散人群,在一定条件上容易结合起来。海盗与天地会之间的关系大致会是这样的:

1. 互为盟友

嘉庆七年(1802)十月二十一日,嘉庆帝因“博罗永庆事端不能妥为办理着传旨申饬”吉庆,“再,给事中陈昌齐奏,粤省会匪素与洋盗相为狼狈,水陆交通无所忌惮,若将洋盗肃清,会匪自可默化潜消等语。该给事中籍隶粤东,于本处情形,自有闻见,所奏谅非尽属空言,着将原折抄吉庆阅看。如有可采择之处,即党羽办完永定匪徒后,饬属留心妥办,俾会匪失所倚恃,不特洋面可期宁谧,而地方亦益臻绥靖,将此五百里谕令知之”。③

嘉庆八年(1803)二月,嘉庆帝密谕闽浙总督玉德:

> 朕闻近日闽省洋匪与会匪颇有互相勾结,狼狈为奸等弊:海口各商船出洋要费用洋钱四百块,回内地者费用加倍。此项费用,俱系给洋盗蔡牵;给则无事,不给则财命俱失。再,陆地天地会匪甚多,即衙役书吏亦有入会者。州县官无可奈何,不敢办理。若致养痈贻患,又成大案矣。汝应不动声色,密为察访;派能事之人改扮客商随彼入会,得其实

① 嘉庆十三年六月初六日闽浙总督阿林保、福建巡抚张师诚奏稿,《清宫宫中档奏折台湾史料》(十一),第630页。

② 秦宝琦:《清前期天地会研究》。

③ 《天地会》,中国人民大学出版社1986年版,第50页。

据并紧要头目住址、姓名，一鼓成擒，立行正法；胁从勿问。如此办理几处，自可潜移默化。诛数十名不法棍徒，可保无限生灵涂炭；阴功不亦大乎！至于蔡牵为洋盗巨恶，此贼一日不除，洋面一日不靖。而坐地分赃者，大约皆系会匪。密访之法，必须于大小寺院及花船、鸦片馆等处，方能得其底细。①

这篇上谕中，嘉庆帝指出，不仅洋匪与会匪勾结，就连地方官吏甚至也与其“同流合污”。蔡牵与会匪串通相连，朱渍也同样这样做。嘉庆十年十二月初二日，两广总督吴熊光拿获并审问了李崇玉伙盗林景业。折内称：

查李崇玉一犯与朱渍连帮日久，伙内有林景业一名，必知详细，随即提讯。该供，伊系李崇玉伙党，附朱渍大帮盗船往来各洋面掠食，只有李崇玉与朱渍往来见面。该犯未亲见朱渍。李崇玉投诚时虽说见过朱渍也有投首之意，但要到明年三月内再定。②

李崇玉素与朱渍交好，“该匪与朱渍两情固结不解”③。嘉庆十年(1805)二月十三日，李崇玉在甲子司与官兵交战后逃窜。闽粤两省严密探查其下落，探闻的结果是其落海后，被朱渍救走，然后随船帮由粤省航至闽省，并到厦门大担门附近抢得水师乌艇一艘送与李崇玉乘坐。四月十八日，朱渍、总兵保、林发利即林阿发、蔡井、朱盘各帮船在铜山洋面与水师接仗之时，李崇玉驶逃外洋，到了诏安一带，李崇玉缺粮，有人亲见朱渍送米接济。④ 最后，官兵用离间计将朱渍和李崇玉拆散，李崇玉投诚。在李崇玉投诚的供单中，详细记载了他与朱渍、林阿发的接触：

---

① 《清仁宗实录》卷108。

② 陈云林总主编，中国历史档案馆、海峡两岸出版交流中心编：《明清宫藏台湾档案汇编》第106册，九州出版社。

③ 容安辑：《那文毅公(彦成)两广总督奏议》卷13，《近代中国史料丛刊》第21辑，第1959页。

④ 李崇玉的此次逃难并与海盗的交往，详见容安辑：《那文毅公(彦成)两广总督奏议》卷13，《近代中国史料丛刊》第21辑，第1912—1929页，玉德、那彦成等人的奏报。

嘉庆八年春间，因闻伙党在外生事，说是小的主谋，府县查拿紧急，小的风闻逃下海去，就认识朱渍，与他十分交相好。后来，听得案情松懈，小的依旧回家。今年(十年)二月小的闻得抚院大人同惠潮吴大人都要来捉小的……于十七日才雇船从七娘澳逃下海去，先到了林亚发船上，林亚发相待冷淡。小的又到朱渍船上，朱渍怜恤小的，与我来往福建帮他办事，甚是相安。不意船上谣言，潮州府朱大人派了许多的线人要来暗算小的。有个福建人何累官在诏安上岸被人拿去，招出在朱渍船上作线。船上伙众探听回来，登时就逃走了十多人，小的格外疑心。十月内，小的同朱渍在船上说话，又有人拿了总督告示赏格，要朱渍拿小的献功。朱渍也不做声，放在一边，小的唯恐朱渍贪利负心，又闻赏格不止一张，怕众人下手，小的骗了朱渍的大船一只，中号一只，小号三只，自带心腹伙众一百多人驾驶过西，想投郑一、乌石二等帮内去，不料遇着黄正嵩把小的围住要拿，小的被他打沉一只船，那时黑夜之际，小的飞驶得脱离了。①

可见，会党与海盗之间互为盟友，遇难时互相帮衬，或共同劫掠，或者帮其坐地分赃。在广东洋面上，嘉庆帝曾派那彦成严查会党与洋盗勾结之事。嘉庆十年(1805)六月初十日上谕中，提到：“洋匪与土匪勾结为患日聚日多，皆缘吏治因循，营伍废弛，历任地方大吏不能督率文武实力整顿，以致积习难返。”②同年，那彦成奉旨查办海丰县会匪、土匪与洋盗的勾通情况后，奏称：“(海丰)之所属梅陇地方有匪徒蔡亚堂、杨亚练等纠结土匪、沟通洋盗围劫墟场。……杨亚练、杨徐生二名勾结洋匪之后，由新村登岸潜回。……勾结洋匪郑乌等约定本月初三放火为号，围抢墟场。”③

---

① 军机处录副奏折：李崇玉供单，中国第一历史档案馆馆藏，文件编号：3-44-2411-29-0076、0077、0078，

② 容安辑：《那文毅公(彦成)两广总督奏议》卷12，《近代中国史料丛刊》第21辑，第1498页。

③ 容安辑：《那文毅公(彦成)两广总督奏议》卷11，《近代中国史料丛刊》第21辑，第1446页。

2. 有些会党分子在海盗中担任了重要的职务

蔡牵、朱濆帮与会党有着千丝万缕的联系，而广州的乌石二一帮，不仅接收了"会匪"符老洪，甚至委他以军师之任。嘉庆十年（1805）闰六月十三日，两广总督那彦成奏报获拿获天地会头目且日后入海为盗的符老洪后的审讯情况：

窃奴才荷蒙恩命调任两粤，办理洋盗，事事谨遵指示机宜，先严营伍，并修整炮台兵房，点足兵额，俾藩篱巩固，声势连络。更严办奸民沟通接济。每遇审讯洋盗，必切细根究米粮、军火来历，以制盗命而决盗源。现经审出沟通接济者已有十余起，统候汇案具奏。并访查公正绅耆，旌赏匾额，俾知趋正急公，倘有素悉匪类踪迹者，亦一体留心踩缉禀报。嗣于本年六月初六日，据遂溪县奋发教谕洪德元、即用从九品梁思莞、生员梁思垣，署广州写右营守备张仁禀报，查得先为会首，后为洋盗首之符老洪改姓易名，潜匿省河谭作金运盐船内，当即密饬中军副将刘惟馨带领兵役，将该犯拿获，立即饬布、按、运三司督同广州府明审拟招解，奴才随又提该犯并亲加严讯。缘符老洪籍隶海康，嘉庆六年六月间，在原籍地方，听从已获之林添申起意结拜天地会。林添申旋因拜会人少，符老洪分头结拜，符老洪另纠得已获之温日升等九人，在西门坡结拜，又纠得已获之温老景等十四人，在英铺岭地方结拜，均不论年齿，推符老洪为大哥，欲俟八月十五日，同赴高山坡地方同林添申结拜总会，再往村庄城市抢劫采取。尚未起事，即被营县访拿。林添申等九十九名解省审办，该犯闻拿逃至东海地方，投下盗首乌石二船内入伙。乌石二时受安南伪封，称为青海大将军，以符老洪颇有智识，封为典司军师，船上每事听其号令，该犯带同乌石二在洋同盗首郑一、东海伯即吴十一指连帮劫过洋船三只，盐船二十六只，又在广州湾、放鸡、马尾各洋面抗拒舟师三次，皆系该犯主谋调度，乌石二又向各船勒抽银两艚船，每盐百包索银五十圆，商船则视其货物之多寡，每船索银五七十圆至三五百圆不等，符老洪等俱发票收银，坐地分赃。迨至本年四月间，闻知省河打造船只出洋捕盗，筹办严饬，该犯恐他人不能探听消息，遂亲自赴省，并买绸缎等物，改称王姓，至电白城外之部三家公租屋暂居。探有素好之船户谭作金，受三江埠司事刘三雇请运盐赴省，即向谭作金搭船同行，并借给谭作金番七百五十圆，开发欠项，约至省后向刘三埠馆讨取银两，加利返还。由电白开行抵省，仍冒认王姓银主，同谭作金到三江埠馆，向司事刘三讨取银两，旋被访闻拿获。谭作金先已上岸，闻风逃脱，屡审符老洪供认前情不讳。并据供出乌石二等盗船，历有梅菉之、曹三，东海之陈顺兴运销赃物，并有电白之黄老三、东海之吴文通，宋国兴，硇州之周老电、何老邱，遂溪之邓大，吴川之老求哥接济粮食等语。究诘不移，似无遁饰。①

嘉庆六年(1801)六月间，符老洪纠人结拜，尚未成攻抢劫，便被官兵追杀，以致逃上了广东海盗乌石二的船上。在乌石二那里，符老洪因为有胆有识被封为典司军师，指挥海盗船队多次作战，并上岸联络情况。可以这么说，结拜纠会未成功的符老洪在乌石二那里成就了自己的一番事业，如果不是后来被抓，可能其“前程”还是不错的。

3. 帮助海盗发展成员或是寻找可资接济之人

有时候，一些人临时起意加入了某一会党，很快活动失败，不得不逃走，在闽粤沿海一带，最便捷的就是下海为盗。

缘王政清籍隶广西博白县。因不务正业，久经伊母颜氏逐出，与钦州人冯老四、合浦人蒋正孺，并灵山县人葛大权、林青上、林定帮素相交好。冯老四与合浦县马栏水地方孀妇宾温氏奸好，即在宾温氏家住歇。嘉庆八年十二月间，该犯与冯老四、蒋正孺、葛大权、林青上、林定帮先后之宾温氏家闲坐。谈及贫苦，冯老四前曾出洋为盗，习惯行劫，起意纠人结拜添地会，抢劫财物分用，各皆允从，随各分投纠伙。……原定

① 军机处录副奏折：嘉庆十年七月初六日两广总督那彦成奏续获林天申案内符老洪折，《天地会》，中国人民大学出版社 1986 年版，第 427 页。

> 在三月初六起事，冯老四探知已被访拿，不敢停留，起意往钦州一带抢劫，顺便夺取船只下海逃避。①

嘉庆九年（1804）十一月十二日，台湾府庆保访获蔡牵伙盗蔡九、谢基来台勾结，后又督饬营县拿获共犯吴平一名，“究明该犯前与李顺等结会，冀图不轨，又转纠吴表一名入伙。因地方文武早有防范，不敢窃发，分路逃散”。据他们称：“该犯潜往北路沿山一带，求乞躲避，所从素识之谢基纠邀，得受银元，应允找人，俟蔡牵盗船到台，在岸接应。”②

吴平得受蔡牵帮银元，在岸上收买可资接济之人。此外，有些人时而为海盗，时而加入会党，身份不断转化。例如，嘉庆八年（1803）闰二月十五日，署理两广总督瑚图礼奏审拟郑阿明等结会行劫一折中记载：“缘郑阿羊籍隶潮阳，先经听从已获正法之盗首姚亚潘纠邀入伙，在洋劫掳多次，杀人一次。又听从已获病故之郑阿明，伙同现获之郑阿绍抢夺伤人一次。又于嘉庆七年五月十七日，听从郑阿明纠拜天地会，乘机抢劫村得脏分用……今郑阿羊在洋劫掳杀人，复又抢夺伤人，并听从结拜天地会，合依江洋行劫大盗例立斩枭示。”③

海盗中有多少是曾经是天地会或者其他会党的成员难有确切的数字来统计。季士家认为：“加入海盗队伍，天地会就失去了存在的必要。因为如上述，天地会的组织和成员的成分，与海盗基本相同，都是为了求生存、得互助；特别是海盗以船为载体，在风浪无常、险恶无比的大海之中，加上清军水师的围追堵截，一只船就是船内所有人员生命所系，团结一心是一船内所有成员的最高利益所在，更何况与险风恶浪无常，与凶神恶煞的清军水师搏斗的一船人，没有必要进行天地会的活动了。”④

---

① 军机处录副奏折：两广总督倭什布奏审拟王政清折，嘉庆十年二月初五日批，《天地会》，中国人民大学出版社 1986 年版，第 178 页。

② 军机处录副奏折：台湾镇总兵爱新泰奏续获吴平、黄大添等人折，嘉庆十年四月二十二日，《天地会》，中国人民大学出版社 1986 年版，第 134 页。

③ 军机处录副奏折：嘉庆八年闰二月十五日署理两广总督瑚图礼奏审拟郑阿明等结会行劫折，《天地会》，中国人民大学出版社 1986 年版，第 444 页。

④ 季士家：《蔡牵研究九题》，《历史档案》1992 年第 1 期。

这正如嘉庆九年十二月初五日，即将赴任两广总督的那彦成在给嘉庆帝的奏折中谈到的："洋盗不必尽系会匪，会匪已必有洋盗之人。是会匪勾结洋盗之说实事所必有，而亦未尽然。"①

第四节 海盗与官员、吏胥、兵丁的关系

历经康、雍、乾三朝，清廷在东南沿海布置了一条以海岸、海岛为依托，水陆相维的海防线。清廷当时赋予水师的海防任务也比较简单，主要是消灭海盗和国内敌对势力，查缉出海商人、渔民的违例行为和物品，维持沿海地区的治安秩序。虽然抵御外来入侵是水师的职能，但是在嘉庆朝初期，不存在明显的外来入侵的威胁，查缉海盗是水师的主要任务。水师与海盗之间自然有着不可割裂的关系。

一、对于海盗来讲，兵船也是其抢劫的对象

海盗要充实自己的武装力量，除了自己购买船只武器、勒赎商渔船外，对于在洋面巡哨的兵船也不会放过。乾隆五十二年（1787）九月，闽浙总督李侍尧、浙江巡抚琅轩奏报乾隆帝，"浙江湖州营兵押米赴闽，交卸后搭船回浙洋面遇盗，兵丁多被杀害，并劫去乌枪、腰刀、火药等项。该地方官以失事洋面在玉环所大平县两处交界，互相推诿"。② 而吉庆的另一奏片也说明了海盗抢运米兵船的情形。"运闽米石船只经过调帮一带洋面，有匪船二十余拢船行劫，运回官米装放舱内用板钉盖，一时不能搬抢，随劫去银物件，委员等间有受伤。又在石浦地方猝见盗船三十余只驶来抢夺，经石浦巡检朱麟带同渔船出口，巡捕都司张世熊等赶至协拿，砍死盗匪二名，打伤落水多人，并夺贼船一只，鸟枪、藤牌各一件，腰刀一把上有闽右十号字样等语。

① 《那文毅公(彦成)两广总督奏稿》卷 10，章佳荣辑，《近代中国史料丛刊》第 21 辑，第 1224 页。

② 李侍尧、琅轩乾隆五十二年九月奏，《清宫廷寄档台湾史料》(一)，第 249 页。

昨日，台州洋面有闽匪绿头船二十七只拒伤兵船。”①

二、海盗与水师互相勾结

对于清朝统治者而言，海盗的存在破坏了东南洋面的秩序，威胁了其统治地位，于是添派水兵将其剿灭镇压。但是令统治者没有想到的是，有些地方的水师官兵甚至与海盗互相勾结，或参与走私贸易，或提供情报，走漏消息。

嘉庆四年(1799)四月御史郑士超奏，广东省沿海沿江开设赌局，名曰“番摊馆”，为“洋上各匪勾通兵役，探听消息之处”，主持开赌局大多是各衙门长随吏役人等，省城关厢内外，计二百多处。海盗等匪徒混在赌徒中，因为有水师兵丁在内，不知不觉会泄露缉捕消息，最准确的消息马上就传到海盗头目耳朵里。尽管开设赌场有违律令，但是赌场因向地方官兵大量行贿而被包庇，不断繁衍滋生，生意兴隆。据称在南海县就有赌坊七八十处，邻近的佛山有四十多处。有些赌场甚至就是由海盗开设的，所有这些赌窟“皆系洋盗、土匪勾通聚集”②之所。洋匪、洋盗即海盗，因为有赌友这层关系，海盗很容易就能从参赌的兵丁手里买到自己需要的重要消息。陈庚焕在《答温抚军延防海事书》中指出：

> 贼之间谍，四布省郡，营汛之间，势必多有耳目。闻海滨人言：“每见贼船汆汲纷纭，起碇扬帆，则一二日间必有官船哨至。”盖官之动息必知，得前为之备也。前学使恩公尝言：“吾考棚开门，蔡牵已知题目”。他可知矣。③

曾在嘉道年间官场上几度沉浮的张集馨，谈及福建水师与海盗一家的问题时，称“福建水师与洋盗，是一是二，其父为洋盗，其子为水师，是所恒

① 吉庆奏，《清宫廷寄档台湾史料》(一)，第249页。

② 《清仁宗实录》卷186。

③ 《皇朝经世文编》卷85，《兵政十六·海防下》。

有。水师兵丁，误差革退，即去而为洋盗；营中招募水师兵丁，洋盗即来入伍……水师提督窦建德，即洋盗投诚者”。① 那彦成督粤时，海盗投诚以后可以入伍，并且给予名粮，嘉庆帝担心海盗纷纷归入营伍，会和真海盗联络盘结，要求那彦成等时时防范，不可大意。实际上，水师勾结海盗之事是众人皆知的，包括嘉庆皇帝也是知情的，只是地方官员为了推卸责任，不愿意上奏。在嘉庆五年(1800)的一道上谕中，嘉庆帝曾谕军机大臣等：“朕闻福建地方匪犯，往往暗通书役营兵，互相勾结；遇有抢获，将赃私三股均分。兵役等利其分肥，私通信息，不肯破案。其械斗伤人者，于地方官拿究时，仅将顶凶之人送出，将就了事。地方官因其由来已久，往往养痈贻害，势必无所顾忌，于吏治民风均有关系。”②嘉庆九年(1804)，嘉庆帝还说：“朕闻沿海地方，不但居民为海盗、做线人者甚多，即各衙门吏役及各营汛兵丁等，亦往往与盗匪息息相通。”③

在《金门志·人物列传》中记载了一些武将的事迹，其中有的提到了一些水师将领拒绝海盗的贿赂的行为，这些材料侧面证明，海盗为了达到自己的目的曾试图勾结、贿赂水师。例如：

> ……刘求生，皆水师飞将。求生，水头人，短小精悍。临阵辄持火器登桅尖，掷入贼舟，所当靡烂；功为诸将冠。蔡牵尝啖以万金，不为动；镇帅知，益重之。④

蔡牵曾开出万金高价，可见蔡牵实力之雄厚和买通官兵对他的重要作用。面对如此巨大的诱惑，难免有意志不坚定的水师员弁为海盗提供力所能及的“帮助”。

嘉庆十一年(1806)初，蔡牵在安平、洲仔尾一带不断与官兵交战，一度

① (清)张集馨、杜春和、张委清整理：《道咸宦海见闻录》，中华书局1981年版，第63页。

② 《清仁宗实录》卷58。

③ 嘉庆九年七月初一日上谕，《嘉庆道光两朝上谕档》第九册，第256页。

④ 《金门志》卷11，《人物列传(三)·武绩·杨康灵》。

被困，状若困兽，情形危急。但是二月初七日清晨，趁着潮水上涨，蔡牵还是成功仓皇逃出。关于这次蔡牵能够出逃成功，在《啸亭杂录》中做了这样的记载：

> 台湾之役，公已将蔡牵贼艇围于鹿耳门，计日可擒。其时所率多闽兵，公浙中精兵只五百余人，蔡牵以赇钱四百余万遍豢闽中将卒，诸将遂解体，不为力战。①

危难时刻，蔡牵不忘打点守备官兵，最终脱险而去，从中可见，巨大利益诱惑面前，部分水师官兵见利忘义，玩忽职守。

海盗通常还将赃品分为三：一份自己保留，一份送给衙役，另一份送巡岸兵丁及水师，受贿者针对所需予以回报。“官兵与海盗的合作形态多种多样，广东地区许多衙役经营赌馆，提供海盗和不肖衙役兵丁再次交换情报、商谈合作事宜等。久之，赌馆变成海盗招募人员的中心，赌徒中手气不好无力偿还债务时，可能被迫下海为盗。”②在福建地区，海盗主要以“海俸”的形式供养官兵。嘉庆五年（1800）正月，“朕闻闽省漳、泉地方营汛兵弁，平时于汛地漫不稽查。偶遇有缉捕盗匪，辄向地方官需索供给费用；甚或有不法兵弁私通巨盗，得受贿赂，反为之容隐藏匿，以致缉捕徒劳，案悬不结。海洋地方所设营汛兵丁，原以资捕盗之用；今不但不实力查拿，而转受盗赃，为其通信，并闻此等恶习，不独漳、泉为然，即沿海各省分营兵等亦有暗通洋匪，利其赃贿，名为‘海俸’之事，顶凶承认，以至真盗漏网”。③

三、官员的升迁与剿捕是否有力息息相关

清代乾嘉年间，东南沿海的海盗问题一度成为统治者的心腹大患，为了尽快剿灭海盗，清廷除了调配、部署大量兵力以外，还加大对相关官员的奖

① （清）昭琏：《啸亭杂录》卷3，《李壮烈战绩》，中华书局1980年版，第82页。

② 张中训：《清代嘉庆年间闽浙海盗组织研究》，收入《中国海洋发展史论文集》第2辑，台北“中央研究院”三民主义研究所1986年版，第179页。

③ 《清仁宗实录》卷58。

惩力度。一旦追剿到海盗，便对负责水师官员大加赏赐，稍有疏忽，便革职，拔掉花翎、顶戴。这一点，我们从以下粗略选出的史料中便可见一斑。

> 嘉庆五年闰四月十八日（庚午），以剿擒台湾会匪功，加总兵官爱新泰提督衔，予恩骑尉世职；赏道员遇昌、游击敏禄花翎，余升擢有差；赏兵丁一月钱粮。①
>
> 嘉庆九年，所有救援不及之海坛镇总兵孙大刚及署副将蔡安国、张世熊，前经部议革职，已降旨从宽留任。此次玉德等参奏之将备邱良功等四十九员内，除高麟瑞一员前已降旨革职交阮元审讯定拟外，余姑照所请分别革职留任、革去顶带，各令戴罪立功。②
>
> 嘉庆十一年二月二十六，至蔡逆谋为不轨，总由玉德在闽有年，营伍废弛，巡哨缉捕视为具文，以致如此。是玉德养痈贻患之罪，已无可辞。……玉德着降为二品顶带、拔去花翎，先示薄惩，以观后效。③
>
> 嘉庆十三年正月初七日，闽浙总督阿林保奏报拿获蔡牵义子蔡三来等。道员王绍兰下部议叙，余升擢有差。十六日（癸丑），福州将军赛冲阿奏，剿捕洋匪出力人员。实授邱良功为台湾协副将，千总黄志辉等升赏有差。④

以上材料说明的是福建沿海官员的奖惩情况，在广东，嘉庆元年至九年（1796—1804），因剿匪不力，频频调换两广总督，曾出现十年七换⑤的现象。嘉庆九、十年间（1804—1805），因剿匪不力，广东提督一职曾三易其人。⑥可以这么说，当年没有追捕蔡牵、朱濆之事，便没有后来王得禄、邱良功等人之军功与赏赐。

---

① 《清仁宗实录》卷 66。

② 《清仁宗实录》卷 130。

③ 《清仁宗实录》卷 157。

④ 《清仁宗实录》卷 192。

⑤ 嘉庆元年到九年，曾任过两广总督的人有福康安—长麟—朱珪—吉庆—长麟—瑚图礼—倭什布—那彦成。

⑥ 萧一山：《清代通史》（二），中华书局 1986 年版，第 140 页。

四、水师和海盗互为转化

海盗多熟悉水上生活，一旦投诚，一部分会被直接拨充军伍，成为水师兵丁。这些入伍之海盗，有的跟随作战屡立战功，有的因为与水师官兵不合，不适应军队管束或受歧视，就会再次下海为盗。嘉庆二年十二月二十九日的上谕档中，记载了张表即赖窟舵被捕后的供词，从他的供词中我们可以管见海盗投诚的动因和过程以及他们投诚后与水师官兵的相处情况。张表供：

> 现年三十八岁，系福建惠安县人，向住獭窟乡，父母俱故。……乾隆五十九年我与同伴骆眼、骆十等在浙江凤尾海面驾船捕鱼，被盗首邱通知道我素识水性，拿去充当舵工，就跟他在洋行劫过五六次，后来邱通因在海岛内抢夺行凶，被庄众打死，同伙各盗就推我为首，又在海洋行劫过七八次。后来听得海贼庄麟投首，得受恩典，我想祖上至我五辈都是单丁，想要保全性命，就带了同伙的四百余人、船十四只出来投首，蒙皇上天恩赏给守备职衔、蓝翎、大缎，我实在感激，思想报效。上年八月内跟随参将李长庚由温州下船拿贼，至我同陈九、杨端、曾午跟随总督出门，常在一处，本年二月内总督要往泉州拿贼，我同陈九等四人请领马匹，那跟总督的武职官员止给三根马签，曾午说没有马骑他就不去，那武职官员就回了总督说我们不肯随去，总督传我讯问，我因不会说官话，回得不明，总督生气，就把我翎顶摘去的。再，我初投到时带了多人，我弹压不周，手下的人偶然出去与人争吵也是有的。①

这段供词可以一瞥海盗投诚之后的思想变化，以及他们投诚之后的遭遇。不少海盗海上生活无以为计，投靠清廷。但投诚之后有些又会遭到排挤和岐视，一向自由惯了的海盗难以忍受这样的待遇时，就再次下海为盗，有些海盗在盗匪与兵丁之间不断转换身份。

---

① 《嘉庆道光两朝上谕档》第 2 册。

第五节　在海洋人文视野下看待以蔡牵、朱濆为代表的海上力量

海盗行为是处于贫困化的渔民、船民、商民自救的极端行为，他们杀人越货，是不值得歌颂的。但是官方定性的“海盗”，并不都是没有人性的抢劫犯，不能单纯根据官方的定性，简单化地一律指责为仇恨社会、报复社会的“盗匪”。

蔡牵与朱濆是清王朝权力话语中的海洋巨盗。在当今的海内外史学界也多是置于海盗史的领域内加以研究。蔡牵纵横东南海上 14 年究竟是代表渔民、船民反抗力量的英雄，还是以抢劫报复社会的大海盗？有必要以海洋为本位，打破王朝权力话语“盗匪”的魔咒，从民间海洋社会权力分化整合的历史过程来探求。

蔡牵据闽东的水澳、三沙、大嵛山、妈祖澳诸地为“巢窟”即根据地，又在闽浙沿海舟山、温州、福清、晋江、同安（今厦门）等地渔港建有秘密活动基地，基本上控制了从温州至同安之间的海域。朱濆据闽南的漳浦、云霄诸地为“巢窟”，在诏安、东山及粤东潮州南澳等地渔港建有秘密活动基地，基本上控制了从漳浦至潮州之间的海域。在这些地方，官府事实上失去了统治权力，蔡牵、朱濆填补了权力的真空。蔡牵称“镇海王”，朱濆称“南海王”，其自我定位就是海域秩序的控制者和保护者。他们一度掌握了制海权，改变了海洋渔业、航运贸易的秩序。就渔民社会、船民社会、海商社会而言，这种以“非法”的暴力手段形成的海洋社会权力，根植于贫渔穷疍阶层，并被一部分海商所接受，体现海洋利益再分配的要求，具有一定的社会合理性。有关蔡牵的民间传说对海上抢劫行为的忽略，并非“不经意间的”，而是涉海社会群体对官府称其为大海盗的说法极不信任的表达。地方官府、水师官兵有许多诬良为匪，如把盗船上没有抢劫行为的船上人员当成海盗从重惩处，对蔡牵根据地水澳“驱其民而火其庐”的劣迹，没人相信他们会执法公正，即使官方所说的抢劫是事实，也不会接受，而认为是谎言。在官

民对立的情况下，沿海的主流民意站在了蔡牵一方。

蔡牵、朱濆崛起所代表的民间海洋社会权力及其控制海域的作为，是清中叶民间海上力量的一次展示。这是王朝政治“盗匪”观念极力掩盖的事实和意义。蔡牵与朱濆被嘉庆帝钦定为“海洋首逆”，是因为他们以暴力为手段，强行改变官方制定的海上秩序。蔡牵和朱濆在当朝统治者的眼中，从起初的零星伙盗发展成盗首、著名盗首和首逆，是他们自身海上力量发展的结果。正是因为他们的发展对清代嘉庆年间朝廷控制的海上力量有了冲击，才不能被正统社会接受。蔡牵、朱濆“叛逆之罪”，不在于海上抢劫，而在于控制台湾海峡，对抗水师官军，破坏清朝的海洋经济管理和海防体制，危及清王朝的长治久安。就海洋社会来说，他们的反叛和越轨，是对清王朝陆地体制造成海洋经济边缘化处境的抗议，是对海洋社会内部贫富不均，争取海洋利益再分配的抗争。

蔡牵和朱濆等海盗的力量代表的是这一时期的海上民间社会权力，但这一时期的民间海洋社会权力又是一把“双刃剑”：冒险、进取，同时又带有破坏性、掠夺性；不守成规，同时又带来无政府状态，加剧了海洋社会的内耗，消解了向海洋发展的能力。他们以法外暴力的形式争取权力，是以海洋社会分裂为代价的，不利于海洋渔业、航海贸易经济的正常发展，也就不能使他们争取海洋权力的合理性变为海洋社会的合法性，得到内陆民众的同情和理解，发展出重视海洋、支持海洋发展的社会氛围。

清王朝更没有从丧失制海权中得到教训，认识海洋的重要，提升水师的外洋作战能力，反而更加内敛，强化隔绝海洋、“严防其出”的措施，和世界强国发展海洋权力的差距越来越大，陷入“有海无防”的困局。

第四章　海盗的生活方式与海盗文化

第一节　与渔民、疍户的关系

在海上，有这样一群人，他们“世世水为乡，代代舟为家。沉浮江海里，世代海江南”，终年漂浮在海上，以舟为家，居无定踪，以渔为生，他们就是疍民，也被称为蛋民、游艇子等。北宋淳熙年间的《三山志》里记载：“疍”即南方的夷人，与“蜒”、“疍”、“蛋”等字通假。这种指代最早见于隋代，南宋以来被普遍用来称呼疍民。唐宋时期对疍民较为普遍的称呼是“白水郎”，或称“白水仙”、“白水人”。明代黄佐的嘉靖《广东颁志》也有类似的说法：“疍户者，以舟楫为宅，捕鱼为业，或编蓬濒水而居”。① 到了清代，雍正皇帝在1729年发出的一个关于“疍户”的上谕也有以下的描述：“粤东地方，四民之外，另有一种，名曰疍户，即瑶蛮之类。以船为家，以捕鱼为业，通省河路，俱有疍船。生齿繁多，不可数计。”②

17世纪著名的学者屈大均说，“诸疍以艇为家，是曰疍家。”③关于疍民的生活状态，他有如下的描述：

各以其所捕海鲜连筐而至。甿家之所有，则以钱易之，疍人之所有，则以米易。……尝为渔者歌云：船公上樯望鱼，船姥下海牵纲，荡篮

---

① 嘉靖《广东通志》卷68，《外志五》。

② 《清世宗宪皇帝实录》卷81，雍正七年五月壬申。

③ （清）屈大均：《广东新语》卷18，《舟语》。

白饭黄花（皆鱼名），换酒洲边相饷。又云：膳多乌耳，蟹尽膏黄。备粳换取，下尔春醪。①

蜑妇女能嗜生鱼，能泅。昔时称为龙户者。以其入水辄绣面文身，以象蛟龙之子。行水中三四十里，不遭物害。今止名曰獭家，女为獭而男为龙，以其皆非人类也。②

舟人妇子，一手把舵筒，一手煮鱼。橐中儿女在背上，日垂垂扣负瓜瓠。板罾摇橹，批竹纵绳，儿女苦䘢褓，索乳啼哭，恒不遑哺。③

蜑民，是名副其实的水上居民，男人善于海上讨生活，女人也不例外。“其妇女亦能跳荡力斗，把舵司橹。”④蜑家艇是他们的生产劳动工具，也是他们栖身生息之所。其中有一种“连家船”是对蜑民船只比较中性的称谓，同时“连家船”也成为对蜑民非歧视的称呼方式。闽江上的连家船长度多为5—6米，宽约3米，首尾翘尖，中间平阔，并有竹篷遮蔽作为船舱。一艘连家船可以给蜑民提供工作和生活的空间，生产劳动在船头的甲板，船舱则是家庭卧室和仓库，而从事水上运输的蜑民会将船舱同时作为客舱或货舱，船上没有厕所，船尾就是排泄的场所，蜑民常用粗竹筒从裤管伸入胯下接尿，有时蜑民还在船尾饲养家禽。“艇既是一个生产经营单位，又是一个家庭单位。”⑤哪里有鱼，他们就泛舟到哪里去；打完鱼，就迁往别处。他们终年漂浮在海上，以海为田，以舟为家。根据清代侯官、闽县两县的旧志记载，福州蜑民“其人以舟为居，以渔为业，浮家泛宅，遂潮往来，江干海澨，随处栖泊。各分港澳，不相凌躐。间有结庐岸上者，盖亦不业商贾，不事工作，习于卑贱，不齿平民。闽人皆呼之为曲蹄，肖其形也。以其脚多弯曲故也，俗亦谓之为乞黎云云。视之如奴隶，贱其品也”。蜑民生活比较艰苦，女子勤劳能干，但是他们的社会地位很低。明代时，在法律上明确将蜑民归为贱民

① （清）屈大均：《广东新语》卷2，《地语》。

② （清）屈大均：《广东新语》卷18，《舟语》。

③ （清）屈大均：《广东新语》卷14，《食语》。

④ （清）屈大均：《广东新语》卷18，《舟语》。

⑤ 欧阳宗书：《海上人家》，江西高校出版社1998年版，第102页。

阶层,不准上岸居住,不准与陆地居民通婚,不准入学读书,不准参加科举考试。民间尤其是陆地居民对疍民也是相当歧视的。对于这一点,雍正帝曾说过:“粤民视疍户卑贱之流,不容登岸居住,疍户亦不敢与平民抗衡,畏威隐忍。跼蹐舟中,终身不获安居之乐。”①珠江三角洲还流传着这样一首疍民歌谣,“水大鱼吃虾,水干蚊吃鱼,大欺小,小欺矮,无可欺,就欺疍家仔”。②

实际上,对于大多数疍民来说,漂泊在海上的生活固然充满艰辛,但相比陆地,海洋会给他们一种更自由和广阔的天地,海风拂面通风透气,舟行景异可以看到各种风景,这是种海上人独有的一种生活体验。有时候,疍民上岸甚至还会出现“晕陆”现象——在平稳固定坚实的土地上竟然不知道怎么行走,在上下颠簸起伏的甲板上反而会活动自如。这与习惯了陆地上的人们会“晕海”、“晕水”正好相反。这也印证了德国的 C.施密特(Carl Schmitt)的观点,人有一种空间意识,不同的空间对应不同的生活方式,他说,“对于在海上生活的人来说,陆地乃是其纯粹的海洋存在的边界。我们在坚实的陆地上所获得的关于时空的观念在他们看来如此难以理喻。反过来,对大陆人而言,那种纯粹的海洋人的世界代表着难以把握的另外一个世界”。③

明清海洋社会经济对其时海洋社会的各个层面都有着巨大的冲击,疍民社会也不例外。积极的一面,便是促进疍民的“渔业朝着专业化、多样化方向发展,由个体的、分散的经营形式向集体的、合作的经营方式转变,疍民的角色向多元化方向发展”。④ 明清时期曾一度推行海禁政策,导致疍民不仅海上的生活越发艰难,而且因为受到陆地人的歧视,也难以顺利上陆生活,生存环境越发艰难。其中,疍民的角色变化除了受雇于人从事海洋渔业外,就是走上海上抢劫的道路,从而成为海盗。

---

① 瞿宜颖:《中国社会史丛钞》甲集七,《民族蛋户》,第 389—391 页。

② 叶显恩:《明清广东疍民习俗与地缘关系》,《中国社会经济史研究》1991 年第 1 期。

③ [德]C.施密特(Carl Schmitt):《陆地与海洋——古今之“法”变》(*Land Und Meer*),华东师范大学出版社 2006 年版,第 1 页。

④ 欧阳宗书:《海上人家》,江西高校出版社 1998 年版,第 106—109 页。

“广中之盗，患在散而不在聚，患在无巢穴者，而不在有巢穴者。有巢穴者之盗少，而无巢穴者之盗多，则疍家其一类也。”①在海上生存条件变差，陆地又无以为生的情况下，部分生性凶猛的疍民选择了海上劫掠的方式谋生。“曩有徐、郑、石、马四姓者，常拥战船数百艘，流劫东西二江，杀戮惨甚。招抚后，复有红旗、白旗等贼，皆疍之枭黠，其妇女亦能跳荡力斗，把舵司櫓。追本逐利。人言傜居畬而偏忍，疍居水而偏愚，未尽然也。粤故多盗，而海洋聚劫，多起疍家。其船杂出江上，多寡无定，或十余艇为一䑸，或一二罛至十余罛为一朋。每朋则有数乡船随之腌鱼，势便辄行攻劫，为商害。秋成时，或即抢割田禾，农人有获稻者，各以钱米与之，乃得出抄。”②

而在广东，“茭塘之地濒海，凡朝虚夕市，贩夫贩妇，各以其所捕海鲜连筐而至。畍家之所有，则以钱易之。疍人之所有，则以米易。”③此地为疍家出没最后的地方之一，清代曾经出现举村为盗的情形。清代赵翼曾在《檐曝杂记》中记载“番禺县茭塘十数村，世以海盗为业”。④

即便是不亲自下海抢劫，疍民也会与海盗发生直接或者间接的各种关系。疍民常年生活在海上，水性良好，熟悉大海的风浪、沙线，有着高超的海洋生存能力和海洋劳动技能。《广东新语》中曾记载：“疍人善没水，每持刀槊水中与巨鱼斗，见大鱼在岩穴中，或与之嬉戏，抚摩鳞鬣，俟大鱼口张，以长绳系钩，钩两腮，牵之而出。或数十人张罛，则数人下水，诱引大鱼入罛，罛举，人随之而上，亦尝有被大鱼吞啖者。或大鱼还穴，横塞穴口，已在穴中不能出而死者。海鳍长者亘百里，背常负子，疍人辄以长绳系枪飞刺之，候海鳍子毙，拽出沙潬，取其脂，货至万钱。”⑤疍民的这种海洋生存能力和海洋劳动技能决定他们必然会受到海盗青睐。他们被掳上盗船之后，一般都是从事以下工作：充当舵工水手、烧水做饭、打扫卫生、过船行劫、接赃销赃、帮同扯篷下帆等等。海盗一般支付给疍民的劳动报酬要高于他们捕鱼或者

① （清）屈大均：《广东新语》卷18，《舟语》。
② （清）屈大均：《广东新语》卷18，《舟语》。
③ （清）屈大均：《广东新语》卷2，《地语》。
④ （清）赵翼：《檐曝杂记》卷4。
⑤ （清）屈大均：《广东新语》卷18，《舟语》。

替官方做事的收入，故嘉庆帝曾言“即如海船舵工一项闻好手多为贼船雇佣，盖由小民趋利若骛，在贼船中得受雇价较多，是以乐而为之用”。① 疍民还利用自身的便利条件为海盗接济水米等生活用品，替其销赃。他们对海盗提供的帮助，多为接济提供日常所需各种生活用品。那彦成等在剿捕海盗的过程中搜出匪单一张，并番银四十四圆。被获的刘亚复是疍民，他供称：“二月初二日，被雇请驾船装载火药前往曾亚二、王亚四等人船上。”②嘉庆十年（1805）七月初一日，那彦成在奏报拿获接济之犯折中，罗列海上民众对海盗的接济：1. 私贩火药济匪；2. 私买米猪济匪；3. 运铁济匪；4. 接济酒米、私运瓜米食物；5. 受雇运煤夹带铁斛；7. 交通洋盗捐接引赎；6. 通盗卖炮；7. 私运大鹿茸出海；8. 私造火药济匪；9. 私运桐油济匪。

另外，疍民熟悉海，善用海的特点不仅被海盗利用，也被官方看重。比如，那彦成督粤之时，深知疍民有一种红单船船身便捷，行动灵活，便发布告示，号召疍民将自己的红单船捐雇给官方，或者自发组织起来向官方请命出海捕盗。

第二节　海盗的性生活

海盗以海为生，终日漂泊于海上，生活难免单调乏味，除了打劫过往商、渔船外，应对清廷水师的追缴外，他们的日常生活也值得关注。在查阅清代相关文献时发现，除了强奸掳掠来的妇女之外，海盗中存在着突出的鸡奸现象。

一、鸡奸的存在

在查阅清代嘉庆年间海盗问题的相关档案时，会发现一个很突出的现

① 《那文毅公（彦成）两广总督奏稿》卷 10，章佳荣辑，《近代中国史料丛刊》第 21 辑，第 1256 页。

② 容安辑：《那文毅公（彦成）两广总督奏议》卷 12，《近代中国史料丛刊》第 21 辑，第 1494 页。

象:海盗在掳掠人上船为盗之后,会对其中的一些男人进行鸡奸。这一问题,以前也被不少学者关注过。张中训、穆黛安、安乐博的相关文章或著作中都曾提到了这个问题。张中训统计了1785年至1810年中国东南沿海海盗势力的若干原始数据后,发现鸡奸案件有238起。“海盗不仅劫持妇女强奸,他们也对男人或者男孩进行性行为以满足他们的性需求。”①由于史料的缺乏和不完整,难以准确地统计出海盗中鸡奸事件发生的比例,“同性性行为在海盗船上普遍存在、大部分男性被掳者特别是成年男性也认为被抓获他们的人鸡奸是一种受害行为,这应该是不奇怪的事情。然而却只有298名(9.6%)的人会向官方承认他们被鸡奸的事实。”②尽管缺乏科学详细的统计数据,但是大量的史料却毫无疑问地展示鸡奸事件在海盗中时常发生,这一现象是不可否认的事实。例如,嘉庆元年(1796)五月二十九日,闽浙总督魁伦曾审讯了71名盗犯,“林陕、余春发、庄憨憨三犯被盗犯王大臭、陈朝清、余福官逼协在船鸡奸”。③ 嘉庆十一年(1806)八月,浙江巡抚清安泰申明抓获的91名海盗,其中有“王泳富、林姚、谢进、王波、洪砖、江烛、李亚扣俱被盗匪拉掠逼协鸡奸”④等。

海盗船上如此多的鸡奸案件的存在是否可以说明海盗之中存在严重的同性恋现象呢。弗洛伊德说,“专爱同性的人,我们称之为同性恋”⑤,一种性变态,也被称之为性颠倒者,也即性对象的颠倒。他认为性颠倒者的行为类型有三种:1. 是完全颠倒。这些人追求的性对象自始至终都必须是同性,异性无论何时都不能成为他们的性方面渴求的对象。2. 两栖型的性颠倒者,他们的性对象可以是同性的,也可以是异性的。3. 偶尔颠倒者。在某些个别的情形中,特别当正常的性对象遥不可及时,他们也经常经由模仿以同

---

① Robert J. Antony, *Like Forth Floating on the Sea-The World of Pirates and Seafarers in Late Imperial South China*, p.102.

② Robert J. Antony, *Like Forth Floating on the Sea-The World of Pirates and Seafarers in Late Imperial South China*, p.102.

③ 军机处录副奏折,档案号:3-43-2340-27:0871。

④ 嘉庆十一年八月十六日浙江巡抚清安泰奏折,《明清宫藏台湾档案汇编》。

⑤ [奥]西格蒙德·弗洛伊德:《性爱与文明》,安徽文艺出版社1987年版,第27页。

性的人作为其性对象，并且由此而得到满足。① 英国的霭理士认为："假如一个人的性冲动的对象是一个同性而不是异性的人，就这另成一种性歧变的现象，有人叫做性的逆转，或者性反感。"②那么存在于清代嘉庆年间海盗中的同性恋问题是这三种中的哪一种，如此高频率的鸡奸案件存在于海盗生活之中，究竟是什么原因呢，不妨从以下几个方面进行分析。

(一)社会历史原因:清代同性恋社会风气的影响

先从大的方面来分析。在中国古代，几乎各个朝代都存在不同程度的同性恋现象。按照性学家们的观点，"明清两代也许是中国历史上性爱观念最为混乱的时期"③，明中晚期到清代末年的四百年间，是禁欲与纵欲并行，清中期，男性同性恋的风气越发深入，开始出现"相公"和"私寓"这种专门从事男性同性恋职业的人。清褚人获《坚瓠五集》卷三中即有"男风"以"闽广两越为尤甚"的说法。1932 年，潘光旦先生在翻译英国学者霭理士的《性心理学》一书时，边译边为此书做注，最后整理出《中国文献中同性恋举例》一文，其中提到"同性恋现象，有时候在有的地方，会达成一种风气。古远的无可查考，即如清代的福建、广东及首都所在地北京都有过这种风气"。④ "在福建，男子中有所谓'契哥契弟'的风气，在广东，特别是顺德一代，女子中有所谓'金兰会'的组织。"⑤张在舟在《暧昧的历程——中国古代同性恋史》第二章第七节谈到清代的同性恋风气时，列举了各个阶层之间的同性恋现象，得出"男风在清代社会存在于从上到下的所有阶层，完全可以讲是无孔不入"。⑥ 这个时代是男风"尽显"时期。第三章第三节又专

---

① [奥]西格蒙德·弗洛伊德:《性爱与文明》，安徽文艺出版社 1987 年版，第 28 页。

② 潘光旦:《中国文献中同性恋举例》，载于[英]霭理士:《性心理学》附录，商务印书馆 1994 年版，第 296 页。

③ 吴存存:《明清社会性爱风气》，人民文学出版社 2000 年版，第 1 页。

④ 潘光旦:《中国文献中同性恋举例》，载于[英]霭理士:《性心理学》附录，商务印书馆 1994 年版，第 739 页。

⑤ 潘光旦:《中国文献中同性恋举例》，载于[英]霭理士:《性心理学》附录，商务印书馆 1994 年版，第 339 页。

⑥ 张在舟:《暧昧的历程——中国古代同性恋史》，中州古籍出版社 2001 年版，第 346 页。

门对“福建同性恋”进行分析，其中他讲道，明清以男色著称的区域，最引人瞩目的“则非福建莫属”。① 他认为在闽省，不仅伶人之间存在同性恋问题，在海寇、曲啼（对渔民疍户的蔑称）之间的同性恋问题也很严重。闽粤山海相连，特别是粤省东部的潮州一带与闽接壤，风俗、语言都很接近，男风之习也无大异。

那为什么明清尤其是清代福建的同性恋如此盛行呢？徐晓望在《从〈闽都别记〉②看中国古代东南区域的同性恋现象》一文中总结了其人文环境：溺婴造成了古代福建性比例失调导致男多女少，婚事耗费极大给男女双方的家庭带来极大压力导致福建成婚率较低，福建男人流行外出谋生的习惯造成许多家庭聚少离多，这些原因造成了古代“福建人的性压抑现象比较严重，同性恋变成了宣泄口”。③ 因为同性恋在社会中占了相当的比重，甚至形成了一种风气，所以古福建人“便不把它当成是犯罪，甚至将它当成友谊高度发展的象征”。

“社会风气的最基本最一般的含义，是指在某种社会心理的驱动下或者某种价值取向的引导下，表现出的一种普遍的社会行为，是直接外化或者体现社会意识的客观活动，是社会历史态势的指示器。”④社会风气是这样一种力量，它可以使非自然的现象看上去顺理成章，使狂热代替理智判断。风气所至，完全可能导致集体意识的变异。明清时期的种种性爱现象，如果作为一种个例来看它很可能在任何一个朝代或者文化当中都会存在，但当它成为一种社会风气之后，情况就大不一样。在风气的强烈感召下，个人品位很容易被淹没而被公众的兴趣所替代，许多本来可能持反对态度的人转

---

① 张在舟：《暧昧的历程——中国古代同性恋史》，中州古籍出版社 2001 年版，第 689 页。

② 《闽都别记》曾名《双峰梦》、《闽都佳话》，创作于清代乾嘉时期，是一部福建人所写的福建地方文学作品。作者里人何求，最早在福州文人中传抄，分藏于城内宫巷林家、光禄坊刘家以及螺洲陈家。1911 年南后街衣锦坊口举人董执谊根据各种抄本，编辑整理成书，改称《闽都别记》，1927 年冬，南台建业石印社印行石印本 600 部，1978 年福州古旧书店将石印本誊影复印，1988 年福建人民出版社点校出版。

③ 徐晓望：《从〈闽都别记〉看中国古代东南区域的同性恋现象》，《寻根》1999 年第 1 期。

④ 郑元仓、陈立旭：《社会风气论》，浙江人民出版社 1996 年版，第 3 页。

而会成为热烈的真诚的拥护者，甚至这种风气会牺牲追随者的切身利益，给他们造成巨大的痛苦也在所不辞。

“对当时的大部分男性来说，同性恋是一种公开的、寻求刺激的娱乐活动，能通过金钱、权力和地位来获得。”①明清时期的男同性恋可以被划分为主动和被动两类。主动阶层是有钱有地位的阶层，他们追求刺激和满足，被动阶层是地位低贱、出卖肉体的阶层，他们的同性恋活动更多是出于屈从和卖淫，并非真正对同性感兴趣。

在这样的社会历史背景下再来分析海盗中的鸡奸问题，可能就要容易一些了。当时的社会风气尤其是闽粤一带，不仅同性恋之风盛行，且引以为荣。很多人会以自己跟同性有亲昵关系作为一种社会地位和权力的炫耀，而在这一带海域活动的海盗，也难以逃脱这种弥漫在整个社会中的同性恋之风的影响。于是，海盗中鸡奸事件频频出现。

按照性社会学和心理学的分类，从感情的角度划分，同性恋者大致有三种类型。“第一种，像相濡以沫的夫妻一样彼此对对方深刻真爱，乃至于终生厮守。第二种，能够对一人或数人产生感情上的依恋，但同时还要寻找其他一些单纯的性刺激，这样的比较多。第三种，不看重感情因素，视性为一种游戏，一种欲望的释放，这样的也不在少数。”②从现在发现的史料的情况看，海盗中的同性恋现象可能更多是第三种。分析海盗内部的鸡奸事件，施动者多是海盗首领，被动者多是被掳者，而且被鸡奸者的年龄一般都在22岁以下，年龄上也弱于实施鸡奸的人，比如嘉庆六年(1801)正月初六日，洋盗吴弗四被抓，在他的供词中谈及鸡奸问题时，他说：十月十五日，他们在罗河洋面掳捉七人，老的逼他们“摇橹煮饭，郭添、陈吕、李再年轻，小的同吕锡把他们关在舱底里逼和鸡奸。”③吴弗四这一说法跟其伙党吕锡的供词是吻合的。吕锡称在掳捉了郭添、陈吕、李再，因为他们“年轻，关在舱里吓逼

① 吴存存：《明清社会性爱风气》，人民文学出版社2000年版，第8页。

② 张在舟：《暧昧的历程——中国古代同性恋史》，中州古籍出版社2001年版，第379页。

③ 军机处录副奏折，第一历史档案馆馆藏，档案号：3-43-2340-2-0587。

鸡奸……”。[①] 二十六日，在环同洋面又行劫三人上船，“杨成珠年轻，也关在舱里吓逼鸡奸。”在嘉庆三年（1798）洋盗邱亚三等人的供单中，邱亚三供称，自己是合浦县人，年三十九岁，“并无兄弟妻子”。嘉庆元年（1796）十一月初十日，在电白县大放鸡洋面“掳捉捕鱼的周亚四、周亚有过船。小的逼协周亚四鸡奸，黄乙酉逼协周亚有鸡奸”。而周亚四“十八岁”，周亚有“十六岁”。在嘉庆三年（1798）二月二十九日王祖德等人的供单有一名叫做王廷里的，合浦县人，年十八岁，“嘉庆二年七月在冠头岭洋面被掳过船，王祖德逼协小的与他鸡奸”。[②] 而王祖德的年龄是“三十三岁”。[③] 相比之下，无论是海盗首领还是普通海盗，他们在地位上可能是甚至是整帮或者整只船上最有权力的人，年龄上又长于被动者，所以他们对被掳对象施行鸡奸，除了生理泄欲之需外，也可能是他们显示权力的一种表现形式，一种单调海上生活的娱乐方式。

（二）个人生理原因

从上边的分析中已经看到，清代闽粤两省社会中溺婴现象导致了男女比例的严重失衡，高昂的婚嫁成本使得许多人无能力娶妻结婚，于是，光棍单身汉可能在社会上大量存在。在整理分析海盗的组成成分的统计结果中看得出（见表3），25岁以上的未婚男性几乎占了海盗中的一半人数。海盗中虽也有朱濆这样出自商贾之家的人，但多数是为渔民、疍户、柴夫、挑夫、小贩、小偷等，他们均来自社会最底层，出于生计需要才选择了在海上打劫勒赎，其中也只有极少数如蔡牵、朱濆等人才发展成了经济实力雄厚的海上武装力量，为所欲为。他们终年漂浮洪波，以船为家，即便是曾经娶妻，也难以享受正常夫妻生活。况且常年与官府对抗，时时都处于一种恓惶应战的状态，进行异性恋活动的机会比一般海上人群更少，同性性行为变成了他们经常的一种替代性性行为。

在古代中国，女人是很少出海的，虽然在厦港一带允许婚后女子出海，疍民人家的女人也允许时刻在船，但是总体来讲，海上族群中，女性的比例是低

① 军机处录副奏折，第一历史档案馆馆藏，档案号：3-43-2340-2-0587。

② 军机处录副奏折，第一历史档案馆馆藏，档案号：3-43-2344-8-1585。

③ 军机处录副奏折，第一历史档案馆馆藏，档案号：3-43-2344-8-1577。

于男性的。海盗船上亦如此。无论他们在抢劫商、渔、民船时是否男女老少都照单全收,也不足以改变这一状况。因此,对于海盗来说,进行异性恋、异性性活动的机会就很少。而一个正常人的生活中,性欲和性生活应是必不可少的,为了解决长期压抑的生理需要,男性海盗只能将性对象锁定在同性身上,于是就有了鸡奸事件的发生。这是海盗中鸡奸事件的另一个原因。

现在能看到的海盗资料也能侧面证明这一点。如果海盗头领有固定的妻妾在船上的话,他进行鸡奸活动的可能性就小,比如蔡牵、朱濆、朱渥等人均有妻眷在船上,目前为止,尚未发现他们进行鸡奸的记录。

总结上面的分析,可以得出结论,存在于海盗之中的大量的鸡奸案,它不仅仅是海盗解决性需要产生的,也是受了当时社会同性恋之风的影响。可以这么说,海盗的鸡奸行为,是生理需要——解决长期的性压抑问题,也是心理需要——跟随社会潮流并炫耀自己的权力和地位的表现。他们之中存在的鸡奸,不一定就是严格意义上的"同性恋",极有可能很大程度上也是一种对"性"的游戏,是一种同性性行为。

(三)对女性的强奸

在分析海盗鸡奸、强奸的资料过程中,还有一个有趣的现象,海盗中,船上所发生强奸类案件中,虽然鸡奸事件频发,但对女人的强奸事件并不多。在张中训的一份统计中,海盗鸡奸事件共有 238 件,而海盗强奸妇女罪行仅有 3 件。① 此项情况从陆地社会的角度看较为反常。他认为,这可能是因为商渔船民很少携带妻女很出海之故。

实际上,除了上述原因,还可以从海上内部的组织结构来分析这一问题。首先,在中国传统社会,女性是受到歧视的,很多重要的场合是不能露面的,对于船上的航行活动,除了疍民和厦港一带的渔船上女人可以随船出海外,很多地方规定女性是不能上船的。无论是海盗船上,还是渔船、商船上都没有女性随同,海上缺少女性,海盗抢船之时,便没有女人可抢,也就不可能有妇女可以奸淫。

---

① 张中训:《清嘉庆年间闽浙海盗组织研究》,《中国海洋发展史论文集》第 2 辑,第 188 页。

其次，在一些大的海盗帮派中，往往有女性作为首领，她们会限制海盗对妇女的强奸行为。如蔡牵帮内有蔡牵之妻，蔡妻也是英勇善战之人，是蔡牵的得力助手，很多事情上蔡牵都会征求她的意见。《厦门志》中记载，“其妻尤骁诈”①。《金门志》中还记载了蔡牵妈带领妇女作战的情形，“刘高山，字文锡，号止亭。后浦人，寄籍闽县。少读书，见海寇日炽，乃去从戎，精习海上事。……蔡牵着乌丘逐商艘，高山追击之五堡；阵方交，有女盗裸而受炮，炮噤，高山亦裸击之毙，牵脱去”。② 蔡牵之妻，骁勇机智，众人呼其老板娘或蔡牵妈。蔡牵妈曾制定帮规，严禁海盗侵犯妇女。朱濆帮，朱濆之妻也是随其在海上作战的，可能“也另有类似之规定，因为该帮也有著名之女海盗。”③在红旗帮，郑一嫂曾制定帮规三条：

1. 如有人擅自上岸，就将其逮捕，并当众刺穿双耳，如其再犯，立即处死。

2. 战利品未登记前，不得拿走一针一线，战利品均分为十份，两份分给船员，八份当做公共财产入库。未经许可，不得从库房中拿走任何东西，被抓获者处以死刑。

3. 未经许可，不得私自占有从村落掳掠来的妇女，犯对妇女施暴或者强占妇女为妻者，格杀勿论。④

---

① 周凯：《厦门志》卷 16，《纪兵》，《台湾文献丛刊》第 95 种，台湾银行经济研究室，1961 年，第 675 页。

② 林焜熿；《金门志》卷 11，《人物列传三 · 刘高山传》，《台湾文献丛刊》第 80 种，台湾银行经济研究室，1960 年，第 675 页。

③ 张中训：《清嘉庆年间闽浙海盗组织研究》，《中国海洋发展史论文集》第 2 辑，第 188 页。

④ 郑广南：《中国海盗史》，第 307 页。这三条记录最早是记录在袁永纶的《靖海氛记》中的，但是《靖海氛记》一书已佚，《广州府志》与《东莞县志》等地方志书收录其中的部分资料，但是并没有这三条军规。《靖海氛记》有 1831 年英文译本，译书名为 History of the Pirates，香港市政局 1990 年编刊《香港历史资料文集》上编。这三条军规，第一、二条来自[德]哈因茨 · 诺伊基尔亨的《海盗》第十九章（赵敏善、段永龙译，长江文艺出版社，1998 年版），第三条转引自日本学者松浦章的《中国の海贼》第五章《南海の海贼反乱（清）》（日本东方书店 1995 年版）。本书中所引用的有关《靖海氛记》中的资料，也都是转引自国内外学者的相关文章中，不一一列举，一并致谢。

因为女性首领的存在，就会限制船上人员对女性任意的侮辱和奸淫，这对强奸妇女事件的发生是有抑制作用的。“原则上，女票可以释放，但是 J. L.特纳（1807 年被红旗帮虏获的一名英国俘虏）指出，海盗们习惯将最漂亮的女票留下做情人或老婆，将最丑陋的放回岸上，其余的便勒索赎金。据他说，一旦一个海盗选定一名女票当老婆，她就必须对他表示忠诚；匪股中不允许发生乱七八糟的性行为。”①

第三节　海盗的信仰

海盗生涯危险多难，一般盗众在心理上均有渴求神明保护的需要。从现在可以发现的史料来看，海盗的信仰可能与海上族群类似：信奉佛教、妈祖等，并且在海盗船上，相比其他渔船或者陆地群体，可能还有少些许禁忌。

一、信奉佛教

在现存档案中是可以找到蔡牵到浙江普陀山进香的一些史料的。魏源在《圣武记》中记载“八年正月，牵窜定海，进香普陀，适李长庚掩至，牵仅以身免”。② 对于这次进香活动，王芑孙在给李长庚所作的传记中也提到过：“明年正月朔，蔡牵进香渔山。”③嘉庆十二年（1807）十月，蔡牵率船在普陀洋面游奕，清安泰遍访后向皇帝奏报情况，其中谈道，“普陀寺僧据称，蔡逆往年到彼必入寺烧香。今次只有伊子二来到寺，声称伊父因面受火药烧伤，现在舟内未得登岸等语”。④

海上生活漂浮不定，这也是蔡牵及朱濆每年不顾官兵追剿，定期前往浙江普陀山进香的原因。

---

① ［美］穆黛安：《华南海盗》，刘平译，第 74 页。

② （清）魏源：《圣武记》卷 8，《嘉庆东南靖海记》。

③ （清）王芑孙：《浙江提督总统闽浙水师追封三等壮烈伯谥忠毅李公形状》，《台湾文献汇刊》第四辑，《碑传选集》，第 593 页。

④ 嘉庆十二年十月初七日上谕，《明清宫藏台湾档案汇编》第 116 册，第 218 页。

二、信奉妈祖

通过对海盗成分的分析，可以看出，在海盗中，渔民和疍户是占有相当大的比例的，虽然在官府资料中较少有关海盗宗教信仰的及其仪式的记载，我们可以推测海盗所崇拜之神灵，应与沿海渔民、疍户、船员等所供奉的海神——天后、龙王无异。

曾于嘉庆七年（1802）至嘉庆十四年（1809）任职邵武、南靖、安溪、嘉义、南平教谕的谢金銮［字巨庭，号退谷，福州府侯官县（今闽侯县）人］，还亲自参加过嘉义抵御蔡牵队伍围攻嘉义县城之役。在他的著作《二勿斋文集》中收录有一篇《天后宫祭文》，全文如下：

> 维清皇帝敬天勤民，历世同懈，早朝晏罢，兢兢业业，二百年如一日。虽在蛮海之阪，万里之外，思无不到，虑无不周，祖宗以来，钦崇祀典，特遣重臣，岁抵祀事于我天后圣母者。沿海所在，建置机度，是以舟航同滞，风涛无灾，东南之民以之富庶，惟神之力，惟帝之心，凡以通商利津，惠吾赤子也。伏惟天后济物之心，出自性成。瘴海所机，气化所偏，风盲雨怪，后能挽之，蛟龙鸱张，后能伏之。后之心即吾皇帝之心，凡以为民也。若夫寇攘为毒，奸究［宄］窃发，杀越于货，肆掠横行，则昨阴阳之想，而政治之失，神不任责，而封疆之吏以为羞。频岁以来，海盗煽虐，蔡牵尤甚。乃者渡北汕，迫温台，校怪风，藏迷雾，官遭杀掠，神滋疑谤。调州原庙，遂使渠魁大憝稽首殿庭，圣裔神孙，并受荼毒，东南之民，富商穷黎，俱益困惫。昔为商之水手者，今乃为盗之水手；昔为商之坐赃者，今乃为盗之坐赃。将见神龛灯火遍于贼舟，而巨贾供奉之家，日益减小［少］，大惧香火坠绝，列祖列宗褒崇钦奉之心，无以克慰。我皇上旰食宵衣，度念民艰，闻奏震叠。督臣是用疾首疚心，谏惶悼惧。窃帷慢神映民，罪有所归，而列祖列宗钦崇供奉之心，必不可负。今皇上悲悯穷黎，焦劳图治之情，必有逛通神听者。东南生理必不可以困绝，香火祀事必不可沦于非类。督臣将大率舟师，誓歼逆党。帷祈神摘其衷，将弁奋力，帆樯所向，因利乘便，无作神羞。奉表味忍，帷神

凿[鉴]临。①

在这篇祭文中,这几句话是需要特别注意的:“频岁以来,海盗煽虐,蔡牵尤甚。乃者渡北汕,迫温台,校怪风,藏迷雾,官遭杀掠,神滋疑诱。调州原庙,遂使渠魁大憝稽首殿庭,圣裔神孙,并受荼毒,东南之民,富商穷黎,俱益困惫。昔为商之水手者,今乃为盗之水手;昔为商之坐赃者,今乃为盔之坐赃。将见神龛灯火遍于贼舟”。可见,不少水手、坐赃加入了蔡牵队伍,他们的信仰和生活习惯也被带到了蔡牵帮内,所以蔡牵帮的船上也摆放了天后的神位,天后的信仰在蔡牵的船上也十分盛行。

陈在正认为,“这篇名为祭天后之文,实际是为福建地方官而代撰的讨伐蔡牵海上武装集团的檄文”。②“祭文系写于嘉庆九年,当时谢金銮正任安溪教谕,而十年即已调任台湾嘉义。祭文似是向湄洲祖庙或福州附近天后宫致祭的,时间应是九年下半年。……祭文与总督有密切关系,如果不是直接代总督撰写,也应是为受总督任命致祭的负有守土之责的地方官代撰。”③

关于蔡牵领导的队伍的信仰,他认为,“蔡牵集团的成员多为沿海渔民、水手,许多人本来就信奉妈祖,加入蔡牵集团后,终日漂没于狂风恶浪的海洋,每日处于清朝水师的进攻和追击之下,随时受死亡的威胁,对海神妈祖更加崇信,这是很自然的事”。④ 蔡牵海上武装集团横行闽浙粤海洋 14 年期间,对许多建立于沿海的妈祖庙香火起了不小影响。⑤

实际情况应该是这样的。在清代,天后、龙王也是受清代水师册封崇拜

① (清)谢金銮:《二勿斋文集》卷 6,第 12—14 页。

② 陈在正:《蔡牵海上武装集团与妈祖信仰——读谢金銮〈天后宫祭文〉有感》,《台湾研究集刊》1999 年第 2 期。

③ 陈在正:《蔡牵海上武装集团与妈祖信仰——读谢金銮〈天后宫祭文〉有感》,《台湾研究集刊》1999 年第 2 期。

④ 陈在正:《蔡牵海上武装集团与妈祖信仰——读谢金銮〈天后宫祭文〉有感》,《台湾研究集刊》1999 年第 2 期。

⑤ 陈在正:《蔡牵海上武装集团与妈祖信仰——读谢金銮〈天后宫祭文〉有感》,《台湾研究集刊》1999 年第 2 期。

的,海盗因其主要也是海上活动的人群,他们的信仰是跟海上族群一致,是会崇拜这天后、龙王的。张中训认为,虽然海盗头目朱濆之属下王长曾号称自己有法力召阴兵助战。但是,大多是海盗头目还是用俗世的领导能力来打动所跟从的伙盗的。他们也没有像当时的其他教派,如天理教、天地会等制定教法来领导伙众。

三、对女人的禁忌

另外值得一提的就是海盗并不像当时陆地或者其他的海上社会人群一样迷信不许女人上船。多数海盗的女眷家属是随其在海上生活征战的,比如朱濆和朱渥的妻子是一直紧随其丈夫左右的;并且在海盗之中还有蔡牵妈、郑一嫂、朱渥之妻这类女中豪杰在船上充当首领。这一方面是海盗为了逃避官方对家属的追捕,另一方面也反映海盗对女人上船的不忌讳。在抢劫勒赎的过程,如果所劫持的船上有女人,海盗们往往是照单全收的,或胁迫上船做些杂役,或者在船奸宿。“渔妇江施氏被盗犯王分拉掠上船,并奸宿一个月。”①蔡牵曾为其义子蔡二来抢劫民女上船为妻。郑七也曾有个义子叫作何送,“隶籍福建诏安县,于乾隆六十年被郑七掳捉过船收为义子,后来长成派做先锋随同行劫”。在布袋澳洋面,“郑七将掳捉的石氏给予何为妻,分往布袋澳”。② 嘉庆十年(1805)五月,在粤洋洋面上,官方曾经抓获上岸买米洋盗“黎亚三、周和陞和周和陞之父周长英,妻郑氏系郑一之妹,并幼孩亚带、水手周满章、吴胜锦等七名”③。可知郑一将妹妹许嫁给同为海盗之人,其妹也随之在海上生活。

美国学者安乐博曾说,“在中国海盗中,女人的表现最激进。她们公然反抗传统女人身上应接受的行为规范、美德和被动性。她们也不像西方海

① 军机处录副奏折:嘉庆六年四月初五日吉庆、阮元奏折,中国第一历史档案馆馆藏,档案编号:3-43-2348-12-2266。

② 军机处录副奏折:嘉庆七年六月初三日吉庆、瑚图礼奏折,中国第一历史档案馆馆藏,档案编号:3-43-2347-17-2443。

③ 容安辑:《那文毅公(彦成)两广总督奏议》卷12,《近代中国史料丛刊》第21辑,第1484页。

盗中的女性一样在船上乔扮成男人，而是以女儿之身在船上自由活动和生活”。①

海盗的这一特点似乎跟水上疍家的习俗是类似的。在屈大均的《广州新语》中记载“舟人妇子，一手把舵筒，一手煮鱼。橐中儿女在背上，日垂垂扣负瓜瓠。板罾摇橹，批竹纵绳，儿女苦襁褓，索乳啼哭，恒不遑哺”。②“其妇女亦能跳荡力斗，把舵司橹。”③清初还曾规定不准渔家陆上定居，禁止渔陆通婚等，渔家女备受歧视，只好长期生活在船上，很少上岸。后来虽然一些禁令被取消，但由于习惯了海上生活，加上当时生产经济并不发达，谋生出路较少，渔民真正上岸的并不多。疍民女子或者渔家女子参与海上生产活动可以说是祖辈相传的风俗，也是受制于社会规定的。海盗中相当一部分人是来自这两种海洋群体，因此女人在船劳作、生活的习俗也就被认为是自然而然、理所应当的，女人并不需要特别被忌讳随船生活。在中国，女人都有“嫁鸡随鸡、嫁狗随狗”的思想，一旦她们的丈夫或家人走上了下海打劫勒赎的道路，她们也便顺势发展成了海盗们的“贤内助”。

“在传统的清朝官员眼中，这类行为举止像男人的女人被指责为堕落败坏走上邪路的、违背了儒家礼法。的确，她们的行为构成了对封建宗法的挑战。对于海上生活的女人来说，海盗生涯给她们创造了逃脱贫穷和封建礼教束缚的机会，给了她们去追求陆地妇女甚至都没有听说过的冒险和自由的机会。”④安乐博的这种说法并非没有道理。

第四节　海盗的生活扫描

前面已经就海盗的成分、接济来源做了比较全面的分析，在这些基础

---

① Robert J. Antony, *Like Forth Floating on the Sea —The World of Pirates and Seafarers in Late Imperial South China*，第 170 页。

② （清）屈大均：《广东新语》卷 14，《食语》。

③ （清）屈大均：《广东新语》卷 18，《舟语》。

④ Robert J. Antony, *Like Forth Floating on the Sea—The World of Pirates and Seafarers in Late Imperial South China*，第 171 页。

上,可以俯瞰海盗海上的生活,对其有个全面细致的了解。

衣着方面。海盗作为海上社会群体之一,其主要成分多为渔民、疍户等海上族群,所以其生活方式和习惯也和他们是类似的。他们的吃穿都是岸上接济而来,所以衣着也和岸上居民一样。比如,蔡牵“身穿蕉布短衫、青纱裤子,花绸巾包头,手带金镯,赤脚穿鞋,贼众呼为大老板”。

郭学显是海盗中少有的爱好读书之人,他穿长布衫,并且船中放满了书。清人邱炜萲记他“幼时寓粤,习闻道盗郭学显轶事。郭同治年间人,在粤洋为巨盗,盗而有道,舟中书籍鳞次,手不释卷,船头帷幔榜立二句云:‘道不行乘槎浮于海;人之患束带立于朝。’可知其志矣。后为百菊溪招降,与以官,辞不受。僦居粤垣,课子终焉”。①

居住条件。海盗也是以海为家的,住在船上,船上的居住条件是相当有限和逼仄的。一般来讲,海盗首领和他们的妻妾肯定是要占据尾部相对宽敞的船楼,其他人员挤在甲板下的货仓内。尤其是刚被掳上来的,没有地位,条件更差,只能睡在不挡风、不避雨的甲板上。

休闲生活。除了打劫勒赎、与水师作战之外,海盗也会有一些闲暇时光。“海盗们尤其迷恋赌博,许多人将大部分闲暇时光花在了打牌上。确实,即使在战斗发生时,至少会有一批人继续玩牌。当某位玩牌者被打死时,其他人并不惊慌,只是将尸体推到一边,然后继续其游戏。”②

除了打牌,郭婆带选择看书。据说,不忙时,他经常会坐在船上看书。而另一个海盗头领蔡牵,“终日在船,除与各贼伙商量驶往何处伺劫并躲避兵船外,总在舱内服喫鸦片,并与掳来妇女说话顽笑,并无别事。各船贼目贼伙去见该逆,均称为大出海,彼此或蹲或坐,言语戏谑,毫无礼节。”蔡牵的日常活动,吸食鸦片,与船上妇女开开玩笑,与同伙言语戏谑,与大家聊天打发时光。

在世界上绝大部分地区,海盗活动充满着凶险,是一项由男人主控的活动,排斥女性,更难说有女性能当上头领。在中国的封建王朝的统治下,尤

---

① （清）邱炜萲撰:《菽园赘谈》卷3,《道盗》。

② ［美］穆黛安:《华南海盗》,刘平译,第81页。

其是宋明理学的禁锢下，女人是严禁抛头露面的，女人出海也是受到限制的。但在嘉庆年间的海盗的史料中，我们发现，女性不仅可以跟随海盗船出海，而且其中还不乏优秀女性首领，如蔡牵妈、郑一嫂。这是一个很有意思的现象。出现这一现象的原因，可能就是因为她们出生和成长都在海上，出嫁后，也就与自己的丈夫一起海上“劳作”。因为有了女人的存在，生活可能会更丰富些，蔡牵在闲暇时光才可以跟她们开开玩笑。

第五节　海盗中的女海盗

整理清代嘉庆年间的相关文献时发现，在当时海盗社会中，海盗船上除了掳掠而来的女性之外，有几位海盗帮派的女头目也颇引人注意，尤以蔡牵之妻和郑一之妻为最。虽然关于她们的史料并不是非常多，本书还是尽量搜罗目力能及的资料，将其单列出来，也算是对中国女海盗史做一点点有益的补充。

一、骁勇善战的蔡牵妈

蔡牵妈，为大海盗蔡牵之妻，吕氏，是蔡牵的第二任妻子，常年跟随蔡牵在海上漂浮生活并参战，足智多谋、英勇善战，众人呼其老板娘或蔡牵妈。蔡牵之妻极富传奇色彩。道光《厦门志》中记载，“嘉庆初，（蔡牵）有船百余艘，其妻尤骁诈”①。清人笔记如《东华录》、《瀛洲笔谈》、《洋程日记》、《笔什》、《醉侯笔记》、《瓯乘补》及《平阳县志·武卫志》等均有零星关于蔡牵妈的记载。

民国《平阳县志》中专门有一段关于蔡牵妈的记载，原文如下：

炎亭内岙，有女貌美，已嫁而夜喜野宿，其夫禁之不得。乃转售于

① 周凯：《厦门志》卷16，《纪兵》，《台湾文献丛刊》第95种，台湾银行经济研究室，1961年，第675页。

> 薙发匠，已而复然。适海寇蔡牵上岸薙发，见而悦之，以数十金买去。助牵约束部伍，井井有法，临战猛不可当，海滨人呼为蔡牵妈。邑有项统者，以武生入营效力，累功至镇海。每率哨船数十，与牵角逐海中。统生坐船尾，一人持盖，鼓吹顺流而东。蔡牵与妻亦坐船尾，张盖击鼓乱流而西。蔡妻匀燃炮击统，适统俯首拾烟管，回顾则持盖者颠矣。提督李长庚歿，闻亦为蔡妻轰毙。一日，偶触牵怒，蹴足死之。已而牵亦败，沈海死。①

通过这段文字可以看出，吕氏为炎亭人，容貌俊美，生性放荡，蔡牵上岸时见了她，很是喜欢，便出了几十块钱将其买走，随其出海作战。蔡牵专门给她一部分船只统领，她管束严格，作战英勇。按照王松辰的记载，蔡牵妈有一支直属女子舰队，号称娘子军。② 她与蔡牵在海并肩作战，发炮百发百中，常常在战中获胜，深得蔡牵喜爱及众部下敬服。

炎亭（今在苍南炎亭镇），在浙江南部温州境内，靠海，向来是海盗靠岸补给或者销赃之地。嘉庆初年一直到嘉庆六年（1801）前后，蔡牵与流窜于东南沿海的凤尾、水澳、张保仔、矮牛、红头白底等海盗帮派合作，互相策应，经常往来于从北部湾到台州洋海面。披山（在玉环县）、北关（在苍南县）、北麂（在瑞安市）、南麂（在平阳县），是他常来常往之地，他在这一带行踪神出鬼没，遇到吕氏是有极可能的。直到现在，在当地还流传着一些关于蔡牵妈的传说。在苍南县东部的炎亭镇境内沿海的一个风景区内的海口村山中有一块小石，镌有“泊码”两字，当地人传为蔡牵妈墓地，也有说是蔡牵当年驳船所用之石。20 世纪 90 年代，当地还在海口村建立了蔡牵妈纪念馆。南麂及南坪、石砰等渔乡还流传着蔡牵夫妇的种种传说，北关岛王沙宫峭壁上留有“海天保障”摩崖题字，当地传说中也认为是蔡牵手笔。

嘉庆五年（1800）的神风荡寇行动之后，蔡牵收得凤尾、水澳帮余党，成为闽浙洋面势力较大的水师。在《神风荡寇后记》中，焦循记录了一次蔡牵

---

① 民国《平阳县志》，《武志》。

② （清）王松辰：《老姜随笔》，载《马港厅志》附录上，第 55—57 页。

妈勇救蔡牵的过程。

> 六年(1801)冬与妻诱杀侯齐添于台州石塘洋。官兵尝追牵，将及，一红衣人自舱中出，缘桅而上，斧其篷索。却令兵船乘风不可留击。红衣者，蔡牵妻也。①

在这段描述中，蔡牵妈机智勇敢，身手敏捷，在蔡牵遇难之时挺身而出，冒险爬到桅杆之顶，砍断篷索，使蔡迁得以逃脱。《金门志》中也记载着蔡牵妈带领妇女作战的情形：

> 刘高山，字文锡，号止亭。后浦人，寄籍闽县。少读书，见海寇日炽，乃去从戎，精习海上事。……蔡牵着乌丘逐商艘，高山追击之五堡；阵方交，有女盗裸而受炮，炮噤，高山亦裸击之毙，牵脱去。②

在这里，蔡牵妈除了骁勇善战之外，大胆泼辣性格也昭然可见，她敢于赤身裸体对着敌方火炮，吓得对方一时不敢开火，给蔡牵逃脱创造了机会。

蔡牵妈曾制定帮规，严禁海盗侵犯妇女。在蔡牵的船队中，蔡牵妈英勇善战，是蔡牵的得力助手，很多事情上蔡牵都会征求她的意见。多年海上征战，蔡牵船队与水师乃至地方官员关系暧昧。玉德任闽浙总督期间，掣肘李长庚的剿捕活动，多次让蔡牵化险为夷，成功逃脱。蔡牵与这些官员之间的关系，乃至诈降的策略，多少也可能跟蔡牵妈的出谋划策有关系。只是碍于现存史料的发掘和发现，尚未明证。但零星的记载也已经可以看出蔡牵妈的英勇机敏非一般家庭妇女所能比。

嘉庆十四年(1809)八月，蔡牵夫妇率领船队在渔山外洋(一说黑水洋)与清军激战，战斗中蔡牵夫妇重伤，船裂开沉于海，官方并未捞得两人遗体。

① (清)焦循:《神风荡寇后记》，载《雕菰集》，见《续修四库全书》集部，别集类。

② 林焜熿:《金门志》卷11，《人物列传三·刘高山传》，《台湾文献丛刊》第80种，台湾银行经济研究室，1960年，第675页。

> 王得禄本身坐船将逆船后舱趁势冲断，逆登时落海沉没，该逆同伊妻并船内伙盗一起落水。各兵船赶拢捞捕……其蔡逆本身同伊妻被浪卷没。提问所获人犯内贼伙十九名，难民六名，据称蔡牵手足俱被火药烧伤，实系落海淹毙。现在黑水深洋风狂浪涌，未能打捞逆尸。察看形势，似在温州所属外洋。①

在浙南一带的传说中，蔡牵妈尸体后来沿海漂至海口村，沿海居民将其捞起安葬，并在安葬处立石为证。如今，当地人还专门建立蔡牵妈纪念馆，可见对这位女海盗首领的推崇。

浙江温州苍南县北关岛王沙宫旁，石壁上的
“海天保障”四字，当地传说为蔡牵笔迹

清同治年间出生的文人刘绍宽（1867—1942）曾作诗《咏白桃花传奇》，其中一首专为蔡牵妈而写：

---

① 嘉庆十四年八月二十六日，“署闽浙总督臣张师诚、福建提督臣王得禄，浙江提督臣邱良功跪为殲除海洋积年首逆蔡牵，将逆船二百余犯全数击沈落海，并生擒助恶各伙党恭折驰奏，叩贺天喜事”折，《清宫宫中档奏折台湾史料》（十一），第800页。

毕竟夭桃薄命花，不教锦伞拥香车。

横行海上蔡牵妇，亦是当年碧玉家。①

二、被皇朝册封过的郑一嫂

郑一嫂，本名石香姑，原是广东船妓。嘉庆六年(1801)嫁给郑一，改唤郑一嫂，被下属各帮海盗尊称“龙嫂”，西方人称其为“郑夫人”。

郑一是海盗郑连昌的长子，当时的另一个海盗郑七(又名郑耀煌)的堂弟，两人都曾为越南的西山政权打过仗，各自统领一支海盗帮队活跃在广东到越南一带的海面上。郑七死后，郑一收编了郑七的部分船只，又与广东洋面的海盗乌石二、乌石三合作，逐渐发展成广东洋面势力最大的海盗组织。到嘉庆十一年(1806)时，他手下掌控着三四万人，船只有多艘。嘉庆六年(1801)，郑一娶石香姑为妻。

石香姑，广东新会人，疍家女，本为船妓，貌美能干。疍家人常年漂浮在海上，海上生存能力极强，“蛋妇女能嗜生鱼，能泅。昔时称为龙户者，以其入水辄绣面文身，以象蛟龙之子。行水中三四十里，不遭物害。今止名曰獭家，女为獭而男为龙，以其皆非人类也。”②广东珠江口有郑、石、马、徐四大疍户。清初的迁海运动，导致疍民生活更加困难，疍民起义反抗活动不断，四大疍户人的人数众多，在明末清初的抗清活动中是一支重要的军事力量，也有一部分疍民下海为盗，石香姑出自四大疍户的石氏，有疍户的海上作战和生存能力，石氏嫁给郑一后，不仅跟其生活在海上，郑一还让她独领一帮船只，在海上打劫或者参战。《香山县志》记载“张保仔系郑保养帮内大头目，与郑一贼妇及香山二等各有匪船数十号，俱联为一帮，随致势众鸱张”。③

徐珂在《清稗类钞》记述张保投降的原因有这样一段文字，郑一嫂的为人和性格可见一斑：

---

① 民国《平阳县志》。

② (清)屈大均：《广东新语》卷18，《舟语》。

③ 见《香山县志》，载《广东海防汇览》卷42，事纪四，国朝二，第1048页。

> 公任温朱二公入盗船中说贼匪张保投降，保观望未果，朱知其妻郑一嫂颇勇健，保素畏之。温故美少年，乃设法诱郑，郑因慨然曰，同辈中几见白首贼也。遂谓保曰，向来海上诸雄所以肆掠者，因督臣懦弱，今百公健吏，反前所为，必欲尽灭党类，以报天子。若不早自首军门，其兵朝暮下，妾不欲同君，请断裾诀，各行其志。保惊降。①

从中可见，郑一嫂为人聪明能干，果敢英勇，郑一在世时就是郑一得力的助手。

嘉庆十二年（1807），郑一落海暴毙后，郑一“以侄安邦为子，而托之保仔，令左右之。安邦实软弱无能，闻炮掩耳，故事无大小，仍听命于郑一妻石氏而后行。石氏颇知事理，保仔受安南扶黎大元帅封，石氏非之。保仔伤总兵林国良、许廷桂，石氏让之。所设施皆能服众，保仔亦事之为假母”②。

郑一嫂的做事能力向来是在帮内得到众人认可的。郑一死后，“曾自始至终参与其丈夫海盗活动的郑一嫂便立即开始培植使其地位合法化并能有效行使权力的私人关系。……她首先取得了其丈夫手下最有势力的男性亲属们的支持，如郑一的侄子郑保养、侄孙郑安邦等，而后，她为了克服任何可能的离心倾向，她开始着手平息她周围的派系之争，依赖其部属对其丈夫的忠诚，树立起自己对于所有其他旗主来说难以动摇的地位”。③ 在确立了其领导地位之后，她选择了另一位男性——张保来与她一起统率红旗帮。

张保，即张保仔，新会江门一位疍民的儿子，十四岁随父亲打鱼时遭遇郑一船队，被郑一掳掠到船上，因为聪明、勇敢、能干，得到郑一赏识，入帮没有多久，郑一就让他单独带船行动。“惟时著名者有八股……惟郑一为最强、为最久，郭学显、张保仔皆事之。……张保仔，年十四，亦为所掳，爱之，司为子，使其领舟数十，出劫多利，得财不私，悉瓜分其众，众劫不利者，辄杀之。”“张保仔本疍户，因幼被盗首郑一及其弟郑七掳至船内服役。郑一死

---

① （清）徐珂：《清稗类钞》卷24，《武略类》。

② （清）强作生：《磨盾记》，载《广东海防汇览》卷42，事纪四，国朝二，第1048页。

③ ［美］穆黛安：《华南海盗，1790—1810》，刘平译，中国社会科学出版社1997年版，第73页。

后，郑一之妻与郑七侄子保养接管帮船，伊与香山二等皆充头目，非为首。”①

郑一嫂掌管红旗帮大权，她同样器重张保。《己巳平寇》记载：“张保居郑一部下，事郑一侄安邦，安邦软懦不能驭众，恃张保左右之。保每劫掠，不前者手斩之，得财瓜分不私蓄，虏人不妄杀，赏罚仍请命于郑一妻石氏。或云张与石阳主仆，实夫妇也。”②

“郑一嫂通过与张保发生性关系来封住联盟上下的嘴舌，她和张保在几个星期内便成了情人”。张保“仍听命于郑一之妻石氏，事必请而后行”。③ 两人实为夫妻，众人仍习惯称郑石氏为郑一嫂。官方文献中也以“郑一嫂”、“郑石氏”、“贼妇郑一妻”等记录。随后，郑一嫂和张保共同经营红旗帮。

郑一嫂不仅在各场战斗中身先士卒，英勇作战，而且管理有方，曾经制定三条帮规：

1. 如有人擅自上岸，就将其逮捕，并当众刺穿双耳，如其再犯，立即处死。

2. 战利品未登记前，不得拿走一针一线，战利品均分为十份，两份分给船员，八份当做公共财产入库。未经许可，不得从库房中拿走任何东西，被抓获者处以死刑。

3. 未经许可，不得私自占有从村落掳掠来的妇女，犯对妇女施暴或者强占妇女为妻者，格杀勿论。

红旗帮发展迅猛，到嘉庆十二年（1807）时，人数超过 17000，船百余艘，独霸广东沿海地带，势力范围远及附近村井市集。嘉庆十四年（1809）夏以后，红旗帮与郭婆带黑旗帮势力最旺，不仅在沿海地区和海上行劫，还多次

---

① 《香山县志》，载《广东海防汇览》卷 42，事纪四，国朝二，第 1045 页。

② （清）朱程万：《己巳平寇》，载郑梦玉修：《南海县志》卷 14，同治十一年本。

③ （清）温承志：《平海纪略》。

到内河水道上抢劫。他们不仅抢劫过往中国船只，就连外国商船有时候也不会放过。因此也遭到了西方船队的记恨。因此，有些西方舰队曾参与了清政府对海盗的剿捕活动。

郑一嫂带大船海上风行，据守港口，海上行劫，也想法阻止官兵的偷袭，还曾与参与清廷剿捕海盗活动的葡萄牙船交战，并抢得大白底船，引发战争，“贼首张保仔、郑一嫂匪帮从前劫有从西洋夷人大白底船二只驾驶，益为凶横，屡在外洋伺抢夷人货船，该夷人等深为愤恨，此次郑一嫂等即带有前项夷舟藏匿在新安赤沥角港之内。……西洋夷母闻知……清远护货巡船五只就近随往攻击泄忿，并冀夺回大船”。①

红旗帮的活动很快引起朝廷的高度重视，尤其是百龄上任之后，加紧对海盗的剿捕和招抚工作。郑一嫂领导的红旗帮自然是重点追剿和招抚的对象。

嘉庆十四年(1809)九月，红旗帮再度袭击了停泊在中山海面的英国东印度公司的商船。英国和葡萄牙的侵略者与清政府一起派出舰队配合两广总督百龄的军兵，内外夹攻，共同围剿。张保仔水米断绝，战船损坏无材料修理，海盗帮派之间也被分化产生不和。

十四年(1809)十月，“贼首郑一嫂帮船及张保仔家口财物各船，均匿泊于新安县属之大屿山被赤沥角洋面。……香山县彭昭麟带缯、渔船三十五支星夜潜往袭剿，郑一嫂等匪船一见缯、渔船，即放炮抵拒。缯船奋力攻击，尝获贼船一支，并将郑一嫂所坐大白底夷船舵尾击坏，毙贼数十名。该匪船旋即避入赤沥角港内，缯、渔各船连日在外拦截。时该匪张保仔正在焚劫大黄埔之际，闻知郑一嫂等被困，果于十月初一、二等日带同香山二、郑保养等全帮……计匪船大小尚有二百六十支，直入赤沥角之内沙螺湾，将大船排队罗列，小船往来击护。……自十二日至十六日，兵船连次用大炮向西南港内宏达，毙贼无数……迨至石砌体三更时，逆等竟将大船百号乘夜转向东南港突出，复经兵船施放连环大炮，毙毁贼伙船只甚多，该逆等仍复退回。二十二日辰刻，贼匪一小船牵挽大船，一齐扬帆冒死冲突，各官兵不能联络拦截，

① 《清代外教史料》嘉庆三，《两广总督等奏西洋夷船同剿贼片》。

至未刻，贼船全数俱由积水门向外洋逃遁”。①

嘉庆十四年冬大屿山之战时，张保红旗帮陷入重围，向郭婆带发出求救信号。当时的郭婆带正欲投诚官府，未去相救。嘉庆十四年十一月，郭婆带归降于清廷。他的归降对红旗帮的打击很大。他投诚之后，红旗帮失去了海上重要的联盟不算，而且郭婆带带兵开始追击红旗帮，使得红旗帮在海上屡屡受挫。这使得郑一嫂和张保也开始有了投诚之心。

十四年十二月间，百龄在新安固戍外洋查办处理郭婆带的投降事宜时有线民禀告，“彼时张保仔、香山二等亦愿全帮来投”。② 关于张保仔投诚的原因，除了屡经官兵陆续歼获不少外，还有一个可能的原因，当时郑一嫂身怀有孕，即将分娩，连日的海战已使其船队受损严重，再加上郭婆带等人的先行投诚，让郑一嫂也最终萌生了投降的念头。“郑石氏有身将娩，挈其辎重，密屯于大屿山下，距新安县城二十里。”制府获得此消息后，用马角炮台进击，“石氏无路可逃”，张保得知消息赶紧前来营救，双方展开激战，张保带郑一嫂艰难冲出重围，但损伤严重。或许就是这几次的战役，让郑一嫂深深感觉到海上生活和战斗的疲倦，于是她对张保说：“同辈中几见白首贼也。……向来海上诸雄所以肆掠者，因督臣懦弱，今百公健吏，反前所为，必欲尽灭党类，以报天子。若不早自首军门，其兵朝暮下，妾不欲同君，请断裙诀，各行其志。”③

嘉庆十五年（1810）二月，郑一嫂亲自出马，带着张保仔的主要副手香山二、莫若魁等人的妻子儿女“诣省城乞降”，与总督百龄进行面对面的谈判。郑一嫂威风凛凛，面见百龄时大义凛然，丝毫没有畏惧感，在谈判中，郑一嫂坚持朝廷要允许红旗帮保留一支船队贩卖食盐，遭到百龄的反对，谈判失败。

四月十四日，百龄与海盗第二次约谈，双方达成和解，张保可保留数十艘船随同官军打仗及进行盐斤贩卖。④ 嘉庆十五年三月下旬，郑一嫂做投

---

① 总督百龄奏略，载《广东海防汇览》卷 42，事纪四，国朝二，第 1043—1044 页。

② 《香山县志》，载《广东海防汇览》卷 42，事纪四，国朝二，第 1045 页。

③ （清）徐珂：《清稗类钞》卷 24，《武略类》。

④ “朱批奏折”，嘉庆十五年（1810）三月六日，第一历史档案馆藏；（清）衰水纶：《靖海氛记》卷下，第 20 页；《清仁宗实录》卷 227。

诚先遣部队，先行上岸，随后张保仔、香山二等率红旗帮投降，计有匪众一万七千余人，船二百余艘，火炮一千三百余门，刀枪器械数千件①。总督百龄亲莅香山抚之，“张保及郑石氏乘轻舟，竖诏安旗抵石岐，入见百龄。是夕，百龄令百官戒严。越日，抚议定，众头目冠带见司道于舟中。百龄令籍贯其船及炮没官，贼余党给凭费归里，或安插耕作，所掠妇女，戚属领回。张保授千总衔。郑石氏故郑一妻，保其义子也，令室之，余多授官”。

红旗帮投诚朝廷之后，张保被授予千总职衔，跟随清军水师行动，在战争中表现颇佳，很快从千总、守备直升到澎湖协副将；郑一嫂则作为张保的妻子受到清廷“诰封”②。

随后，张保被朝廷赏戴花翎，擢升守备，派往顺德任职，曾一度遭到广州人民的抗议。1810 年 11 月，张保被调往福建，任民安镇参将。1813 年盛夏，郑一嫂为张保生下一个儿子，取名郑玉麟。

张保投降后，屡建战功，升任副将之后，被派往澎湖任职，辖有两个营。嘉庆二十五年(1820)，林则徐任江南道监察御史，林则徐对于一个海盗在不到十年内不停升职，并镇守澎湖这样的海外要地颇为不满。二月二十七日(4 月 9 日)向皇帝上奏。“福建澎湖协副将张保，甫经赴任，虽未有如朱渥大干法纪之事，但风闻该将仍常食鸦片，礼节不知，诸多任性，是此前盗船习气尚未痛除也，请求酌令改移。”③这道言事，嘉庆皇帝并没有采纳。道光二年(1822)，张保在任澎湖协副将时去世。

张保死后，道光二年(1822)，郑一嫂带儿子回到广东，开始的时候暂住在一位从前的海盗家里。随后，郑一嫂在广州附近找了一处房子定居，抚养儿子长大成人。在抚养过程中，她不仅给儿子讲他们在海上的生活，让儿子学习骑射，还在家祠专设了百龄的牌位，带领儿子时常来这里追念百龄。据载，郑一嫂此子并没有很大作为。1840 年，郑一嫂的这个儿子因赌博被捕，

---

① “朱批奏折”，嘉庆十五年四月九日，第一历史档案馆藏；《清仁宗实录》卷 227，第 21—22 页。

② 《清仁宗实录》卷 137。

③ “副将张保不宜驻守澎湖并应限制投诚人员品位折”，参见《林则徐集·奏稿》上册，第 1—3 页。

旋即病死。

1840 年，郑一嫂将朝廷命臣吴耀南告发，告他贪污了张保于 1810 年交给他买房子的银子。此案的审理者为林则徐。林则徐对此案深有怀疑，终止了此案的审理。但在诉状中，林则徐发现郑一嫂以命妇自称，通过调查，林则徐了解到此前的 1822 年，郑一嫂曾经上书朝廷请求将张保的头衔转赠自己。而按照清朝的相关规定，获得封号转赠资格的必须为死者的原配夫人，而郑一嫂嫁给张保属于再嫁，并不具备此项资格，况且林则徐素来反对对海盗奖赏封号，于是他上书朝廷，请求收回郑一嫂封赠之命。至于朝廷是否看到或者同意林则徐的建议，现在所见史料还不得而知。随后，郑一嫂在广东、澳门一带曾开过一间赌局，收入颇丰。

1844 年，郑一嫂去世，这个曾和男人一样纵横海上的女海盗走完了自己的一生。至今，在广东不少地方还流传着她各种各样的传说，她的故事也多次被改编成文学或者影视作品。穆黛安在她的《华南海盗》一书中写道，在西方，“龙嫂”的名气远比在中国响亮得多。这个龙嫂就是郑一嫂。理查德·格拉斯普和 J.特纳等西方人士还写过回忆录《我被拉德龙斯海盗俘虏及其以后之遭遇述略》和《我被拉德龙斯海盗俘虏及其有关那些海盗之见闻述略》以及菲利普·莫恩的《横行中国之拉德龙斯海盗纪事》均记录了郑一嫂的相关事迹。阿根廷小说家 Jorge Luis Borges 还曾经以她为主角，写了一篇名为《女海盗郑寡妇》的小说。20 世纪二三十年代关于郑一嫂的传奇文学和历史作品曾一度在西方集体出现。

在清代嘉庆年间的这次海盗活动高潮中，蔡牵妈和郑一嫂作为海盗中的女头目，表现得相当勇敢。虽然现在发现的历史史料中关于她们的记载不是很多，但从这不多的、零散的文件中对其性格和能力也能略见一斑。这两个女性海盗与她们的男人一同在海上征战，参与管理，这在女性几乎足不出户的中国封建社会很少见。也许，正是她们与男人同时在海上活动，也给当时海盗枯燥的海上生活添了一抹亮色吧。

第五章　李长庚与蔡牵的海上交锋

第一节　李长庚的身世

一、武举入仕

李长庚，字超人，号西岩，福建同安人，乾隆十五年四月二十五日（1750年5月30日）生于马巷镇后边村（今厦门翔安区马巷镇后滨村）。其父李希岸，为台湾彰化县生员，李长庚是老三。“公于兄弟次三，幼倜傥异常，稍长，习骑射，慨然有当世志。”①在后滨村李长庚后人家中所存的族谱《李氏族谱·四柱·七组分册》中，李长庚族名为“李致萃”，是父亲李格岳五个儿子中的老三。

乾隆三十六年（1771），李长庚中武进士，授蓝翎侍卫。乾隆四十一年（1776），二十六岁的李长庚被任命为浙江衢州都司，居六年，升为提标左营游击。又六年，迁太平参将、乐清副将。

乾隆五十一年至五十二年（1787—1788），台湾地区爆发了由林爽文领导的起义，为了尽早平息战争，“闽中求良将于浙。提督陈大用以忠毅应”。② 五十二年（1788），李长庚回福建做了护海坛镇总兵，在南日、湄洲一带查缉海盗。此时，附近海面屡次发生民船被海盗劫去事件，有人误指是

① （清）陈寿祺：《建威将军浙江提督总兵官追封三等壮烈伯忠毅李公长庚神道碑文》，《台湾文献汇刊》第四辑，《碑传选集》，台湾大通书局，第574页。

② （清）阮元：《壮烈伯李忠毅公传》，《台湾文献汇刊》第四辑，《碑传选集》，台湾大通书局，第583页。

海坛人所为，李长庚被革职。

革职后李长庚并未过多地抱怨，反而"出家财，募乡勇，率子弟操舟"捕获海盗首领林权等数十人，后来又擒获大岞海盗陈营。乾隆五十四年（1789），平定林爽文起义后，四处寻找水师良才的福文襄郡王福康安听说李长庚的事迹后，"得公一见，骤加礼异。公慷慨言曰：'长庚破家为国，船既自造，军食、军械无资于官，惟火药非私家物，愿有请。'于是文襄下檄沿海：凡李某所在调用军火，不限多寡与之。"①在福康安的支持下，李长庚用了不到三个月的时间就剿捕了杀害参将张殿魁的海盗林明灼。乾隆五十四年（1789）十一月，李长庚准留福建，遇有游击缺出。

李长庚"生平读书之外，喜静坐，天性知兵，尤长水战"②。"熟海岛形势、风云沙线，每战自持柁，老于操舟者不能及"。③ 这样的水师将领，有勇有谋，熟悉水性，在当时剿捕海盗的紧要之时，可谓紧缺人才。乾隆五十五年（1790），李长庚被任命为铜山营参将。时铜山战舰徒具空名，派不上用场，李长庚假扮商人，船不挂旗出海，让海盗中计，进行突袭。居铜山五年，先后三出南洋，五出北洋，中间丁父忧暂归，仍还署事。④ 补授海坛镇标右营游击，未到任。乾隆六十年（1795），安南艇匪入闽，李长庚率兵击之象屿，他乘小船潜入，追击至三澎，救出象屿被劫商船。与艇匪激战终日，以少敌众，艇匪逃窜离去。

乾嘉之交，"艇匪"（越南海盗）、"洋盗"（跨省作案之海盗）以及"土盗"（在一省作案之海盗）在闽浙粤洋面以及台湾海峡洋面行劫往来商船、客船，揭开清代海盗活动的高潮。面对这一情势，嘉庆帝即位后，加紧整饬水师，调补熟悉水务的官员进行剿办。嘉庆元年正月二十五日（1796 年 3 月 4

① （清）王芑孙：《浙江提督总统闽浙水师追封三等壮烈伯谥忠毅李公形状》，《台湾文献汇刊》第四辑，《碑传选集》，台湾大通书局，第 592 页。

② （清）王芑孙：《浙江提督总统闽浙水师追封三等壮烈伯谥忠毅李公形状》，《台湾文献汇刊》第四辑，《碑传选集》，台湾大通书局，第 592 页。

③ （清）魏源：《圣武记》卷 8，《嘉庆东南靖海记》，中华书局 1984 年版，第 357 页。

④ （清）王芑孙：《浙江提督总统闽浙水师追封三等壮烈伯谥忠毅李公行状》，《碑传选集》，第 220—221 页。

日），“闽浙总督魁伦奏请铜山参将员缺，请以海坛镇标右营游击李长庚升补”。① 嘉庆二年（1797）五月二十八日，李长庚升为澎湖副将。不久，以保举入京，未至北京，就被授定海镇总兵。

二、浙洋扬名

嘉庆三年（1798）四月，李长庚到浙江就任定海镇总兵。这一年，“入春以后因南风渐起，有外洋匪船蹿越闽洋”。② 他出击停泊在衢港的海盗，追过山东黑水洋，俘盗首林苏及其众50余人。八月，击溃普陀外洋的海盗，屡建战功。

嘉庆四年（1799）冬，安南夷艇、凤尾帮、水澳帮、箬黄帮等在浙江洋面活动，有船上百艘，劫掠往来商船，李长庚追至温州，击沉贼船一只，守备许松年等三船被困其中，李长庚出其不意返舟冲入贼船，贼大骇，仓皇而逃，许松年等安全脱险。这年十二月二十四日，李长庚带领定海舟师会合福建水师在三盘洋作战，但是因为水师战船不如海盗船只，被海盗破围而出，李长庚追过浙洋、闽洋，直至闽粤交界之甲子洋，乃返。

嘉庆五年（1800）正月初七日，阮元实授浙江巡抚。阮元到任后，认识到水师船只炮械远不如海盗，“艇匪船高炮大，船边围裹牛皮，网纱甚厚。兵船炮子重至十三四斤。三镇兵丁合计不过三四千人，匪船二百余只，总计约万人。弱强众寡之势，迥不相同，必当添设大船、大炮，加兵始能痛加剿除，以绝其窥伺内地之路”。③ “又闻有黄文海等投首艇船，可仿样制造，于剿捕似能得力”。④ 因浙江没有善于造船的大木匠，阮元“率官商捐金得十余万，尽以给李总兵，使其子弟、亲丁造船”。⑤ 长庚命守备黄飞鹏及族人赍银入闽造艇。四月，与蔡牵交战于白犬洋，获多，赐花翎。五月，“巡抚阮

---

① 《嘉庆帝起居注》第1册，广西师范大学出版社2004年版，第18页。

② 《清仁宗实录选辑》，《台湾文献史料丛刊》第四辑，台湾大通书局，第16页。

③ 《雷塘庵主弟子记》卷1。

④ 《雷塘庵主弟子记》卷1。

⑤ （清）焦循：《神风荡寇记》，《雕菰集》卷19。

元，提督苍保奏，以定海镇总兵李长庚总统三镇水师”。[1] 对于阮元和苍保的这一提议，嘉庆帝给予应允。六月，李长庚统率三镇水师。上任后，他对三镇水师的排兵布阵做了细致的部署：

一、定海镇船居中军，用黄旗，总领用五色方旗；黄、温二镇居左，用红旗，总领用五色尖旗；闽镇居右，用白船，总领用五色尖旗。

一、中军船昼行插五色旗，夜悬三灯；将领二灯、弁兵一灯。中军旗起头篷之后，掌进号一次者红旗行，二次者白旗行，三次者黄旗行。

一、遇贼船，无论何镇先见者，即插本色旗，使后船见之；仍视中军所持五色方旗所指，前后四方随指追攻。若中军挂五色旗于大篷者，收兵。

一、各镇虽分三色旗，又于本色旗心黏他色，以别其队。何队犯令，即罪其领队者。

一、中军船高插五色旗者，收澳；夜中军船放火号三枚、各总领二、弁兵一，亦收澳。支更谯警，夜见有外船近者，鸣金一阵，各船互传；见盗近，乃击之，毋远而乱。若收澳旋须行者，中军插三色旗，各船毋放杉板船入海。

一、遇大盗宜安静，前后左右以旗进退之，迟者，乱者按以军法。既追盗，盗返篷击我，我毋避；如有船陷贼，本队迟救者罪其长。

一、追捕遇无风时，必加橹；若心怯，将篷或松、或紧者，罪之。前船若速，必回待后船；后船不加速而亦回住者，罪之。

一、泊舟，各总领船插黑旗；禁纵兵上岸。

一、中军传将备出黄旗，传千把、外委出蓝旗，传队目、柁工出红旗。

一、兵船获盗船，以盗贼物为赏。兵船遇礁门必鱼贯，争先者罪舵工。[2]

---

① （清）魏源：《嘉庆东南靖海记》，《圣武记》卷8，第354页。

② （清）阮元：《壮烈伯李忠毅公传》。

在阮元的支持下，李长庚充分发挥他的海上作战才能，取得多次胜利。六月在松门山、海门，李长庚与海盗在风雨中展开大战，“值凤尾遣船相拒甚急，李镇军以未损八船乘之，贼震而逸”。此次战斗中擒获海盗首领伦贵利等，安南艇匪势力大挫，凤尾帮之后很快被剿灭。到此时，“蔡牵有五十船，水澳十七船，二者恃众聚众敢于拒捕。又有剃头、乌艚十二船，晋江邱念二船，然遇官兵则远避，而畏舟山李总兵尤甚”。① 因为李长庚所率水师英勇善战，当时在海盗中曾流传“不怕千万兵，但怕李长庚”、②“宁遇一千兵，莫遇李长庚”③之说。

嘉庆六年（1801）四月，李长庚派人监造的新艇造成，名曰“霆船”，阮元将船分给浙江水师，每镇 10 艘，每船统兵 80 人，各载红衣、洗笨等炮，从而扭转了师船不如盗船的局面。此后，浙江水师连续在岐头洋、东霍洋等地与海盗作战中获胜。

嘉庆六年（1801），李长庚被任命为福建水师提督，但闽浙总督玉德以李长庚是福建人为由，将其请调浙江做水师提督。

嘉庆七年（1802），安南艇匪渐绝于中国东南沿海。在嘉庆五年（1800）至嘉庆七年（1802）这一阶段，在阮元的大力帮助下，李长庚取得多次胜利，海上作战能力得到了政府的赏识和认可，这些都为他以后被任命专捕海盗蔡牵打下了政治、军事基础。也为他日后得到重用做了良好的准备。艇匪之乱结束后相当长的一段历史内，“嘉庆年间海盗扰乱的历史几成为李、蔡两人扑斗的长篇纪事”。④

第二节　总统闽浙水师

嘉庆八年（1803），蔡牵进犯浙江渔山外洋，浙江提督李长庚、温州镇总

① （清）焦循：《神风荡寇记》，《雕菰集》卷 19。

② （清）阮元：《壮烈伯李忠毅公传》，《碑传选集》四，《台湾文献丛刊》第 273 种，第 592 页。

③ 《东华续录选辑》，《台湾文献丛刊》第 273 种，第 152 页。

④ 黄典权：《蔡牵朱濆海盗之研究》，《台南文化》，1958 年，第 76 页。

兵胡振声联合攻打，蔡牵仅以身免。李长庚追至闽省洋面，“贼粮尽，篷索战具朽坏”。此时，蔡牵已经穷蹙至极，于是遣人向福建官方诈降，并称“果许降，勿令浙兵逼我”。① 福建方面轻信蔡牵之语，导致蔡牵再次逃遁，重新积聚力量。

嘉庆九年四月二十八日（1804 年 6 月 5 日），蔡牵帮船四五十号在鹿耳门北汕抢夺炮台，杀北汕游击武克勤、守备王维光。② 六月十一日，嘉庆帝下令“此次李长庚所带兵船已有五十一只，兵力不单，着即责成李长庚紧蹑蔡逆大帮，专司攻剿”。③ 随后，李长庚紧随蔡牵足迹，在金门、澎湖、嘉义、淡水等地作战。十年冬天，“牵聚百余艘复犯台湾，沉舟鹿耳门，以塞官兵，又结土匪万余攻府城，自号镇海王”。④ 嘉庆帝得知此情形后，几次在谕旨中称蔡牵“尤为可恨”，迅速派各路官兵剿灭之，并调用四川、黑龙江等地的兵力支援台湾。

嘉庆十一年正月初五日（1806 年 2 月 22 日），李长庚奉命抵台作战，与台湾镇总兵爱新泰及“三郊”乡勇联军抗击蔡牵。当时，蔡牵沉舟鹿耳门，堵塞通道。李长庚查看地形后，派金门总兵许松年、澎湖副将王得禄驾小船从南北汕、大港接近敌人，以火攻方式烧毁贼船数十艘，蔡牵仓皇逃窜。十一年从正月开始，二月、四月直到这年年末，李长庚率领水师部队在洲仔尾、鹿耳门、淡水等闽浙洋面追击，最终致使蔡牵仓皇逃窜至温州三盘洋一带。嘉庆十二年十二月二十五日（1808 年 1 月 22 日），李长庚在南澳黑水洋战殁。

这一期间，对于李长庚来讲，最为重要的就是被嘉庆皇帝钦点总统闽浙水师，不分畛域，专捕蔡牵。可以这么说，李长庚总统闽浙水师是突破水师分巡制度，整合跨省水师兵力的一次尝试。同时也是朝廷对李长庚多年海

① （清）焦循：《神风荡寇后记》，《雕菰集》卷 19。

② 《清宫廷寄档台湾史料》（一），台北“故宫博物院”藏清代台湾文献丛编，台北“故宫博物院”印行，1996 年，第 529 页。

③ 《清宫廷寄档台湾史料》（一），台北“故宫博物院”藏清代台湾文献丛编，台北“故宫博物院”印行，1996 年，第 529 页。

④ （清）魏源：《嘉庆东南靖海记》，《圣武记》卷 8，第 356 页。

上作战经验和功绩的肯定。

关于总统闽浙水师，李长庚最初的设想是："闽浙两省必须各立大帮兵船，属之两提督，使不分畛域，彼此呼应"①，即闽浙两省各建一支海战的大帮舰队，直属于两省水师提督，协同作战。浙江巡抚阮元与闽浙总督玉德会商，奏请以李长庚为总统，一提两镇不分闽浙，专征蔡牵。一提即浙江水师提督李长庚，两镇即浙江温州镇总兵胡振声，福建海坛镇总兵孙大刚，各率兵船 20 只，整合为一支舰队。嘉庆九年（1804）六月二十七日，嘉庆帝决策："所有捕盗舟师应即派提督李长庚总兵统。现在失事系浙省总兵，不独该省将弁兵丁谊切同仇，即福建官兵亦不可稍分畛域。两省皆其统辖，尤当鼓励将士合力同心。"②这支由闽浙水师抽调编成的舰队，具有较高的机动能力，可以不分畛域，在海上追逐，展开海战。

关于"总统"的权限，嘉庆十年（1805）二月十二日上谕和廷寄给玉德的谕令中都是这样说的："提督李长庚本系督领舟师在洋截击，着即派为水师总统，令各镇将等听其调度。""其水师镇将等有不听调遣者，准令李长庚据实指参。"③各镇将涵盖了闽浙两省水师，实际上仍各守汛地，有事时听从调度，配合行动。李长庚身为浙江水师提督，调度浙江各镇不在话下，而如何与福建水师提督协调，调度福建水师各镇，并无明确指示。三月十二日，嘉庆帝以福建水师提督倪定得患风疾，令李长庚兼署福建水师提督印务。四月十七日，将李长庚调补福建水师提督，"镇将皆其统辖，呼应较灵……着玉德传谕该提督，将擒捕蔡逆一事责成专办，一切布置机宜总能听其调度"④。但到闰六月初八日，因为浙江水师提督不谙水务，嘉庆帝又将李长庚调补浙江水师提督，李长庚仍当留闽速靖海洋，俟剿捕蔡牵事宜办理完竣，再赴浙江本任。随着海战范围的扩大，嘉庆帝于十一年（1806）三月二

① （清）焦循：《神风荡寇后记》，《雕菰集》卷 19。

② 嘉庆九年六月二十七日军机大臣字寄闽浙总督玉德，《清宫廷寄档台湾史料》（一），台北"故宫博物院"1994 年版，第 482、483 页。

③ 嘉庆十年二月十二日字寄闽浙总督玉德，《清宫廷寄档台湾史料》（一），台北"故宫博物院"1994 年版，第 489 页。

④ 嘉庆十年四月十七日字寄闽浙总督玉德，《清宫廷寄档台湾史料》（一），台北"故宫博物院"1994 年版，第 506—507 页。

十六日又授权："蔡朱二逆被官兵剿急，或仍合帮窜至台郡一带，李长庚固当跟踪急追，即或驶向粤东、江浙邻省洋面，李长庚亦当不分畛域，带兵直前。"

闽浙水师统一指挥的问题一直得不到解决给李长庚的军事行动带来极大的困扰，孤军奔波，顾此失彼。正如李长庚致浙抚清安泰书所云："闽浙洋面三千余里，各处兵力俱单，止恃长庚一人往来追捕，或闽或浙，顾此失彼，贼反以逸待劳……今日之病，实在于此。"①如嘉庆十年（1805）蔡牵船帮东渡台湾，十一月十三日至淡水洋面。而李长庚二十四日才由黄岐洋面南下，二十九日行抵崇武。三十日驰赴料罗，十二月初一日到厦门。"缘各兵船内有在洋日久，篷索等项俱有损坏，不能涉历重洋，因厦商捐造新船二十只业已造竣，拟换配此新船候风渡台。"②初七日由厦开驾东渡，被东北风顶阻，几次开驾不能前进。二十日夜过澎湖，二十四日才抵达鹿耳门外。周镐《上李提军书》指出：

> 阁下督师出洋，往来闽浙之间，不遑反顾，逾二年矣。……顾贼畏阁下如虎，望风辄遁，未能制其死命者，尾追而未得逆击故也。夫贼以海为家，漂泊靡定，阁下统数镇之师，侦其迹而驰逐之，贼南亦南，贼北亦北，曾无一旅遮其前者，此犹去网而追巨鱼，虽劳何益？③

但李长庚凭借自己在闽浙水师中的威信和人脉关系充分运用嘉庆帝的授权，发挥了专征舰队的海上机动能力，突破"海上之兵，无风不战，大风不战，大雨不战，逆风逆潮不战，阴云蒙雾不战，日晚夜黑不战，飓期将至，沙路不熟，贼众我寡，前无泊地，皆不战"④的惯例，长途追奔，横渡台湾海峡，北

---

① （清）焦循：《神风荡寇后记》，《雕菰集》卷19。

② 李长庚致玉德信，引自玉德等十年十二月十六日奏，《台湾道内督抚奏稿》，第395—396页。

③ （清）周镐：《上李提军书》，《皇朝经世文编》卷85，《兵政十六·海防下》。

④ 清安泰奏，引自（清）魏源：《嘉庆东南靖海记》，《圣武记》卷8。程含章：《上百制军筹办海匪书》，《皇朝经世文编》卷85，《兵政十六·海防中》。

至江苏马迹洋，南达广东琼州洋，积累了在外洋海战的经验。

台湾学者李若文指出："李长庚在海上屡建奇功，他的攻盗克敌之法有若干：夜袭、分化、犒赏激将、水下爆破。"①"隔断"之法，"就是隔绝阻断贼党船只前来救援，利用兵船包围的方式，团团围住蔡牵坐船，使其处于孤立状态，再集中火力进攻。"②分化是"先招抚收编小股海盗，再伺机攻剿"③。这里，拟在李若文研究的基础上，对李长庚的夜袭、火攻和水下作战再做一些分析补充。

夜袭，对于海上作战来说具有很大的困难，故一般水师船只都回避夜间作战。但是李长庚却常常领军夜战，比如嘉庆十一年(1806)"正月二十五日四更，督带兵勇船支前赴西港一带剿捕"。④ 他在《舟中闻贼》一诗中写到："久滞风波倦，萑苻信乍传。雄旗飘碧海，犀甲耀苍天。赳赳貔貅壮，桓桓战舰坚。潜师今夜出，纪绩看当先。"很显然这是一次夜间作战的描写。

除了夜袭，李长庚还善于运用火攻。他运用古代水战采用的"另用小船，预贮硝磺柴草，临时发火，驶烧贼船"的火攻法，并仿效海盗，使用火罐喷筒。

嘉庆十一年(1806)"正月初五日，护镇许松年、副将王得禄会同该游(庆保)带领弁兵驾坐澎船并火攻竹筏，直冲洲仔尾攻击……将火攻竹筏点放冲入，烧毁贼船二十余只"。李长庚曾作《洲仔尾大捷纪事》一诗，诗中提到"雄舟困贼招门外，战士横戈洲尾津。烈焰冲霄风势急，盗踪着火哭声频。尸填巨港妖氛靖，血染征衣锐气伸"。足见当时火攻战争场面的

---

① 李若文：《海盗与官兵的相生相克关系(1800—1807年)：蔡牵、玉德、李长庚之间互动的讨论》，《中国海洋发展史论文集》第十辑，"中央研究院"人文社会科学研究中心，海洋史研究专题中心，2008年，第504页。

② 李若文：《海盗与官兵的相生相克关系(1800—1807年)：蔡牵、玉德、李长庚之间互动的讨论》，《中国海洋发展史论文集》第十辑，"中央研究院"人文社会科学研究中心，海洋史研究专题中心，2008年，第507页。

③ 李若文：《海盗与官兵的相生相克关系(1800—1807年)：蔡牵、玉德、李长庚之间互动的讨论》，《中国海洋发展史论文集》第十辑，"中央研究院"人文社会科学研究中心，海洋史研究专题中心，2008年，第504页。

④ 浙江提督李长庚奏折，官兵攻破洲仔尾蔡牵逃脱自请交部治罪，嘉庆十一年二月初八日，《明清宫藏台湾档案汇编》第107册，第11页。

惨烈。[①] 在二月的鹿耳门、洲仔尾之战中，李长庚再次运用了火攻战术。二月初一日，许松年等督兵勇乘黑夜接近洲仔尾，“并密令弁兵登山，放火烧毁贼寮两座，复又抛掷火球，烧毁盗船一只。”许松年追至鹿耳门，“相近大帮盗船内驶出大同安船二十余只，直迫我师，放炮迎敌，奴才因见该匪船上下围攻，势甚凶猛，随令火攻。”[②]二月初六日，“又用火烧毁盗船五只”[③]。在鹿耳门中，“李长庚与爱新泰、庆保等用计火攻，多备澎渔船只，装载火器油柴枯藤，乘封纵火，先后烧毁大小船只七十余只。……初七日又烧毁盗船九只”。

在嘉庆十一年(1806)八月十六日大陈渔山洋面的战斗中，李长庚带领舟师也是采取了火攻的方式。“复挥令火攻船驶拢发火，当即烧毁盗船一只”[④]。当时蔡牵仰仗人多船大，与水师对抗，于是李长庚“又令火攻进发”[⑤]。可惜，蔡牵之船高过李长庚船五六尺，兵船“不能上船擒捕，随施放火箭喷筒，抛撩火罐”，但是蔡牵之船居高临下，“亦抛掷火器，并用枪向下直刺，又用瓷碗炮弹抛掷如雨”，最终李长庚右眼角、右面颊、右手臂、左乳下，右大腿、左肩等多处受伤。李长庚战后慨叹，“功过分明口是碑，如山号令总难移。空言马革还尸日，不见征衣染血时。论战有人同性命，摧锋独我复危机。相期戮力张天讨，誓斩元凶作寝皮”。[⑥]

此次战斗，嘉庆帝深信李长庚“实为奋勉”，将其因鹿耳门之战失利被

---

① 《剿平蔡牵奏稿》第1册，国家图书馆历史档案文献丛书，广西师范大学出版社2006年版，第76、77页。

② 浙江提督李长庚奏折，官兵攻破洲仔尾蔡牵逃脱自请交部治罪，嘉庆十一年二月初八日，《明清宫藏台湾档案汇编》第107册，第12、13页。

③ 浙江提督李长庚奏折，官兵攻破洲仔尾蔡牵逃脱自请交部治罪，嘉庆十一年二月初八日，《明清宫藏台湾档案汇编》第107册，第15页。

④ 浙江提督李长庚“在渔山洋面追剿攻击蔡牵股船情形”奏折，嘉庆十一年八月十八日，《明清宫藏台湾档案汇编》第112册，第167页。

⑤ 浙江提督李长庚“在渔山洋面追剿攻击蔡牵股船情形”奏折，嘉庆十一年八月十八日，《明清宫藏台湾档案汇编》第112册，第169页。

⑥ 李长庚：《八月十六日渔山攻捕，予与蔡牵并船大战二时，伤毙贼匪数百，予身受六伤，随师镇将不能相机擒渠，此机会大为可惜，诗以志之》，《李忠毅公遗诗》，厦门大学图书馆馆藏稿本。

夺去的顶戴“先行赏还”①。嘉庆十二年(1807)李长庚与蔡牵的最后一战中,“又自以火攻船挂牵船”。②

李长庚的部队还会使用水下作战之法,令人潜入水底,或者将敌船破坏,或者伺机跳上贼船杀敌,或者两船靠近之时,跳上贼船,杀敌于出其不意之后跳海潜水凫水回到其所在兵船。“公又尝以意创火攻之船,略本明人子母连环船法,用善泅者载油薪驶钉盗船,药发凫水而还,督臣以奏,皆见施行。”③《福建通志》中的《亦舫随笔》中,记载了一名叫杨继动的人的口述。此人30岁参军到水师,曾为李长庚部下,介绍了一些潜水作战的情况。

> 海上之战与陆军异,与内港水师亦异。时或握短刀,腾上桅杆,伏篷背,视两舟稍近,猛跃下贼船,杀数人;复跳入水,凫归我舟。每行海堤,白沙平如砥、明如画,惟手脚心须涂黑色,外臂须裹黑绢布,否则放红光,鱼辄来丛噬、大鱼行稍缓,尚易避;最畏巨虾,其来甚疾,两鬓如戟,贯胸腹立死,下海时,范白金为气管,上两歧、下统为一,籍互通口鼻之气。其善游者,能潜伏三昼夜,在营,往往制服铜铁末以壮骨力。晚年,每阴晦毒发,臂腿脚酸异常,须浓煎大黄汁饮之。体素肥,饮药大泄后,仅存皮骨;闭帐中两三日,始复初。④

李长庚不仅精于水战,还善于培养和发现人才,“长庚治军严,信赏必罚,自偏裨下至队长水手,耳目心志如一,人人皆可用”。⑤ 跟随其作战的许松年、王得禄、邱良功等人最后都成为清朝水师中的重要将领。他的侄子李增阶“嘉庆三年,忠毅讨蔡牵时为舟师统帅,增阶随帅八百人为前锋”。⑥ 随

① 嘉庆十一年八月十三日起居注,《明清宫藏台湾档案汇编》第112册,第282页。

② (清)阮元:《壮烈伯李忠毅公传》,《碑传选集》,第591页。

③ (清)王芑孙:《浙江提督总统闽浙水师追封三等壮烈伯忠毅李公行状》,《碑传选集》,第595页。

④ 《福建通志列传选》卷5,《台湾文献丛刊》第195种,第276页。

⑤ 《李长庚、王得禄、邱良功、许松年、黄标合传》,《台案汇录辛集》附录一,《台湾文献丛刊》第205种,第282页。

⑥ 《同安县志》卷30,《人物·武功志》,厦门大学图书馆馆藏稿本。

其多年征战海上，后来官至广东水路提督、南海总巡大臣。据《同安县志》记载，在他的家乡同安马巷很多人都曾跟随其在海上打战。嘉庆十二年十二月二十五日（1808 年 1 月 22 日），李长庚在南澳黑水洋战殁，嘉庆帝不再设立水师总统，但闽浙水师凭借追随李长庚在外洋海战积累的经验，最终于嘉庆十四年（1809）八月十八日歼灭了蔡牵。

李长庚总统闽浙水师期间，为了能够早日造成所需大船，还请旨自掏养廉银铸船造炮。“上年李长庚因兵船低小，曾与三镇总兵筹商，愿自行捐造大船十五只，海坛、金门二镇亦愿捐廉造船十五只，札会督臣，请借养廉办理。旋准札复，以造成十五船须数月之久，且工价需银四五万两，应配炮位亦需工料银八九千两，捐廉办理，扣足此数有需时日，借动库项，必须具奏，窒碍难行。”①

李长庚总统闽浙水师只是历史的一瞬，但他重整官方海洋军事力量，夺取东南海域控制权的努力，提升了清朝官方的海洋社会权力。专征蔡牵是清朝水师在平定台湾郑氏之后的一次海战的实践。

第三节　功败垂成

李长庚的一生，“频年竟以海为家”②。他“六十年如梦，狂涛伴此生。有心图报国，无意博虚名”。③ 海上来，浪里去，“每次赶上贼船，无不痛加剿杀，前后歼灭无数”，④他在与海盗的战斗中往来闽浙粤三省海面，而其中，与蔡牵的斗争在其一生贯穿了很长时间，并最终在与蔡牵的交战中不幸遇难，为国捐躯。

李长庚出生于海边的同安县，自小熟悉大海的习性，有着良好的水性，

① 嘉庆十一年五月二十六日上谕，《嘉庆道光两朝上谕档》第 11 册。

② 李长庚：《攻盗纪事》，《李忠毅公遗诗》，厦门大学图书馆馆藏稿本。

③ 李长庚：《粤洋偶成》，《李忠毅公遗诗》，厦门大学图书馆馆藏稿本。

④ 军机大臣字寄闽浙总督玉德、浙江提督李长庚，嘉庆十一年三月初八奉上谕，《清宫廷寄档台湾史料》（一），第 624 页。

加上聪明好学，勇敢机灵，入仕之后，鞠躬尽瘁，“苦历鲸波二十年”并“隔岁过门皆不入”①

但纵观其一生，他奔波劳顿不说，还处处受人掣肘牵制，以致几次眼看将要把蔡牵捉拿到手之际，又被其溜走。

一、玉德之掣肘

玉德，满洲正红旗人，嘉庆元年(1796)调任浙江巡抚，五年(1799)起实授闽浙总督，十一年(1806)五月被革职。“玉德任总督，并不设法严密查办，整饬水师，以致营伍废弛，日见懈驰。……玉德任意迁延，并不上紧筹备。”②他“于李长庚兵船剿贼之时，事事掣肘。如需火药、炮位、船只、兵米等事不能应手，而与盗船接济之路有不为之严行杜绝，以致兵船日形匮乏，盗船驶蹿自如，追捕不能得力。”③

1. 不积极主动进行配合

嘉庆八年(1803)，蔡牵与李长庚、胡振声在浙江渔山大战，蔡牵被追入闽洋，诈降，玉德“遍檄浙师收港，牵得以期间修船扬帆去”。玉德的此举让蔡牵得以有时间修船、逃脱，让水师方面失去了一次抓捕蔡牵的好机会。不仅如此，由于他的不合作还导致胡振声战死。嘉庆九年(1804)四月，胡振声去闽运造船木料回浙，途中遭遇海盗。“闽人惧贼，止振声于闽以击贼。”④六月，胡振声独率24船在竿塘洋面作战，“闽师不援，遂陷于阵。同船八十人同日死”。⑤ 胡振声的死让此后阮元实施的跨省追捕计划还未正式实施就先失掉一翼。因为在阮元向嘉庆皇帝请求的“以李长庚为总统，一提两镇不分闽浙，严拿海盗蔡牵”的计划中，李长庚带领浙省兵船20只，浙江温州镇总兵胡振声、福建海坛镇总兵孙大刚各带领兵船20只，为左右

---

① 阮元:《研经室四集》卷8，第854页。

② 军机大臣字寄闽浙总督玉德、浙江提督李长庚，嘉庆十一年三月初八奉上谕，《清宫廷寄档台湾史料》(一)，第624、625页。

③ (清)阮元:《壮烈伯李忠毅公传》，《碑传选集》四，《台湾文献丛刊》第220种，第582页。

④ (清)焦循:《神风荡寇后记》，《雕菰集》卷19。

⑤ (清)焦循:《神风荡寇后记》，《雕菰集》卷19。

两翼，合力专捕蔡牵；金门、黄岩、定海诸镇各守其地。各领兵船在本汛巡缉，遇到李长庚追贼入境时，一体策应率师协助。

胡振声死后，嘉庆帝大怒，不仅将蔡牵正式定为谋逆之人，拿获按照叛逆律处置，还谕令玉德“所有捕盗舟师应即派提督李长庚总兵统。现在失事系浙省总兵，不独该省将弁兵丁谊切同仇，即福建官兵亦不可稍分畛域。两省皆其统辖，尤当鼓励将士合力同心”。① 嘉庆十年（1805）二月十二日，嘉庆帝得知蔡牵窜至淡水滬尾一带，又在鹿耳门北汕与官兵对敌的消息后，调派许松年等人过台，但仍“恐兵尚单，因思提督李长庚本系督领舟师，在洋堵击，着即派为水师总统，各镇将听其调度”。②

但实际上，即便是专捕蔡牵之后，闽省水师也常常不配合，不支援，经常导致李长庚带兵在海上南北千里孤军奔命。

2. 任意驳斥，不商对策

在剿捕蔡牵的问题上，玉德不仅不积极合作，还多次弹劾李长庚，并且“玉德于李长庚札会时，任意驳饬，又不具奏”。③

因为兵船不如盗船高大，导致战争频频失利，几次即将蔡牵抓捕之时又被其逃走，于是“三镇总兵愿预支养廉捐造大船十五号”，海门、金坛二镇亦愿捐造十五号，“而督臣以造船需数月之久，借帑四五万两之多，不肯具奏”。④

对于李长庚提出的改造大船的建议，玉德表面上看似合作，实际上并未同李长庚或其他水师将领进行商议就擅自建造不适合福建水面的米艇，而非李长庚所需的同安梭船。这一事情直到温承惠接替闽浙总督之后才被知晓。“本年三月间，据玉德奏请添造战船四十只，朕因粤省米艇一项捕盗得力，令其或即仿照办理，究竟米艇式样于闽洋捕盗是否相宜，亦未据玉德复

① 嘉庆九年六月二十七日军机大臣字寄闽浙总督玉德，《清宫廷寄档台湾史料》（一），台北“故宫博物院”，1994 年，第 482、483 页。

② 嘉庆十年二月十二日字寄闽浙总督玉德，《清宫廷寄档台湾史料》（一），台北“故宫博物院”，1994 年，第 489 页。

③ 嘉庆十一年五月二十四日上谕，《嘉庆道光两朝上谕档》第 11 册。

④ （清）魏源：《嘉庆东南靖海记》，《圣武记》。

奏。昨日温承惠奏称：米艇一项于闽省洋面驶驾不宜，必须成造大同安梭船方能应用。朕以温承惠系询之水师将备，并与李长庚面商，意见皆同，是以降旨，令其制造大同安梭船六十只，以资驶驾。岂玉德前此接奉谕造米艇之旨，竟不向李长庚及水师将备详悉询商，亦不顾将来放洋捕盗适用与否，遽行发帑动造米艇乎？”①于是愤怒的嘉庆帝只好下令“所用工价不准开销，均着玉德赔补还款”，并赶紧改造同安梭船。

嘉庆十一年（1806）六月，李长庚在奏折中终于说出了与玉德的矛盾。嘉庆帝在上谕中提到：“该提督（李长庚）上年曾经札会玉德捐造船只，经玉德驳饬不办；又，蔡逆此次由鹿耳门窜回时，在水澳、大金地方燂洗篷索，备办火药，地方文武并未查禁。各情形皆系玉德贻误所致。”②

3. 滥发命令，致军疲于奔命

蔡牵和朱濆在海上的势力日益强大，从最初的抢劫过往商渔船，收取保护费，到攻台树旗称王，越来越让远在京城的嘉庆帝感到不安。对于闽浙粤三省的督剿不力不仅不断责斥官员办事不力，并从全国各地调拨军队剿灭蔡牵、朱濆等海盗帮股。因为李长庚专责剿捕蔡牵，他对李长庚更是寄予厚望。他不断严饬玉德玩忽职守、不过台督战、不按时禀告军情。他催促玉德，玉德便会催促海上征战的李长庚，他对李长庚的催促比嘉庆帝更加多，加上他并不是认真督办剿捕事宜，对海上的情况并不了解，于是对李长庚甚至达到了乱发命令的地步。对于这种疲于奔命的辛苦，李长庚是颇觉无奈的。这一点在他的一些诗作中是有所体现的。如《师次海门，台飓未息，抚提不谙水务，频促出洋》中就曾云：“征帆如可渡，何事苦相邀。”③

玉德在闽浙总督任内有年，不能整顿地方，废弛营伍。对于玉德的行为，嘉庆皇帝日益不满，于是不断向景安等人询问玉德办事及操守何如。景安回复：“即如福建额设兵三万六千名，本年台湾被扰，本省调拨之兵不过四五千名，何至此外即无可调之兵，转向邻省调用。至各营火药，近二三年

① 嘉庆十一年五月二十四日上谕，《嘉庆道光两朝上谕档》第11册。

② 嘉庆十一年五月二十六日上谕，《嘉庆道光两朝上谕档》第11册。

③ 李长庚：《师次海门，台飓未息，抚提不谙水务，频促出洋》，《李忠毅公遗诗》，厦门大学图书馆馆藏稿本。

来俱未给发足数，台湾被扰，我恐一时缺用，详请咨借邻省，玉德转批驳严饬，以为遇事生风。台湾需用军米，用密封文书告急，我行令附近各州、县碾动仓谷十之二三，玉德以为小题大做，发牌将我所行文书撤回。其平日性情，一味骄大，凡事不与同寅、属员商议，但出有主见，即自以为事全，不以地方公事为重。至于操守，我不能查有实据，不敢妄奏。但伊于属员中，专取卑污、善于奉承者，即行提拔，如马夔陛，人甚不端，在建宁府任内大不得民心，台湾如此紧要地方，转以之奏调，这就是他用人不公、声名平常的证据。等语"①。从中可见，玉德此人，不仅是对李长庚如此，对于其他官员也是如此态度，因为其操行不端，所以在同僚中的声誉也不佳。嘉庆十一年(1806)五月，玉德被革职拿问。

二、阿林保之参劾

嘉庆十一年(1806)五月十九日，"因思玉德在总督任内多年，于闽省海洋捕务并不实力督缉，一任火药、水、米等项偷漏接济洋匪，致首逆蔡牵肆意劫掠滋扰，因循贻误之咎，实无可辞。已另降谕旨，将玉德革职，所遗闽浙总督员缺，令阿林保补授，速赴新任；其阿林保未到以前，所有总督印务，令温承惠就近兼署矣"。② 玉德玩忽职守被革职，温承惠代其职。温承惠在闽任职期间，协助李长庚造大船60只，并依照李长庚之建议，奏请一般商船限制樑头在一丈八尺之下，以免造成盗船之资，增兵驻守蔡牵大本营三沙等地。新任巡抚张师诚也是多方配合，然好景不长，阿林保接任闽浙总督，又给李长庚的剿捕活动带来了不利条件。

十一年(1806)七月初二日，阿林保到任。虽与李长庚素无恩怨，但是一上任，他就参劾李长庚，以致嘉庆帝几次密谕清安泰、温承惠等人，要求他们访查李长庚的情况，并几次申饬阿林保参劾李长庚系"捕风捉影"、妄自猜度之举。

阿林保第一次参劾李长庚是在七月十四日，此时他才到任不到半月，对

① 嘉庆十一年六月十五至十六日，《嘉庆道光两朝上谕档》第11册。

② 《嘉庆道光两朝上谕档》第11册。

于情况并不十分熟悉。他在当天的奏片中写道："该提督终年带兵，徒事尾追，本年二月间蔡逆自鹿耳门窜出，该提督统领大帮舟师果能实力拦截，何致被其逃窜出口。……五月间，蔡逆复窜鹿耳门，该提督又复托词株守竿塘，若该提督及早过台合王得禄等内外夹攻，竟可全数扑灭，乃失此机会，殊为可惜。……看来李长庚不免染水师苍滑习气，见两省水师之人，有舍我其谁之意，竟若专靠李长庚一人缉拿蔡逆，断难速收实效。"①他请求将粤将孙全谋调任闽省，新建商船20艘给闽省提督张见陞管带。所幸，嘉庆皇帝没有听从他的意见，认为"李长庚带兵剿捕，近来总未得手，朕亦觉其奋勉稍不如前。该提督素为水师出力之员，贼匪皆所畏惮，且与蔡逆素有仇恨，此时追捕蔡逆不应松动"。② 阿林保系初到闽省，"仍当随时详察，如果系李长庚有心贻误，自当指陈实迹，秉公劾参，朕亦不能稍为曲贷，否则惟当责令上紧追捕，观其后效可也"。③

阿林保第二次参劾李长庚是在七月二十六日，这一次，他是在向皇帝陈述了李长庚与蔡牵在三盘洋附近的交战情况后，另附片"密参李长庚剿股不力，请革职治罪"，其中阿林保不仅对于初十日李长庚带领舟师收进定海港修理船只颇有微词，"不胜诧异"，④他认为"其所谓跟蹑追剿者竟系徒托空言"，⑤对于李长庚所说闽帮兵船已断粮之事，阿林保认为"兵船口粮俱系给发银两，听其自行购办，今称购备口粮可知银两无缺，则口粮断缺乏之说已难凭信"，⑥再"蔡逆由浙南窜再行尾追来闽习以为常，查该提督驻扎宁波郡城，距定海不远，或竟私行惠署亦未可定。将兵船收进定

---

① 嘉庆十一年七月十四日闽浙总督阿林保奏片，《明清宫藏台湾档案》第111册，第353—354页。

② 嘉庆十一年七月二十八日上谕，《嘉庆道光两朝上谕档》第11册。

③ 嘉庆十一年七月二十八日上谕，《嘉庆道光两朝上谕档》第11册。

④ 嘉庆十一年七月二十六日闽浙总督阿林保奏片，《明清宫藏台湾档案》第112册，第13页。

⑤ 嘉庆十一年七月二十六日闽浙总督阿林保奏片，《明清宫藏台湾档案》第112册，第13页。

⑥ 嘉庆十一年七月二十六日闽浙总督阿林保奏片，《明清宫藏台湾档案》第112册，第14页。

港竟系故智”。① “李长庚不肯认真追剿,迁延贻误,人所共知,实堪痛恨。”②在这次参劾中,阿林保称是拆阅了李长庚写给温承惠的书信,看到其对于当前战事情况的一些叙述后而写,其中阿林保振振有词,称“奴才甫至闽省,何敢将久任水师提督之大员遂行参劾致蹈冒昧参劾之咎,且恐水师提镇中一时无可更替之人,必致上烦……但思李长庚因循苍滑,积习已深,终不可靠。若不据实据陈与圣主之前,任其玩盗劳师,贻害海洋,实属上负恩慈,自干咎戾”。③ 他在历数闽浙水师要员之后,建议“将王得禄调回委令,暂护浙江提督,责一统领李长庚原带兵船缉拿蔡牵”。④

针对阿林保的此次参劾,八月初一日,嘉庆帝谕知浙江巡抚清安泰说:“李长庚系水师总统之员,剿捕蔡牵是其专责,乃近来带兵在洋总未得手……至今四旬未据续报,在水师中素称勇往,乃本年自蔡逆窜台之后,始则在鹿耳门外不能拦截蔡逆,致被窜逃,及蔡逆逃向北洋,李长庚又因在崇武地方换船修理,追剿稽迟,迨后蔡逆复窜过台,伊又驻船竿塘,不行跟剿。试思蔡逆被台郡官兵剿败之后,复遭飓风,踉跄已极,彼时如果李长庚带兵赶至,何难将该逆歼擒。”⑤于是嘉庆帝令浙江巡抚清安泰密查,“伊本年春间在北汕误事之后,朕只将其翎顶革去,并未从重惩治,复节次加以训饬,望其奋勉立功,何以半年以来办贼如此推迟,是否近来有患病情事,精力不能如前,抑系船只不能应手,兵丁日久疲玩,欲速不能,或竟系伊有心松动,并不上紧办理。着清安泰留心密查,务得确情,由驿具奏。设因伊远在海洋,恐见闻不能真确,现在浙省总兵内如黄飞鹏、何定江二人皆随同李长庚在洋

① 嘉庆十一年七月二十六日闽浙总督阿林保奏片,《明清宫藏台湾档案》第112册,第16页。

② 嘉庆十一年七月二十六日闽浙总督阿林保奏片,《明清宫藏台湾档案》第112册,第17页。

③ 嘉庆十一年七月二十六日闽浙总督阿林保奏片,《明清宫藏台湾档案》第112册,第18页。

④ 嘉庆十一年七月二十六日闽浙总督阿林保奏片,《明清宫藏台湾档案》第112册,第18页。并详见闽浙总督阿林保奏片,“李长庚剿捕不力,请王得禄暂护浙江提督”奏片,嘉庆十一年七月二十六日,《明清宫藏台湾档案》第112册,第21—22页。

⑤ 嘉庆十一年八月一日上谕,《明清宫藏台湾档案》第112册,第59—60页。

剿贼，李长庚是否有心怠玩，抑系另有别情，自难瞒伊二人耳目，该抚密询伊二人，自可深悉底里”。①

八月初十日，李长庚奏报七月二十一日曾在台州大陈洋面击沉蔡牵盗船一只，获盗犯150名，并缴获刀枪炮械。八月十一日，嘉庆帝上谕，阿林保“密参李长庚因循懈玩两折……尚系该督揣度之词。均须查明确方可治李长庚之罪”。当日，嘉庆帝再次降旨清安泰访查李长庚的实在情况，并将王得禄调回内渡，帮助李长庚剿捕蔡牵。八月十二日的上谕中，对于阿林保的此次参劾李长庚之举，嘉庆帝采取与前一日相同的态度，并密谕清安泰："伊（阿林保）必欲参劾李长庚之故，或有私嫌乎？清安泰若知其详，密折具奏。"②

且于李长庚所奏七月二十一日在大陈、调班等洋面攻剿盗船，生擒盗首李按，及歼毙伙盗多名一事，尚未知悉，是以谕令清安泰，确查李长庚是否有心玩误、私回衙署、捏饰奏报情事，据实陈奏。本日折内又称，李长庚来信内云，与匪船相持，扼在上风，如果属实，贼船何能折回南窜，乃忽将大帮兵船收进定港，一路并无拦截，致令蔡逆直窜回闽，玩误纵贼，莫此为甚。等语。是该督之意，必欲将李长庚参革治罪，太存成见矣。带兵大员如果查有玩误确据，朕岂肯稍从宽宥，近年办理教匪，因玩误而获罪者甚多，然彼皆有实据，是以不稍宽假，朕非庸暗之主，岂肯以莫须有入人重罪乎。今该督前后所奏总不过悬揣之词，毫无实迹。阿林保自莅任以来，于地方一切尚未布置周妥，海洋情形亦未熟悉，闽省文武官员贤否亦未必周知，惟屡次参奏李长庚，必欲去之，岂该督身任连圻，于外间舆论竟毫无闻见乎。看来阿林保竟系先存意见，不自知其言之无据。朕于李长庚从未识面，岂复稍有袒护。惟督剿蔡逆一事，经朕特派统领舟师，该提督冲风涉浪已阅数年，此时虽未奏擒渠，然尚无应得之罪，岂能以该督悬揣虚词，遽绳以法。试思此时即将李长庚褫

① 嘉庆十一年八月一日上谕，《明清宫藏台湾档案》第112册，第59—60页。

② 嘉庆十一年八月十二日上谕，《嘉庆道光两朝上谕档》第11册。

问，将治以何项罪名，况伊正当追贼之时，如无故将伊逮问，成何事体，且将伊治罪后，又责令何人统领舟师剿贼，岂不转致迟误，阿林保宁不思之。总之，此时督剿蔡逆之事，自应责成李长庚一手督办，苟非实有玩误确情，断无轻为更置之理。外省文武大吏，总在和衷商榷，方于地方有裨。阿林保如果与李长庚同心合力，歼获蔡逆，不特李长庚尚当加以渥恩，即该督亦必同邀懋赏。若稍存私见，动掣其肘，以致日久罔功，固当严治李长庚之罪，该督亦岂能置身事外。前玉德在总督任内，即系因李长庚亟需船只、米石、火药等项，有心迟误，是以将伊革职，拿问治罪，该督不可不引为前车之鉴。阿林保所奏实属冒昧轻率，着传旨申饬。

八月十五日，清安泰“查明李长庚并无捏报斩获情弊及兵船收港缘由”呈报给皇帝，折中称“李长庚带领兵船进过海口并未回至伊署……李提督两年在外过署不入……海上行舟，若不勤加燂洗，则船底苔草蛀虫胶粘缠结至驾驶不前，故隔越二三旬即须傍岸燂洗。李长庚收船进港委非无故”，揭穿阿林保参劾李长庚远忽职守，借机回家，因循懈玩一折与事实不符。

八月二十六日，嘉庆帝又传旨给温承惠，将阿林保参奏李长庚之情形进行转述前“曾据阿林保迭次劾参，请将伊革职治罪。即该抚自亦未必素与李长庚熟识，而历次折内并未陈及李长庚如何懈玩情形。何以阿林保甫抵闽督之任，即连章纠劾，且伊折内又未将何员能接办剿捕之处保奏，可见该督意中并未有真知灼见、确能胜任之人，而必欲将李长庚劾去，其故殊不可解。究竟李长庚追剿蔡逆是否实系有心延玩，阿林保参劾是否公当，该抚到闽数月，自当确有见闻。如该提督并无懈玩情事，则阿林保因何屡行奏劾，或该督到闽后竟有先入之言，预存成见，或平日别有嫌隙，亦未可知。着温承惠密行查访，据实具奏，不可稍涉瞻徇”。①

九月初二日，清安泰上奏嘉庆帝，汇报他的调查结果：

---

① 嘉庆十一年八月二十六日上谕，《嘉庆道光两朝上谕档》第11册。

清安泰奏蔡逆折窜南洋舟师拿获盗伙一折与李长庚奏悉符，该提督前奏并无一字虚捏，毫无推诿恇怯。又何尝有逗留衙署之事，阿林保遣词参奏之折，竟系臆度之词，全不足据。……奴才与阿林保素未谋面，李长庚甫于本年七月望见在海口舟次与之匆匆一见，伊二人素日是否相识，是否挟有私嫌，奴才无由知悉。①

九月初六日，闽浙总督阿林保因参奏李长庚不实被传旨申饬。“阿林保前此参奏李长庚之处均系捕风捉影，全属子虚，试问水师之中有过于李长庚者乎……着传旨严行申饬”，并把玉德先前掣肘李长庚之事拿出来作比较，“因此此次参奏李长庚不能遂意，因而挟私逞忿，心存嫉妒，遇事掣肘，使其不能成功，以致蔡逆逋诛，海疆贻误，则阿林保之罪甚大玉德”。② 事后，李长庚曾读到这篇上谕，对于皇帝的信任和清安泰的知遇之恩感激涕零，曾作诗云：

天语惶惶感且惊，水师有过李长庚。
（上谕有试问水师有过李长庚者乎）
烽烟未靖劳宵旰，臣职难伸负圣明。
海外妖魔器涣散，军前众将将欢腾。
不才自愧非良将，辜报君恩惧此生。
（上谕有朕岂不自矢良将耶）

其　二

忽地风波亦太奇，全凭忠信任飘驰。
是非到底终须定，祸福分明岂可欺。
入世有心图报国，除奸无日愧相知。

① 浙江巡抚清安泰“密陈李长庚与总督阿林保曾否挟有私嫌事”，嘉庆十一年九月初二日，《明清宫藏台湾档案汇编》第112册，第360—363页。

② 寄谕闽浙总督阿林保参奏提督李长庚不实传旨申饬，嘉庆十一年九月初六日上谕，《明清宫藏台湾档案汇编》第112册，第357、358、359页。

眼前荣辱都休论，浩荡天恩感不支。①

九月十八日，军机大臣字寄阿林保的上谕中，又提及此事，“该提督前次率行参劾，今又极口称道，何出尔反尔若此，阿林保嗣后惟当信矢详慎，非特于文武大员不可轻率弹劾”。②

九月二十六日，温承惠也给嘉庆帝汇报了他的调查结果：

浙江提督李长庚臣向未认识，到闽俟随时访察官民，全称其善于带兵，为蔡逆等所畏惧。前在厦门会晤，人实明白老练，熟悉军务，非闽省水陆提镇所能及。及其数年剿捕未能得力，纵缘兵船抵消，亦因海洋风讯不时，贼船又多方驶避，且兵船遇风须守候归帮，并修理桅篷杠椇。贼船则零星驶蹿，铤而走险，随处劫取。洋面辽阔，一带兵船势难时时紧蹑，是李长庚在洋剿贼并无懈惰事。阿林保甫经到闽，于海洋剿捕艰难之处未及详细考求，因李长庚未得剿贼匪，遂疑其恇怯逗留冒昧参奏。彼时，臣远在厦门，无法劝阻，竟致上烦圣心。……支阿林保续奏折内有纠劾之语，窥其意见总在回护前奏。并非与李长庚素有嫌隙。是否有先入之言，阿林保毫无宣漏。迨臣钦奉谕旨复密为察访亦均无闻见，未敢冒昧渎陈。③

此次，阿林保的参劾依然没有成功，一是因为李长庚多年作战给嘉庆皇帝留下了良好的印象：“向来朕并未认识李长庚，但采访舆论，多有谓李长庚于洋面剿捕事宜尚能奋勉，为逆匪等所畏惧”④，二是因为李长庚的奏报

① 《恭读九月初六日谕旨，感激涕零，令人思死图报，而清公知己之感亦不能忘，恭赋二章以志不朽》，《李忠毅公遗诗》，厦门大学图书馆馆藏稿本。

② 军机大臣字寄闽浙总督阿，嘉庆十一年九月十八日奉上谕，《明清宫藏台湾档案汇编》第113册，第2—3页。

③ 福建巡抚温承惠奏折，密陈李长庚与闽浙总督阿林保未闻有嫌隙，嘉庆十一年九月二十六日，《明清宫藏台湾档案汇编》第114册，第157—159页。

④ 嘉庆十一年八月二十六日上谕，《嘉庆道光两朝上谕档》第11册。

及时呈给了嘉庆皇帝，嘉庆皇帝了解他近期的战斗情况。“现在接据禀报，李长庚兵船先于七月二十一日在调班洋面拿获盗船一只，生擒盗犯李按等五十一名，起获枪炮器械等件”，“十五日，李长庚兵船在长涂洋面追及蔡逆盗船，痛加攻剿，该提督身受多伤，兵船亦有损坏”，称李长庚在调班洋面剿获盗犯一事，与李长庚、清安泰节次所奏皆同，可见李长庚在洋追捕并未迁延，尚可缓参。三是随后清安泰和温承惠奉命所做的调查也证实阿林保的参劾乃是猜度之词。

尽管阿林保对李长庚的参劾失败，并几次遭到申饬，但是此后其还以同样的情况参劾过许松年，也遭到了嘉庆皇帝的斥责。① 嘉庆十二年（1807）三月十六日，他因为王得禄在二月初八到二月十二日沱泞洋面之战中战船赶来迟缓，以“随同李长庚入粤追盗，屡次落后，其雇用商船虽系往来台湾横洋，未能熟悉粤省沙线。王得禄迁延不进，未免有自满之意”②请旨参劾王得禄，“革去顶戴”。可见，阿林保依然是有不顾海上作战实际情况妄下断语，仍凭自己一时猜度随意参劾水师将领之嫌的。

在阿林保任闽浙总督期间，除了参劾李长庚之外，还曾与李长庚商量，要造假奏报说蔡牵已战死，遭到李长庚的严词拒绝。

《啸亭杂录》记载，台湾之役，李长庚将蔡牵围困在鹿耳门，计日可擒。蔡牵便遣小童伪降，想趁机对李长庚进行行刺。李长庚发现情况不对，假装将投降书掉在地上，俯身去捡时，发现了藏在小童衣服内的刀，一怒之下杀死诈降的小童，得以脱险。当晚，趁着风雨大作之时，蔡牵乘势解缆而逃。李长庚赶紧集合部队去追，闽中兵无不披靡，莫有继者。

> 公太息曰：“朝廷养兵百余年，一旦用之，乃反为贼之间谍，诸将帅果何为？”因全军而归，闽督阿林保置酒与贺，筵间从容笑语曰：“海上事易为掩饰，如公以蔡牵假首至，余即飞章露布，不惟公居首功，吾亦当受帷幄之赏。如此则海氛告成，此局易了，岂不胜冲突鲸涛，侥幸于万

---

① 详情见嘉庆十一年九月十三日上谕，《嘉庆道光两朝上谕档》第 11 册。

② 闽浙总督阿林保奏折，李长庚追剿蔡牵至粤省洋面及攻盗不力镇将请分别查办，《明清宫藏台湾档案汇编》第 114 册，第 350、351 页。

一哉!”公奋然曰:“于清端之捉贼,姚制府之用兵,长庚所知也。石三保、聂人杰之擒,长庚所未解者。皇上之所以委任长庚者,盖欲使永靖海氛,以绥民命,其成功与否则天也。公以文吏,徜徉中外,故宜幸其事,早蕆其功,仆则视海舶如庐舍,不畏其险也。公今以逗挠劾长庚之罪,他日以覆舟讳长庚之死,皆维公命之是从也。仆一武夫,犹知以死报国,公以世臣名族,扬历封疆,纵未娴于军旅,亦罔识忠孝二字乎?公何其浅视仆也?”遂推几而出。其幕客谏曰:“将军误矣!自闽、粤用兵以来,生灵糜烂者,几数百余万,皆以蔡牵一人故也。今或假传其授首,以博天颜之喜;或羁縻以官爵,收其桑榆之效。则其局可了,将军宴坐衙斋,缓带投壶,不亦乐乎?定必冒风涛之险,必欲涸其巢宅,一旦飓风阻路,音耗莫通,粮饷莫继,士卒散亡,纵竭将军一人之力,难以敌〈豸契〉〈豸俞〉百万之师。倘稍失利,大吏朦胧奏之,将军必遭狱吏之辱矣!”公慨然曰:“君不闻王彦章‘人死留名,豹死留皮’之语乎?仆虽不肖,愿与蔡牵同日死,不愿与其同天生也。”闽督故恨之切齿。至渔山之战,公舶遭风失信,阿遂诬公逃、寇不知所之入奏。赖阮公以公受伤入告,上优诏奖之。①

此事,在《清稗类钞》、《国朝先正事略》等有记载,虽文字略有出入,但大体内容相同,《圣武记》也援引了《啸亭杂录》的这段记载:“阿林保见贼势难结局,置酒款长庚曰:大海捕鱼,何时入网?然海外事无左证,公但斩一假蔡牵首至,余即飞章报捷,以余贼归善后办理,则不惟公受上赏,余亦当邀次功,孰与穷年冒鲸波,侥幸万一哉?长庚慨然曰:石三保、聂人杰之事,长庚不能为!且久视海舶如庐舍,不畏其险也。誓与贼同死,不与贼同生!闽督不怿”。②

参劾失败、商议献“假首”未成,这两件难说不在阿林保那里产生了负面作用,让其对李长庚怀恨在心。虽然此后其未再参劾李长庚,但是在很多

① (清)昭琏:《啸亭杂录》,中华书局1980年版,第83页。

② (清)魏源:《圣武记》卷8,《嘉庆东南靖海记》。

事情上阿林保并不支持李长庚。

嘉庆十二年(1807)，李长庚回宁波，奏请办理军政，想亲自检阅水师，但是阿林保从中作梗，“军政一事例应总督专政，提督……俱无因军政回署办理”。当时捕盗正紧，嘉庆帝求胜心切，遂以“藉词回家看视绿营，偷懒恶习尚未改除”申斥李长庚。

嘉庆十二年(1807)二月十一日，在广州洋面作战的李长庚给阿林保汇报战况，蔡牵“匪船于粤洋不熟，兼之食米、火药缺乏，粤省无人接济，希图仍窜回闽，由三澎洋面向东南驶逃”，“十九日午刻赶上，攻沉盗船一只，生擒盗犯十一名”，当时，距离蔡牵的本身船只“相隔已属不远”。但是，“因风浪大作，盖过船头”，李长庚本身坐船大篷折断，船身渗漏，于是日戌刻收到粤省潮阳县属之海门，这次战斗中，因为部分兵船不谙粤洋沙线，多有遭风损坏及不知下落者。① 可见，阿林保胡乱指挥，导致兵船不熟悉沙线，损失严重。

三、水路之不配合

在李长庚总统闽浙水师，不分畛域专捕蔡牵的过程中，除玉德和阿林保作为闽浙总督——李长庚的顶头上司，未能给予充分的配合和支持外，也有其他的官员也是不合作的状态。比如，鹿耳门之战，原定是水陆夹击围攻蔡牵船只的，但是实际上，陆路并没有按原计划配合。对于这件事的惆怅与不满，李长庚虽未跟皇帝抱怨，但却借诗抒发了心中的不满。在诗的开头，他这样写道：“蔡牵蹿入鹿耳门，勾连台匪攻城滋扰。仅有舟师二千五百人把守招门。是时，势当用众，水陆分投击杀方能克成功，而陆兵未调，只以空文虚张声势。又令水师分赴陆应援，坐失事机，诗以志之”。②

在整个专捕蔡牵、统领闽浙水师的过程中，李长庚不仅疲于奔命，处处遭人掣肘，而且还要顶着巨大的压力作战，尤其是蔡牵两次从鹿耳门逃走之

① 《嘉庆道光两朝上谕档》第12册。

② 《蔡牵蹿入鹿耳门，勾连台匪攻城滋扰。仅有舟师二千五百人把守招门。是时，势当用众，水陆分投击杀方能克成功，而陆兵未调只以空文虚张声势。又令水师分赴陆应援，坐失事机，诗以志之》，《李忠毅公遗诗》，厦门大学图书馆馆藏稿本。

后，嘉庆帝对他的责备更日甚一日。

嘉庆十一年（1806）二月，蔡牵窜出鹿耳门，李长庚自请革职，嘉庆帝认为："李长庚系在北汕，许松年系在南汕，蔡逆大船系由北汕口入内，渐次窜出，许松年之责较李长庚稍轻。"①考虑到水师大员缺乏，驳李长庚革职之请，只是拔其顶戴，准其戴罪立功。

嘉庆十一年（1806）五月十七日，蔡牵再次窜至鹿耳门，经赛冲阿部署的水师攻击。六月初一被击散逃走，得到战报的嘉庆帝十分恼火：

> 此次蔡逆再窜台湾，经赛冲阿督率水陆官兵夹击，大获胜仗，若李长庚于此时紧蹑贼踪，协同截剿，则蔡逆必可成擒，李长庚不但开复翎顶，亦可同被恩荣；乃李长庚行抵金门，以阻风不能放洋为辞，致落贼后，令剿败之贼船二十只仍复溃散四窜，误此机会，实为可惜，本应即将李长庚革职拿问。兹朕复格外施恩，予李长庚以一线自赎之路，所有蔡逆败窜之匪船二十只，即责成李长庚追剿。……此系李长庚生死关头，伊即不思立功自效，独不自为身家性命计耶。②

皇帝的催促，闽浙总督的掣肘，使得李长庚处于一个夹层之中。但是他却依然顶住压力在海上往来征战。现在能看到的李长庚的奏折，相比玉德、阿林保、赛冲阿来讲并不是很多，但这些奏折中很少有李长庚的抱怨之词，也很少有他对别人的不满和微词，每次给皇帝的奏折或者奏片，李长庚只是简单扼要地汇报最近状况。可见，李长庚应是一个专注做事之人，他一心早日完成皇帝交给的剿捕蔡牵的任务。就是这样一个忠臣，一个勇于作战的水师良将，却"渠魁未灭恩多负，壮志消磨事可知。报国有心愁计拙，封侯无命笑情痴"。③ 最终殒命于对手炮火之下。

---

① 嘉庆十一年三月初八日军机大臣字寄钦差大臣广州将军赛、闽浙总督玉、浙江提督李，《清宫廷寄档台湾史料》（一），第 601 页。

② 嘉庆十一年七月初九日上谕，《嘉庆道光两朝上谕档》第 11 册。

③ 《蔡逆未擒责重才疏，愁肠难解，作此呈诸同事》，《李忠毅公遗诗》，厦门大学图书馆馆藏稿本。

四、李长庚之战死

常年海上征战，李长庚及其所带军师劳碌不堪，而且多年的海上生活，也给李长庚的身体带来了挑战。"问我头颊因何白，风涛万顷往来频。"①嘉庆十一年（1806）八月初一日，嘉庆帝曾让清安泰访察李长庚的身体和作战情况。八月十二日，清安泰将调查的情况报告给皇帝，奏片中称："奴才与李长庚同官数年，深悉底里，向闻其谙练水师，颇著威望，但从未与伊谋面，前月望月见，始在镇海之海口匆匆相见。该提督现年五十七岁，鬓发斑白，自言两年来牙齿多有脱落，左膀向染风气，不时举发。但察其精神尚属健旺结实。议论期间感激天恩，急欲歼除逆匪以赎前愆。"②李长庚自己诗中也云"形容憔悴精神散，心血消磨老病缠"。③ 连年海上征战，海风吹白了他的头发，捕盗耗费了其一生的心血，"南北风波都阅尽，献俘无日但呼天。"④"年来驰逐遍沧瀛，制胜无方累死生。"⑤是其常年海上生活的真实写照。

嘉庆十一年（1806）十月，长庚追蔡牵于粤洋，十二年（1807）春，击牵于粤之大星屿。随后又在广澳洋面、沱泞洋、三盘洋等多处与蔡牵交战。十一月，击蔡牵闽之浮鹰岛。十二月，李长庚率福建水师提督张见陞等追牵入南澳，穷其所向，至黑水外洋，此时蔡牵仅存三舟，穷蹙已极。李长庚乘势追赶，全力作战，"长庚击破牵舷篷，又自以火攻船，坏其后艄。贼急发艄尾一炮，适中长庚喉而殒。是时闽粤水师合剿，数十倍于贼，少持之立可歼灭，而张见陞庸懦，且狃于闽师左次无咎也，遥见总统船乱，遽麾舟师退。牵乃遁入安南夷海"。⑥ 无奈，成功在望之际，李长庚忽然被贼匪击中，结果蔡牵逃去。英雄功届垂成之际，临阵捐躯。此时，是嘉庆十二年十二月二十五日（1808 年 1 月 22 日）。关于此次战斗的情况，阿林保等人给嘉庆帝的奏报

---

① 《对镜》，《李忠毅公遗诗》，厦门大学图书馆馆藏稿本。

② 浙江巡抚清安泰恭报李长庚身体状况及近年来剿股情形奏片，嘉庆十一年八月十二日，《明清宫藏台湾档案汇编》第 112 册，第 108 页。

③ 《渠魁未缚哀愁日形诗以志叹》，《李忠毅公遗诗》，厦门大学图书馆馆藏稿本。

④ 《渠魁未缚哀愁日形诗以志叹》，《李忠毅公遗诗》，厦门大学图书馆馆藏稿本。

⑤ 《舟中感怀》，《李忠毅公遗诗》，厦门大学图书馆馆藏稿本。

⑥ （清）魏源：《圣武记》卷 8，《嘉庆东南靖海记》。

是这样描述的：

> 李长庚于上年十二月二十四日由南澳洋面驶入粤洋，追捕蔡逆，望见贼船只剩三只，穷蹙已甚，官兵专注蔡逆，穷其所向，追至黑水洋面，已将蔡逆本身船只击坏，李长庚又用火攻船一只乘风驶近，挂住贼船后艄，正可上前擒获，忽暴风陡作，兵船上下颠播，李长庚奋勇攻捕，被贼船炮子中伤咽喉、额角，竟于二十五日未时身故。①

综合《清仁宗实录》、《福建列传》之《李长庚传》，《同安县志》，以及李长庚死后别人给其作作碑传中的记述，可以对于李长庚最后一次战斗做个大致的复原：二十四日，李长庚与张见陞连䑸遇见蔡牵帮船，连夜追赶，二十五日黎明时分已经到粤省黑水洋面，当时蔡牵约有船十一只，边追边打过程中，只剩下三只。李长庚专门死盯蔡牵所坐之船，先是指挥军队放枪炮将蔡牵船的舵篷打破，然后放火攻船逐渐靠近蔡牵坐船，乘风挂住蔡牵船的后艄，准备亲自上船与蔡牵搏斗，将其擒拿。正在此时，大风忽起，李长庚所乘之船上下颠簸，使其不能顺利登上蔡牵之船，就在其奋力攀上蔡牵之船时，忽然被蔡牵船中打出的炮子击中咽喉、额角，登时血流不止。至未时(下午2点左右)身亡。

李长庚在南澳黑水洋战殁。他的死，一方面是因为朝廷方面急于将蔡牵及早抓获不断催促他，致使他求胜心切，奋不顾身欲上船亲自拿贼，疏忽了自己的安危所致，另一方面也是因为张见陞未能给予得力的援助造成的。后来朝廷查明“张见陞缉匪既不认真，又素不识字，一切调度文报均听营书办理，往往前后参差”②。这样的人配合李长庚作战，对其的作战能力让人真是不得不怀疑。李长庚受伤不能作战，张见陞胆小懦弱，也未敢紧追蔡牵，致使蔡牵再次逃脱，在粤省洋面重新休整。

嘉庆十三年(1808)正月二十一日，嘉庆得知此消息，“览奏为之心摇手

① 嘉庆十三年正月二十一日上谕，《嘉庆道光两朝上谕档》第13册。

② 嘉庆十三年五月二十六日闽浙总督阿林保、福建巡抚张师诚奏稿，《清宫宫中档奏折台湾史料》(十一)，第621页。

战，震悼之至。……披阅奏章，不禁为之堕泪”。① 痛失爱将的嘉庆帝颁谕：“李长庚着加恩追封伯爵，赏银一千两，经理丧事，并着于伊原籍同安县地方，官为建立祠宇，春秋祭祀。其灵柩护送到日，着派巡抚张师诚亲往同安，代朕赐奠。并查明伊子现有几人，其应袭封爵，俟伊子服阕之日，交该督、抚照例送部引见承袭。其李长庚任内各处分，着悉予开复。”②

这一天，嘉庆帝连颁六道谕旨，均与李长庚有关。其中有对李长庚之死的痛惜，也有对蔡牵等人的愤懑，也有勉励王得禄等水师将领趁机英勇作战，为李长庚报仇：

> 至将来拿获蔡逆船只时，务将该逆伙党逐一查讯究明，系何人放炮击中李长庚，即将该犯脔割致祭，以慰忠魂。

二月二十七日的上谕中，嘉庆帝再次重申：

> 如能将蔡逆擒获，即遵前旨，将该逆解京。如拿获贼犯，必究出放炮中伤李长庚之人，解赴同安，于李长庚灵前脔祭，以慰忠魂；倘不能究出放炮之贼，亦当将获贼中罪应凌迟者解往一二人，脔割致祭，俾伊家及附近居民皆得同伸愤恨也。

嘉庆十三年（1808）三月，蔡二来被抓，阿林保、张师诚因蔡二来患病，且同安距离省城较远，担心其死在途中，请命“在省设立李长庚牌位，将蔡二来寸磔致祭，仍派员解送蔡二来首级驰赴同安，在李长庚灵前祭以慰忠魂”③。闰五月初六日，根据阿林保所查明李长庚子嗣情况，“李廷钰着准其承袭李长庚世职。”④追封李长庚壮烈伯，谥忠毅。

嘉庆十三年（1808）五月，阮元奉命回宁波为李长庚建昭忠祠，夜宿提督府，曾写了一首诗，怀念李长庚。这首诗辅以中间阮元夹注的内容，较为

① 嘉庆十三年正月二十一日上谕，《嘉庆道光两朝上谕档》第13册。

② 嘉庆十三年正月二十一日上谕，《嘉庆道光两朝上谕档》第13册。

③ 嘉庆十三年四月二十日闽浙总督阿林保、福建巡抚张师诚奏稿，《清宫宫中档奏折台湾史料》（十一），第611页。

④ 嘉庆十三年闰五月初六日上谕，《嘉庆道光两朝上谕档》第13册。

全面地概括了李长庚二十年征战的艰辛。

戊辰五月办贼至宁波为前提督壮烈伯李忠毅公建昭忠祠哭祭之

粤海闽天接燧烽，大星如斗坠残冬。

一生精气乘箕尾，百战功名称鼎钟。

死后人知真尽命，生前帝许得崇封。

至尊震悼廷臣哭，早有孤忠动九重。

谁遣孙恩剩一船，非公追不到南天。

（公击牵于粤洋，喉间被炮轰。后牵仅剩单舸。舸入安南海中）

远探蛟穴五千里，苦历鲸波二十年。

隔岁过门皆不入，（公连年在海不归，即归亦但在镇海修船补粮，未尝一返家署）乘潮彻夜每无眠。

雅之若与牢之合，早见澎台缚水仙。

六载相依做兄弟，节楼风雨共筹兵。（元乙丑以忧去浙后，总督每掣公肘，致有粤洋之变）

手中曾击千舟盗，（公与元所共击灭攻散如水澳、凤尾、补网、卖油、七都等帮，前后不下千艘）海上如连万里城。

绝吭原知关气散，寄牙早已断归情。（公在洋封所没落齿寄夫人，以身许国恐无归梓也）

谁怜伯道终无子，好与恩勤待馆甥。（公无亲子，袭爵者，族子也。其女婿陈大琮，从公久知盗情。余奏留浙江补宁波同知）

甬上重来特建祠，旧时部曲竟依谁。

铃辕月冷将军树，（余来甬上，寓提督虚署中）泮水苔深叔子碑。（公捐修府学，曾自撰碑文记之。）

如此致身真不恨，何为赍志也休疑。

麦城久合关家识，仿佛英风满庙旗。（公出师时，祷于宁波关帝庙，占得谶诗云，到头不利吾家事，留得声名万古传）①

---

① （清）阮元：《研经室四集》卷8，第854页。

阮元的这首诗中传达了很多关于李长庚的信息：

1. 李长庚纵横海上二十余年，历经风波，鞠躬尽瘁，甚至过家门而不入，一心报国，全力剿盗。

2. 李长庚虽无亲生子嗣，但是其族侄多人随其在海上征战，其女婿也跟其左右，并因跟其日久，熟悉海上情况，被阮元推荐任职宁波同知。可见，家族之中不少人也是参与水师剿盗活动之中的。

3. 阮元丁忧去后，李长庚确实曾经遭遇闽浙总督掣肘。

4. 李长庚不仅尽心于剿捕海盗的活动，还曾经捐修府学，拳拳之心可见一斑。

李长庚去世，不仅嘉庆皇帝为失去得力爱将心生大恸，当朝很多文人士大夫也感到惋惜，除了阮元之外，很多人写诗或者挽联怀念这位水师将领。广东梅县籍诗人宋湘的一首挽诗，借李长庚之口，写出了他与蔡牵缠斗一生、死不瞑目的悲愤：

入海斩蛟，登山射虎，壮士出门，寸心报主。
生也，臣不敢知；死也，臣不敢辞。
臣知杀贼而已，焉知生归死归？
汝贼蔡牵，汝何么麽？海水四晏，无风鼓波。
汝贼蔡牵，汝何多狗？狺狺血人，千里牙口。
汝贼蔡牵，我来将军，将军飞来，汝闻不闻？
汝贼蔡牵，汝何不柁？上天入地，将军杀我。
汝贼蔡牵，汝何不弓？出日入月，将军如风。
汝贼蔡牵，汝何不死？罪大海小，将军守此。
迷迷离离，将军之旗；歌歌舞舞，将军之鼓。
将军曰刀，苍天昼高；将军曰矢，怒潮夜死。吁嗟乎！
臣不灭贼，臣甘死贼；臣且灭贼，臣竟死贼。
海水无情，天风尽墨。臣北面稽首，谢天子圣德。

天子无悼臣，臣死臣之职。大海荡荡天所围，云车风马神灵来，上帝许我枭厥魁，明年蔡牵死，战士休徘徊。

龙宫开，灵风回。①

不管人们怎么追缅，“蔡牵得志于闽”而李长庚“屡不得志于闽”的事实不能改变，一代水师将才，力量单薄，终究难敌强敌，最终功败垂成，饮恨归天。

五、百首诗歌写一生

在阮元的诗和同时代人的记述中，我们看到的是一个精忠报国的李长庚；在官方档案中，看到的是善战辛劳的李长庚；这些都是抽象不具体的。要想了解一个真实全面、有血有肉的李长庚，可能还是要借助于他在公文之外的文字。据记载，李长庚的遗作主要有《水战纪略》和《李忠毅公遗诗》，前者不知现在何处，极有可能当年随李长庚在海上征战中不慎落海漂没。幸运的是，在厦门大学图书馆珍本古籍库中藏有稿本《李忠毅公遗诗》，2005 年由九州出版社和厦门大学出版社联合出版的《台湾文献汇刊》第四辑第七册中将其收入。《李忠毅公遗诗》，共收录共有诗歌 108 首，均出自李长庚之手，这些诗歌有的记录了他征战的情况，有的记述了他和战友的友谊，有的抒发了他对亲人的想念，有的寄托着他对后代人的希望。虽然现在还不能完全地、准确地考证出作这些诗歌的具体年代，但其中却深藏着一个武将之外的李长庚，一个有血有肉，为人夫、为人父、为人友的李长庚。正是本着这一目的，本书试着将这一百多首诗歌做一个简单的分析、解读，以期借此还原一个较为立体的李长庚，让人们了解当年英勇善战的水师良将除了坚强威武之外，还有他内心最柔软的情怀。

按照其中表述的内容来看，《李忠毅公遗诗》中收录的诗歌大体可以分为以下几类：

1. 战争类。这一类诗中，有的是简单记述了某次战役的经过。例如：

洲仔尾大捷纪事

黑海风涛老病身，强支瘦骨竭精神。

① 吴庆坻：《蕉廊脞录》卷 6，《宋湘吊李长庚诗》，中华书局 1990 年版，第 184 页。

雄舟困贼招门外，战士横戈洲尾津。
烈焰冲霄风势急，盗踪着火哭声频。
尸填巨港妖氛靖，血染征衣锐气伸。
小丑闻声惊破胆，将军威望振东邻。
师行从此应无敌，国法难容作乱人。

连日追捕蔡匪北窜闻与定师战于羊山弁兵被伤至重因而作此

征帆无顺逆，逐浪似轻鸥。
盗匪东西窜，雄狮晓夜搜。
相逢嫌落日，抱恨对孤舟。
闻说羊山战，吾心恻恻忧。

蔡牵蹿入鹿耳门，勾连台匪攻城滋扰。仅有舟师二千五百人把守招门。是时，势当用众，水陆分投击杀方能克成功，而陆兵未调，只以空文虚张声势。又令水师分赴陆应援，坐失事机，诗以志之

渤海烽烟苦未收，又从岛外程奸谋。
行师不避风涛险，讨贼无容众寡筹。
偏地欃枪新鬼哭，孤城兵火故人愁。
台阳最是关桑梓，沿海安危及早求。
侧身东望乱烟浮，台地苍生苦未休。
海外　风成虎豹，眼眼鬼魅尽戈矛。
事关得失谋宜定，兵贵万全力要周。
莫道舟师堪破贼，数帆只在水中流。

八月十六日渔山攻捕予与蔡牵并船大战二时伤毙贼匪数百，予身受六伤，随师镇将不能相机擒渠，此机会大为可惜，诗以志之

功过分明口是碑，如山号令总难移。
空言马革还尸日，不见征衣染血时。
论战有人同性命，摧锋独我复危机。
相期戮力张天讨，誓斩元凶作寝皮。

有的是抒发了征战中、战败后，凄凉的心境，如：

对　镜

轻舟一夜久相亲，海上烽烟羁此身。
问我头颊因何白，风涛万顷往来频。

有的是他勉励将士英勇作战而作：

连夜追缴勉同事

满天星斗映旌旗，逐冠征帆楫浪驰。
已觉么麽惊胆落，奈何众将反狐疑。
事机错过真堪悔，军纪森严岂可欺。
尚期和衷同报国，休教小丑乱纷披。

示弁兵

同舟切莫论尊卑，富贵当如卒伍时。
侯伯根苗休自弃，英雄无种汝须知。
授才深浅亦前因，甘苦常思与众亲。
立志总须为世用，休教暴弃悟斯身。

勗　将

战舰貔貅勇且坚，诸君莫错此机缘。
乘时自劝英雄志，纪绩须知是最先。
酬恩幸莫托空言，勇敢当为众将先。
功过分明须记取，军前法纪总无偏。
蔡逆逃出鹿耳门，外议纷纷，在军诸将多有不平，作此示意
功过分明路上碑，何须口舌乱支离。
事虽目击游难定，语是风传最可疑。
渤海波涛原不测，人间祸福岂能知。
此生总被虚名误，说到虚名悔也迟。

鹿耳门边着匪船，强支病体欲争先。
公侯骨相原无我，渤海风涛却有年。
世路崎岖会阅历，人情冷暖想当然。
招喉水涨渠魁遁，那个官兵肯向前。

有的写的是作者被人误解之后的惆怅：

偶 成

贼匪北来，兵船反向南去，劝令追兵，致有后言。自云，不愧天，不怕人，因而有作

羽书日日促归舟，为报邪氛又北投。
婉转箴规犹有恨，危言邹听更含羞。
往来如入无人境，焚掠何劳主将忧。
似此存心称不忝，论功应得是封侯。

有 感

兵船追捕不行尽力，外议纷纷，令人齿冷
海外烽烟久未收，几回督缉驻翁洲。
贼氛势大仍趋避，众志方张值洗舟。
到处常因风浪阻，闲来偏喜呈机谋。
莫言丑类终当去，不战如何事当休。
蔡逆未擒责重才疏，愁肠难解，作此呈诸同事
衰病残年强自支，长洋淼淼戴星驰。
渠魁未灭恩多负，壮志消磨事可知。
报国有心愁计拙，封侯无命笑情痴。
眼前丑类猖狂极，不世功名正此时。

还有的是对频繁出海、疲于奔命的无奈，如：

一

有谓予如获蔡牵必膺异数作答之

年来颇厌风涛苦，耐冷忘饥渐不支。

毁誉纷纷随世俗，行藏了了听推移。

眼前事业犹难定，身后浮名哪敢期。

自顾毕生虚报称，抚心未合起贪疑。

主不计利钝直有鞠躬尽瘁死而后已之意，岂仅以将略称哉。顾纯注。

二

盗匪北来，予方督师出洋追捕，逢雨阻以致闻风南窜，空劳往返，诗以记事

海捕谈何易，沧溟渺可知。

风翻千尺浪，雨阻一篷迟。

书角连天起，邪风晓夜驰。

空劳师往返，未得献俘期。

三

奉命统领两省舟师严拿蔡牵，不必勒限，恭赋一律志感

君恩浩荡总无偏，阃外官军倍悚然。

将将将兵归胜算，擒渠捡贼灼机先。

因宽严限精神奋，为稔洪涛体恤全。

只恐悴躬难报国，敢劳宵旰顾南天。

公之追蔡牵于黑水洋也，几获牵，以总统帜招闽师某，然逗桡不进，用此绝援被害，尽公戏下诸校如胡罗二镇及陈参军之不惜死者亦罕矣。其后，鱼山之役公族子增阶隶邱帅部下，首奋追击牵，沉其舟，寻以舟为贼轰裂，坠海凫水，仿佛见有双灯，先引呼其名，而挈之以出者公也，邱王二帅先后至，遂以成功。呜呼，岂非公之忠魂，实然默助于冥冥中而

终能歼逆贼报国恩也哉。甲申秋闱许邦光附记。

四

师次海门，台飓未息，抚提不谙水务，频促出洋
极目椒江水，粘天雪浪飘。
（江沿海中部台州湾入口处，旧称“海门”）
征帆如可渡，何事苦相邀。

有的写战争的艰难：

北洋舟中

风物阻孤舟，征帆去未由。
军粮只七日，缯纩未曾问。
盗迹知无定，狂涛刮不休。
当此苦寒际，难为北海游。
愿借鲲鹏翅，飞斩蔡牵头。
免兹年岁暮，还作水中鸥。

连日狂风未得追捕

飙风忽忽阻行舟，极目连天雪浪浮。
卧听残更消永夜，闷诗一卷破长愁。
威名敢望追前哲，庸昧终难克壮猷。
虔叩波神垂黯佑，相逢匆逢鼓狂流。

2. 亲情类

在人们心目中，一般武将多为莽撞、心粗之人，但是李长庚因自幼饱读诗书，平生“喜静坐”，故有着细腻的心思。在他的诗歌里，有对结发妻子的思念，如：

闺　思

闺中指已屈，为我计归程。
不料因风阻，徒劳去去情。
老妻接素书，未览色先喜。
既释远人心，又知官爵迟。
分携方半载，离绪每萦怀。
两地赋同心，都嫌入梦乖。

除夕夜，李长庚海上夜坐，想起自己六年未归家，思绪万千：

除夕夜舟中有怀寄内子

汪洋历碌事多乖，岁月蹉跎鬓已华。
识力总因思虑减，雄心每为折磨差。
长洋夜静鸣刁斗，战舰和风听鼓笳。
寄语闺门休念我，捷书一奏便归家。

自从沧海扫群邪，岁岁奔驰报尚余。
七事累君真可叹，一官似我亦堪嗟。
风波已定愁应少，身世无亏福便加。
万顷狂涛除夕夜，六年误读未归家。

剿捕任务未能完成，李长庚多次舟停宁波，修补买粮，几度过家门而不能入，他对家的眷念之外，也对妻子和家人充满了愧疚之情。

寄　内

闻将数字寄夫人，海外风霜昔所亲。
只为邪氛除未了，故停行过住江滨。

李长庚，“配吴夫人，无子。所养异姓子一，曰廷驹，乾隆乙卯科武举人，前殁。所养同姓子一，曰廷玉，实承公丧，有旨袭爵，为公后。吴夫人生二女，一字叶黄，未适而殇，一适同县安徽候补同知陈大琮”。[①] 孤处海上时，离家在外的李长庚会也想起他们。

哭骥儿

恍惚犹如在膝前，呼儿名字始凄然。
双垂泪眼悲秋尽，老态何人慰暮年。

寄示次儿廷玉

年来颇觉风涛苦，寄语吾儿要读书。
文武虽然同报国，荷戈总说是武夫。

李长庚，一生除了海上征战外，“公所至，修学校，作义冢”，[②] 自然他对自己的后代也寄予厚望：

示　儿

娶妻遣汝返家门，勤侍祖翁早共昏。
忠厚待人休自恃，学些孝悌做儿孙。

舟中示儿

暂时相聚复相离，膝下承欢慰母慈。
可记阿爷临别语，读书一事要深维。

寄示二儿

父书未读我知愧，继起书香汝责深。
娴熟文章功课毕，从容讨论要虚心。

---

① （清）王芑孙：《浙江提督总统闽浙水师追封三等壮烈伯忠毅李公行状》，《碑传选集》，第 597 页。

② （清）王芑孙：《浙江提督总统闽浙水师追封三等壮烈伯忠毅李公行状》，《碑传选集》，第 597 页。

尚有缥缃富，休嫌宦够穷。

暇时须展阅，莫饱蠹书虫。

（闻忠毅公年十七时，其先父赠公于课读之暇，令习骑射，就乡试会围隽俱，非其素志也，今观此诗，惓惓以读书为念，而平生宦迹所著者，修学校奖人才为多。公之志留心翰墨，博雅爱古，想见文采风流于今尚存。而公为不死也。甲申縠日许邦光又识。）

除了对妻儿的思念，诗中还有其对手足的怀念之情：

余早遭手足之痛，孤身独立，每当风晨月夕，思慕不置。夜来归雁声悲，触景伤情。爰赋二首，志悲感

海外孤鸿痛失群，晚来孤苦守黄昏。

欲归故国山千里，长伴天边月一轮。

顾影不堪怀雁阵，闻声更觉意蓖埙。

也知尘世多离合，依旧凄凉到十分。

念而双身逢岁暮，亏他两鬓尽霜痕。

可怜韵杳音难续，犹自伤心唤弟昆。

飞鸿海外唤连宵，回首云山万里遥。

呈张锦堤亲家

乘风破浪浙江涛，逐队舟师气象新。

岛外妖魔齐胆落，军前将士喜声高。

海天历碌凭虚度，岁月栖迟枉殚劳。

顾我不才空报负，擒渠端藉许同胞。

有些诗歌，抒发了李长庚浓浓的怀乡之情，家乡的一草一木、一羹一饭都会在某天的某一不经意时刻让这位远在海外的游子思恋不已：

舟中忆及家乡子鱼甚美，不能学张季鹰之思莼鲈

忽忽秋风起，莼鲈此际佳。
海洋长作客，所啖尽鱼虾。

思　归

淅淅西风起，莼鲈此际肥。
海洋波未息，迟我一年归。

思　乡

不觉乡情动，难为慰此衷。
故园今已芜，薄产早虚空。
涉世恨形役，归心慎始终。
置身名利外，绝口不言功。

答温人从弟

千里传来字字新，开缄点点看书频。
一筹莫展空垂泪，没齿难消痛恨身。
宠锡难寻官吏藐，控迁无奈子孙亲。
他年若得归乡井，羞作坟前祭扫人。

3. 友谊类

李长庚征战一生，与阮元、胡振声等官员都结下了深厚的友谊，有的对他有着知遇之恩，有的同他并肩作战。常年在外征战，与这些人的情谊在李长庚看来是弥足珍贵、常常感念的。

次韵奉酬阮芸台抚军

文章高映斗牛虚，绛节重临护象胥。
帷幄森严三尺法，指挥妙合六韬书。
不嫌樗栎加丹漆，着意箴规灭釜鱼。
漫许胸中有兵甲，经筹未称待何如。

开府推心若谷虚，要将民物纳华胥。
风清海外寒奸蠹，令肃军中畏简书。
报国自应亲矢石，酬恩未尽扫鲸鱼。
疏庸何幸叨青眼，媲美前贤愧不如。

擒盗夜归风雨纪事呈胡四兄
捕罢归来晚，扁舟任所之。
狂风吹冷面，骤雨湿旌旗。
浪蹴雷声响，身随电影驰。
此番危险处，唯我与君知。

恭读九月初六日谕旨，感激涕零，令人思死图报，而清公知己之感亦不能忘，恭赋二章以志不朽

天语惶惶感且惊，水师有过李长庚。
（上谕有试问水师有过李长庚者乎）
烽烟未靖劳宵旰，臣职难伸负圣明。
海外妖魔器涣散，军前众将将欢腾。
不才自愧非良将，幸报君恩惧此生。
（上谕有朕岂不自失良将耶）

寄傅碧山

分携方十日，离绪似三秋。
法古君知益，趋时我未求。
逢人倾腹吐，遇事呈机谋。
只此皆吾过，如何释隐忧。

寄怀从弟温人辈

揖别几经年，流光如丸转。
思慕一何深，无从到悃款。
往来执讯希，尺素通情罕。

忆昔诸棣萼，同堂交相勉。
何期各分飞，雁行忽中断。
兴言每及此，潸潸流老眼。
嗟予不孝躯，岂复能追远。
浮名难以成，负疚怀难遣。
顾影独抱惭，霜鬓两边满。
自欢日衰庸，益觉精神短。
回首望故乡，晨昏共缱绻。
犹问诸犹子，谁能驻足展。

哭陈春亭

岭表知名将，君才迥出群。
九原成幻梦，二老泣幽填。
（春亭有两代老亲）
临难情何惨，捐躯志独殷。
此心怀故旧，泪眼日纷纷。
当读公遗稿，致书陈参军。

哭陈春亭参军五古十二韵
一死报君恩，君才惜未展。
哀哉两代亲，泪滴陈江满。
视同掌上珠，受此珊瑚管。
教训喜成名，忠孝日相勉。
自从涉风涛，誓把妖氛剪。
舆论将才推，声名震边远。
遭际亦不虚，所恨命途蹇。
廿载真勤劳，官阶始两转。
杀贼竟如麻，身死名亦显。
为念戢狂澜，真诚见危险。

南忘弔孤忠，一动申情欤。

有时，路过某地、见到某景，李长庚也会触景伤情、睹物思人：

秋夜怀友

离绪托谁寄，别愁只自知。
哪堪异乡夜，兼忆故人时。
酒醒霜初落，天寒月已移。
此心怀百虑，如醉又如痴。

重在乐清寓协署有恨

昔年待罪此间来，榆柳纷披手自栽。
更有一番痴想处，欲将旧署做行台。
依然风景故人无，双柱庭前月影孤。
犹忆当时乘父命，莫贪莫鄙莫糊涂。

鹿耳门岁暮有怀

形役遍沧海，残年感岁华。
台城兵火乱，鹿耳炮声奢。
万绪攒心曲，孤舟泪水涯。
狂涛翻日落，瘦骨逐风斜。
久病精神短，穷愁旦夕加。
不才徒阃外，竟以海为家。

舟过蛟门有感

篷窗暗暗一灯摇，风雨征帆叹寂寥。
霢霂细流惊幻梦，咿呀栏橹劈寒潮。
蛟川门外洪波涧，虎屿山前巨舰飘。
今日提军重过此，不堪往事念终朝。

（去年八月追剿蔡牵，舟过蛟门，随师各船被浪冲击漂搁虎屿，坏去巨舰二号，今日过此为之怆神）

4. 抒情写景类

这一类，在《李忠毅公遗诗》中不如描写征战的多，很可能与其连年海上征战，难得有空休整赏景有关。正因为如此，在忙于战争的间隙，能写出来这样的诗句，足见作者内心对美好事物的渴望，对美好生活的向往，也可见其性情之高雅。例如：

月夜舟中即事

欸乃河中楫，轻移月夜舟。
得鱼思斗酒，有妇远难求。

春日即景

漫步村前路，春融淑气生，
云开山色翠，风静水波平。
岸畔桃花绽，堤便柳絮轻。
归途日已晚，林际忽钟声。

游佛顶

仄经穿幽谷，萦纡鸟道同。
当前如峭壁，翘首即苍穹。
一步一回顾，随弯随曲通。
方登菩萨顶，顿觉俗尘空。
展礼瞻壮像，焚香诉隐衷。
普陀称胜地，创始亦神功。

建溪舟中

昨夜祝溪头，风摇浪击舟。

不知何处雨，春涧竟添流。

横溪舟中即景

咫尺尘氛隔，幽居鸟雀喧。
苍松列绝巘，翠柏势苍天。
水曲舟行滞，戈横人欲颠。
一番轻意趣，随处乐陶然。

雨后登楼看山

葛衫风透冷于秋，正好溪前雨乍收。
四面风光青一色，斜阳独上看山楼。

花坞樽前微笑

傍晚晴窗面面开，春风花坞几徘徊。
问君底事微含笑，为爱中山红友来。

以上只是简单分类列举罗列了《李忠毅公遗诗》中的部分诗作，通过这些诗，可以看出，常年征战在外的岁月中，虽然辛苦劳碌，但是在李长庚的心中充满了对朝廷的忠诚，对妻子家人的爱恋，对战友同人的感激。这些诗歌，让人们看到在他的身上，既有大丈夫的英勇之气，敢于担当之勇；也有偶尔被人误解的郁闷，被人牵制、不当指挥疲于奔命的愤懑。将官方文档中的李长庚和诗歌中的李长庚放在一起考量，让我们看到的是有个性、有灵性、有情义的一代难得水师良将。只可惜，英雄生不逢时，最终死于敌手，含恨离开了这个世界。这跟个人际遇有关，当然与那个时代也是脱离不了干系的。正可谓“可怜巨浪三千尺，苦我疏庸力已殚”①。

他去世后，嘉庆皇帝委派福建巡抚张师诚前往同安祭奠，并恩准其养子

① (清)李长庚:《制胜无方空老岁月诗以志叹》,《李忠毅公遗诗》，厦门大学图书馆馆藏稿本。

李廷钰承袭其爵位。当时作为张师诚幕僚的林则徐曾写贺联给李廷钰，表达其对李长庚的钦佩和敬仰：

> 好武又能文，飞将军树万敌。
>
> 长生还极贵，谪仙人匹一品。①

一百多年来以来，关于李长庚事迹和传说，一直被人们津津乐道。清代笔记《老姜随笔》中还记录了一段传闻。在这段传闻中，李长庚与蔡牵是同村人，从小一起长大，一起在村里的私塾读书。每当老师外出，两个小男孩就打闹开来，以树枝为剑，跳跃劈刺玩耍，剑艺日渐精湛。初时，两人的感情还不错。但蔡牵从小与众不同，时常撂下狠话："倘若他日得志，我一定要踞某邑，屠某城，杀某官。"自小刚正的李长庚，当场就把蔡牵顶了回去："你说的是贼话。如果你得志了，踞邑屠城，我一定会灭了你。"没想到，一语成谶，长大后，两人走上了不同的道路，并一生都在海上厮杀。

而今在李长庚的故乡福建同安县马巷镇还保留着他的故居。（图：李长庚故居）

① 李文郑：《林则徐楹联辑注》，中州古籍出版社 1993 年版，第 28 页。

李长庚故居位于今翔安区马巷镇后滨村，是一座带护厝的前后二进式闽南红砖古厝，保存基本完好，古厝门上，悬挂着一块雕花门匾，上书两个贴金大字："伯府"。

在后滨村，李长庚的后人至今保留着李家的族谱。在《李氏族谱·四柱·七组分册》中，李长庚族名为"李致萃"，是父亲李格岳五个儿子中的老三。李长庚之后，还有两个儿子：李诚骥、李诚裕（李廷钰）。

2012年，厦门市思明区"中华城"旧城改造拆迁中，发现了两方与李长庚有关的重要碑刻，"一是清嘉庆癸亥（1803）的《重修宁波府学记》……碑文是由厦门同安马巷（今翔安）人，清代福建、浙江水师提督李长庚撰，钱塘（今杭州）书法大家梁同书书，江阴名刻师方云裳摹刻而成。另一方是嘉庆丁卯（1807）李长庚殉职后……是阮元于戊辰（1808）五月督兵到宁波，到前督李长庚的昭忠祠'哭祭'，诗名为《戊辰五月办贼至宁波，为前提督壮烈伯李忠毅公建昭忠祠，哭祭之》。祭文为一首七律悼诗，在《台湾诗钞》卷4和阮元的相关文献中可查原文。”

李长庚墓已经全毁，留有一块石匾保存在伯府之内。正面匾额上书“钦赐祭葬”，背面匾额上书“追封伯爵”。20 世纪 80 年代，两尊李长庚墓前的石狮及一碣墓道坊上的蟠龙透空圣匾也曾被当地村民发现，现存放在同安博物馆收藏。李氏后人手里见存有两块李长庚墓的墓砖。红砖为 30×30 厘米，砖上有工整的行楷字，依稀可见“……总统闽浙水师、军功加二级记录二次、追封三等□□（壮烈）伯、谥忠毅李公墓□（志）”、“不孝孤子廷钰仝泣血，期服孙善□敬书”①，“□□（嘉庆）十三年岁次戊辰九月”等的内容。据推测，可能为李长庚嗣子李廷钰撰写的《李长庚墓圹铭》。清代的李长庚神像，虽然遭毁，已面目模糊，但仍被翔安后滨村李氏子孙珍藏了下来（见下图）。

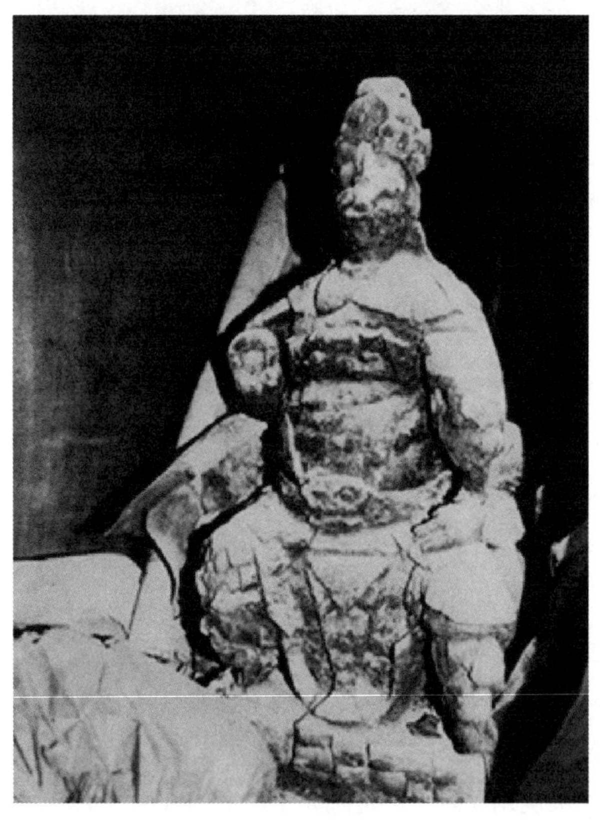

① 感谢厦门文史学者黄绍坚提供了这几块红砖的资料。

第六章　乾嘉海盗活动的落幕

第一节　朱濆、蔡牵的战死

嘉庆十二年十二月二十五日，李长庚战死，十三年一月二十一日，嘉庆皇帝得知此消息，悲愤不已，勉励水师将领趁机作战，迅速拿获蔡牵。“王得禄应即管领李长庚原带兵船，专注蔡逆，与张见陞等合力围捕。”①并对广东洋面追捕朱濆的行动也做了部署：“王得禄既经前往追剿蔡逆，则朱逆一路必须大员专办，且蔡逆现既逃至粤洋，恐有与朱濆盗船勾结之事。着吴熊光饬知钱梦虎，即责成该提督统率所带粤省兵船，专剿朱濆一股，杜其与蔡逆勾结之路，此为最要。”②五月，孙大率领一部分水师专门追捕蔡小仁一帮。闰五月，因为张见陞屡次追剿不力，福宁镇周国泰被重用。周国泰统带原带帮船内所有大船和十艘坚固同安大船与张见陞帮内新造大船即米艇、同安船十余艘，组成30只大船的船队“专剿朱濆”③。浙江提督王得禄在粤洋极西与夷洋交界之一带防堵蔡牵。闰五月，蔡逆再次出现在粤洋洋面，原来只剩下三只船的蔡牵，这次出现“同帮共有船四十余只，谅必勾结艇匪连䑸”。六月十二日，④蔡牵在诏安属胡仔洋面游奕，“因到越南均换为乌底艇

① 嘉庆十三年一月二十一日上谕，《嘉庆道光两朝上谕档》第13册。

② 嘉庆十三年一月二十一日上谕，《嘉庆道光两朝上谕档》第13册。

③ 嘉庆十三年闰五月二十一日闽浙总督阿林保、福建巡抚张师诚奏稿，《清宫宫中档奏折台湾史料》（十一），第626页。

④ 嘉庆十三年六月十九日闽浙总督阿林保奏稿，《清宫宫中档奏折台湾史料》（十一），第634页。

船，蔡牵本身乘坐之乌艇尤为高大”。① “蔡逆本身换坐之大乌艇可装六千余担。”②此时蔡牵已与乌石二等连䑸，上次黑水洋战败后，蔡牵窜到越南，本帮船损坏即行拆毁，粤洋盗首乌石二又挑送了乌底艇船十余只送给了他。十六日，蔡牵先行入闽，并遣头目不懂消招寻小仁、小臭等合帮。六月十三日，水师突袭匪船，十八日，不懂消被抓。十八日，在祥芝澳与蔡牵“从大乌艇船上搬过白底船，其船头俱插有红白及粉红三色旗号”。③ 十九日，驶进澳口与官兵交战。二十五日，经外洋窜至水澳浮鹰洋一带游奕，“旋与逆子小仁及柳舵等匪伙连，时分时合，大小约有匪船三四十只。”④二十九日，蔡牵又将本船三色旗号收去，只插红旗一面向北窜去。⑤ 蔡牵在整个过程中，不停与官兵交战，并且不断变化其船头所挂旗帜，并且深知闽粤洋之不同，到了闽省便将乌艇换回白底船，可见其对闽粤洋面水情之熟悉程度。

与此同时，闰五月初四、初五、初六等日，朱濆率船在淡水之滬尾洋面游奕，十二日窜泊鸡笼洋面，水师加紧力量部署严防其进占噶玛兰。六月初一，朱濆之族叔朱和先行上岸勾结接济水米，被官兵抓住。六月初二，朱濆为解救朱和，带领杉板 20 只，伙众八九百人分三路与官兵交战，午时至酉时四进四退后败走，收泊船只大小沙湾。“二十三四等日，全帮蹿至滬尾，二十五日黎明，二十三支先后乘潮驶进招口。”⑥护游击王赞、防守炮台之署司王肇化带兵与朱濆作战，严防他扑上岸。申刻，朱濆逃走。王赞率师追赶。酉时，大雨倾盆，风势很猛，朱濆占据上风，用火斗磁炮抛打兵船，水师伤亡

① 嘉庆十三年六月二十四日闽浙总督阿林保奏稿，《清宫宫中档奏折台湾史料》（十一），第 640 页。

② 嘉庆十三年六月二十四日闽浙总督阿林保奏稿，《清宫宫中档奏折台湾史料》（十一），第 641 页。

③ 嘉庆十三年七月初七日闽浙总督阿林保奏稿，《清宫宫中档奏折台湾史料》（十一），第 653 页。

④ 嘉庆十三年七月初七日闽浙总督阿林保奏稿，《清宫宫中档奏折台湾史料》（十一），第 645 页。

⑤ 嘉庆十三年七月初七日闽浙总督阿林保奏稿，《清宫宫中档奏折台湾史料》（十一），第 645 页。

⑥ 嘉庆十三年七月十七日福建台湾镇总兵武隆阿、福建陆路提督许文谟、按察使衔台湾道清华奏稿，《清宫宫中档奏折台湾史料》（十一），第 658 页。

严重。二十八日,署副将英林、署淡水同知翟淦赶来增援,双方酣战,朱濆一帮有大船一只连中十炮沉没,正在危急时刻,该船被各盗船杉板将贼众载回别船,将该船放火焚烧,之后齐向西北方向逃脱。七月二十七日,朱濆逃至韭山外洋,八月初四,窜过北麂外洋南去。

嘉庆十三年(1808)秋天,凤尾帮张治带领船只赴闽省投首,听闻张治投首,陈角也带领该伙三十四人、盗船一只投首。十一月月末,蔡牵在浙江台州、定海一带活动。朱濆在泉厦和铜山之相连屿一带外洋活动。十二月二十二日,蔡牵带领九只船只在台州洋面遭到官兵袭击,又有两船被击坏。朱濆方面,朱濆与朱周、朱盘等共有船四十余只潜匿长山尾洋,二十七日遭许松年等人带领的兵船袭击。当时,守备"黄志辉专注朱濆大船攻击,用炮轰击贼匪无数,又将所做商船直冲而撞翻大贼船一支"。① 这次战役中,双方损失都很惨重,朱濆身受重伤,战后没多久,十四年(1809)正月初十,朱濆身亡。据从他船上逃回的难民许蛟供称,"二十七日朱濆本身坐船在广东长尾洋面被兵船动拢攻打,有伊第三兄弟朱屋的妻子被炮打为两截,其朱濆本身眼并咽喉等处均被枪炮打伤,用药敷治不效。本年正月初十日饭后毙命。亲见贼众卸下船桅改作棺木,将朱濆尸身收殓停放船舱。"②嘉庆十四年正月初十是公元1809年2月23日,朱濆生于1749年,死时正好六十岁,人生一甲子。朱濆死后,其弟朱渥接管了他的队伍,继续在闽粤一带海面活动。

花开两朵,各表一枝。朱濆战死之时,蔡牵依然带领其手下在闽粤洋面活跃,不时与清廷水师交火。屡次交战,也使得他的势力日渐穷蹙,最终走上末路。二月十六日,在福州属之竿塘洋面,蔡牵与守备周应元所带舟师遭遇,蔡牵船内穿红贼目一名被轰毙,蔡牵率船连夜逃至浙江温州的南麂洋面后折回奔逃。十九日,蔡牵逃到北茭洋面,"四日之间,往返水程数千里"③

① 嘉庆十四年二月初十日阿林保、张师诚奏报,《清宫宫中档奏折台湾史料》(十一),第730—731页。

② 嘉庆十四年二月初十日阿林保、张师诚奏报,《清宫宫中档奏折台湾史料》(十一),第730—731页。

③ 嘉庆十四年二月二十四日闽浙总督阿林保、福建巡抚张师诚奏稿,《清宫宫中档奏折台湾史料》(十一),第735页。

三月二十三日，又驶至崇武一带，再次遭遇官兵堵截。四月二十六日，在白犬洋洋面又遇到孙大刚和周应元所带兵船。七月初二，蔡牵与乌石二连帮船只在大岞、海坛一带出没。清廷水师严密部署，“金门镇总兵许松年、护福宁镇项统等在仍带领兵船在南洋金厦一带堵捕，续后躡闽艇匪。其提督王得禄因探听蔡逆本船二十余支躡往北洋，即于初六日从竿塘赶过北洋追剿”。①

嘉庆十四年（1809）八月十八日，蔡牵在温州渔山黑水洋被闽浙水师夹击落海身亡。关于水师与蔡牵当时的交战情况，有两个大致相似但又有所差别的版本。一个是时任闽浙总督张师诚与福建提督王得禄、浙江提督邱良功的联合奏报，另一份是战后邱良功写给阮元的书信，其中详细介绍了黑水洋一战。这三人，是当时作战的主要首领，尤其王得禄和邱良功更是一线直接与蔡牵交战之人，两人均在战斗中受伤，战后俱被加恩赏爵。那么他们所描述的情况到底都是什么样，为什么会有了差别呢。我们不妨先把当时的奏报和书信等史料拿来比较，便可知其中细节和原因。

> 署闽浙总督臣张师诚、福建提督臣王得禄，浙江提督臣邱良功跪为殲除海洋积年首逆蔡牵，将逆船二百余犯全数击沈落海，并生擒助恶各伙党恭折驰奏，叩贺天喜事。窃照洋盗蔡牵一犯自著名之后，已有十余年往来浙、闽、粤三省洋面，戕害商旅，抗拒官兵，甚至谋占台湾，率众攻城，伪称王号，罪大恶极，实堪发指。该逆一日不除，海洋一曰不靖。仰蒙圣明节次指示机宜，无微不至，经调任督臣阿林保臣张师诚三载以来，凛遵训谕，杜绝接济，鼓励舟师，悉心筹办。臣张师诚本年七月间兼署督篆后，又复恭录前奉恩旨“若能歼除蔡逆，立膺上赏，不用命者严参治奏”为此谆谆严饬，俾闽浙两省带兵镇将备弁人等咸知感惧，迅速擒渠。一面密差妥人，分赴各海口严查偷漏。臣王得禄自李长庚出缺后，仰蒙皇上升以提督重任，统领师船，无时无刻不以歼擒蔡逆为念。

① 嘉庆十四年七月十一日闽浙总督阿林保、福建巡抚张师诚奏稿，《清宫宫中档奏折台湾史料》（十一），第676页。

臣邱良功在台湾仰蒙圣恩，不次升擢用至提督，于本年四月间到任，感激鸿施，力图报称。兹因蔡逆逃遁入浙，臣王得禄率同护海坛镇总兵孙大刚、参将陈琴等各兵船赶过浙洋，会合臣邱良功，即在北洋乍浦一带搜捕，未得踪迹。正在四路差探间，于八月十六日，日臣王得禄接到臣张师诚咨会，南洋尚有蔡逆匪船，该逆诡计多端，恐其托词在北，实匿在南，且逢台湾械斗未息，有并有朱渥帮匪船在台湾洋，诚恐勾结生事，嘱臣王得禄率师南回，探剿蔡逆，并防朱渥。臣王得禄与臣邱良功连艅返篷南下，于十七日黎明驶至渔汕外洋。果见蔡逆匪船十余支在彼超驶，当即督催兵船上前追捕。至午刻，浙帮舟师攻打，将各匪船击散分逃，仍与臣邱良功召集闽浙两省护总兵孙大刚、护副将谢恩诏、参将陈登捷、护游击陈宝实、守备郭继清、杨康龄、沈国龙及千总王宗植等各兵船，专注蔡逆本船，并力攻击，伤毙贼匪无数。时当昏暮，兵船连夜追踪，该逆船篷桅等项年久无处更换，均已破坏，不能逃遁。十八日早，追至不识名目黑水外洋，兵船又复拢攻。游击陈宝贵左手、把总江茂显右膀俱被炮伤。臣王得禄、邱良功一齐冲至逆船，抛掷火器火罐，薨贼甚多。时有守备李增阶、候补从九品余俊管驾雇用“金吉顺”商船亦赶来并拢，被贼船火斗投入舱内，火焰勃发，李增阶、余俊及同船兵丁俱被烧伤，船只登时烧毁。又有参将陈琴驾坐“成”字八号大船赶来冲击。并用火器烧毙贼匪多名，该参将左右两脚均被贼铁锚戳伤，船只被贼□轰散漂没。两船炮械及所携口粮、银两俱已沉失，官兵亦皆落水。参将陈琴当时捞救得生，其守备李增阶、从九品余俊二名亦经浙江帮兵船捞救。该逆又用大碇札住臣邱良功之船，拼命抵拒。臣邱良功督率本船弁兵等奋勇击杀，捞捡匪犯七名。臣邱良功左腿被贼枪，并有在船随缉之胞侄邱成勋被贼打落下海漂没。本船、两肢俱被贼船碰坏，船舱进水，经浙帮将备船前来救护，牵带收回。护总兵孙大刚本船亦被击坏。臣王得禄仍紧拢逆船，奋力攻击，不稍放松，忽有匪船一支赶来救护，经即用守备杨康宁带回接粮通判查廷华所派在洋随缉之役勇陈庚等连放大炮击沉。匪众全行落海。因值攻逆紧急之时，未能放下杉板捞获。蔡逆仍敢指挥本船伙众抵死抗拒，势甚凶横，贼船因不得铅丸接济，用番银为炮子点放。臣王得禄家丁苏兆被贼炮打为两段。臣王得禄本身右额角被贼炮内番银打伤一处，血流晕倒，又被贼炮打落板片撞伤，左手腕骨损。经本船弁兵赶紧救醒，用药敷治。臣王得禄恨深切齿，奋不顾身，仍喝令千总吴兴邦、把总蒲立方、外委赵世芳连抛火斗、火罐，烧坏逆船边尾楼。臣王得禄本身坐船将逆船后舵趁势冲断，逆登时落海沉没，该逆同伊妻并船内伙盗一起落水。各兵船赶拢捞捕，经守备陈康宁、外委张正、额外陈荣成及参将陈琴等共计捞获人犯二十五名，其蔡逆本身同伊妻被浪卷没。提问所获人犯内贼伙十九名，难民六名，据称蔡牵手足俱被火药烧伤，实系落海淹毙。船内伙众有二百六十名；除伤毙外，余俱沉没。现在黑水深洋风狂浪涌，未能打捞逆尸。察看形势，似在温州所属外洋。臣王得禄随带各兵船于十九日收到福宁属之三沙，即乘北风于二十一日驶抵厦门。臣邱良功船支收到北关，换坐温州镇李光显帮内船只，亦乘北风于二十三日驶至厦门北洋。此次攻剿逆匪，闽浙两帮内伤毙及受伤员弁兵勇，因现在尚有未到船支，容俟各船收齐再行确查，照例题咨办理。臣张师诚兵船收进厦港之信，即亲赴各船看视，邱良功腿伤尚轻，行动如常，惟王得禄额角手腕各伤较重，用绸包扎，不便揭看。据云右额角被贼番银打过，骨损髓见，抽痛难堪。恐船上调治不便，劝令就近回署，加意调养，并觅良医诊治，以冀速痊。一面将所获匪犯难民提至行署，督同因公在厦之汀漳龙道海庆、与泉永道多霖岱、同知叶邵莱、通判查廷华、王桂等隔别审问，全称蔡逆本身手足受伤，落海及击沉船实系该逆本身船只，均属相同。诘以沉船处是否外洋，抑系内洋，附近有无山岛，据盗犯陈盼等供称，实系深水外洋，浩渺无际，四围并不见有山岛。又据难民纪总等供称，伊等于逆船沉溺之时，先行凫水扒上兵船，眼见蔡逆浪卷淹毙。其时该逆帮伙匪船各船早经剿散去，仅有该逆义子小仁与逆伙“矮牛”两船，亦相离甚远，且见兵船势盛，不敢前来捞救。若该逆果有逃脱得生，伊等系受害之人，尚求官兵剿捕泄愤，何肯代为捏饰等语。并据出具切实手模甘结“蔡逆如果得生，情愿治罪”等字样。查蔡逆受伤落海，已据本船贼伙难民共指确凿，且臣王得禄与同帮各船内员弁均经目击，实无疑义。臣张师诚因该逆尸身未据捞获,现在解到各犯有称眼见淹毙,有称危急之际只见其落海,不如有无捞救者,供词不一,是以再四推求,不厌详慎。但难民均系眼见掩毙,各据切实,所供十分结实,臣王得禄与各弁兵亲身在洋,且观该逆落海之时,小仁、"矮牛"二船并不能赶来捞救,臣邱良功本船虽先已被损,离不甚远,瞭见逆船沉没,实无伙党赶救。询之护镇孙大刚及各弁兵,众口一词,且称其地系黑水深洋,该逆素食鸦片。即身体羸弱,断不能浮板浮起。是积年稔恶,虽未经擒获,明正典刑,而溺毙深洋,鲸吞鱼嚼,即与凌迟通无异。该逆恶贯满盈,人人切齿,近因不得接济,船篷已破,铅弹用尽,经官兵昼夜专注围攻,将该逆全船击没,巨恶顿除,洵足仰疏圣廑,大快人心。所有解到各犯内,有屡次拒敌官兵,现在受伤垂危之陈盼、刘冰二犯,臣张师诚审明后,即恭请王命,饬委与泉永道多麟岱、署水师体表中军参将福珠灵阿,先将二犯在厦门海口凌迟处死,以免幸逃显戮。余犯暂行监禁,各逆无不胆落惊惶,心离解散。闻一蹿回闽洋,臣张师诚面嘱邱良功与现在同来厦门温州镇李光显将兵船略微修整,乘此胜势,赶往搜捕净尽,以绝根株,并饬孙大刚一体搜缉,免致纵漏。除将此次攻剿逆船出力各员弁先行开单,恭恳圣恩,分别奖励外,所有歼除积年首逆缘由,谨遵前奉谕旨,由五百里驰奏,叩贺天喜,伏乞皇上睿鉴,谨奏。①

这是嘉庆十四年(1809)蔡牵战死后的奏折,其中详细叙述了蔡牵战死的整个过程。战争进行得相当激烈:双方不停投掷火器,兵船不断撞击蔡牵帮船只,多人落水淹毙,最后蔡牵没有炮子可用,便用番银做炮不断作战,最终因寡不敌众,手足俱伤,坐船被打翻落海被浪卷走。这篇奏报,是战后张师诚会合了王、邱两人之后所拟的。

下面的另一叙述是在邱良功写给阮元的书信中,当年八月二十日,阮元已经交印进京,九月二十三日,抵京。"到京之后始接浙江提督邱良功书,

① 嘉庆十四年八月二十六日,"署闽浙总督臣张师诚、福建提督臣王得禄,浙江提督臣邱良功跪为殲除海洋积年首逆蔡牵,将逆船二百余犯全数击沈落海,并生擒助恶各伙党恭折驰奏,叩贺天喜事"折,《清宫宫中档奏折台湾史料》(十一),第798—802页。

始知八月十七日攻击蔡逆情形。”①作为其老部下，邱良功向不仅汇报了蔡牵战死的情况，似乎期间还隐藏了一些委屈。在信中，邱良功这样写道：

> 中秋后接奉初四日所发手书，承示折稿，谨悉一切就稔，长兄大人于廿二日荣行，并以弟得有胜仗，嘱与王提军会奏，俱见关爱之心，无不筹计周至，真令人感铭五内。弟与闽帮在北岸搜无匪踪，即返篷过南，十六日抵牛栏基。探闻该逆在于黄岩所属之鱼山外洋潜踪，即连夜开行。十七日黎明，驶抵该处，果有盗船十余只在彼起篷驾逃。浙帮兵船先行赶上追击，各匪俱返篷放炮拒敌。内有绿头犬盗船一支，认系蔡牵本身之船，挥令各兵船注定围剿。该逆放炮回击，将童镇升坐船头桅打损，各兵船俱占上风，回环攻打。该逆兵船凶勇，方向东南外洋驾逃。兵船随追随击，自卯至申，击毙盗匪无数。已追至黑水深洋，闽帮兵船方始赶上。弟与海坛镇军并拢逆船，两下接仗，火斗交抛。因外洋浪大，不能过船，逆船随浪戗出，时已入夜，弟带兵船俱在上风截住跟追，该逆不能逃遁。十八日寅刻，各兵船又复赶上逆船，联络攻击。该逆且拒且逃，有提标署右营游击陈宝贵被贼炮打伤左手，浙帮兵船并拢仰攻，俱被逆船抛下火斗轰击，官兵俱有伤毙。攻至午刻，已过黑水深洋，又见清水。弟想深洋辽远，旋又天晚，恐被逃逸。弟之船先行并拢逆船，王提军之随后赴上，并在弟船外，将弟之船夹在中间，枪炮齐发，刀斧交攻，盗匪见势凶勇，俱纷纷跳水。因逆船插花大篷缠住弟篷之上，将艇船席篷即时扯碎，逆欺弟艇船，竟敢用碇扎住弟船，意在拼命决一死战。弟左腿被枪戳伤，胞侄邱成勋与贼格斗，落海淹毙。外洋涌浪，逆船与王提军之船两下摆，将弟船上舨边，船尾玉㡳俱行碰坏，兵丁站立不住，多有落水。因弟船上边碰掉，逆船之碇勾扎不住弟船，随波撇下，王提军之船亦即戗开。时有海坛镇孙镇军、乍浦营参将陈琴、守备李增阶俱从逆船外首撞拢，该逆连抛大斗、火星引入陈琴、李增阶叶舱，

① （清）张鑑等撰：《雷塘庵主弟子记》卷3，《阮元年谱》，中华书局1995年版，第93页。

将该二船即时轰开，登即沉没，官兵落水，各兵船放杉板捞救，将陈琴，李增阶救起，并捞获跳水盗犯胡有均等七名。弟坐船仅存底碗，又复发漏，幸命柁未损，得免沉溺。因东风猛烈，尽用头篷，随浪漂放，浙帮之船见弟之船损坏，前来保护牵带。王提军与孙镇台等船仍在围攻逆船，遏见炮火联路。弟于酉刻驶过深水洋，见王提军坐船亦返篷收转。此闽浙两帮会同攻击逆船之实在情形也。弟于二十日收抵北关，查点各兵船，尚有几只未曾收到。随将伤毙兵丁赴紧恤赏医治。损坏各船驾温修理。讯据盗犯有均供称，小的广东人，落蔡牵船已有三四年。船上共有盗匪二百五六十人，十七、八等日被兵船打死约二百人，被火斗烧伤数十人，只剩二三十人，蔡牵躲在舱不敢出来。小的在前舱见船漏沉水，船板涌起，小的走上舱面，闻蔡牵要发火药舱自烧，小的着慌，所以跳水，即被捞获，求开恩等情。适温州镇军前来北关会合，弟随换坐船只，开行过南搜剿，并访王提军与各兵船下落。廿二日，驶抵崇武，闻王提军兵船先与南下，弟若自行具奏，既恐两歧，且逆船被浙帮兵船攻击，如此狼狈，曾否沉没，未得实信，随即过南，于廿三日抵厦门，张署制军亦在该处。王提军被贼码交打伤额角手腕，在署医。蔡逆坐船已被攻沉。此次围剿，浙帮兵船俱奋不顾身，掩拢逆船攻打，以致该逆不能逃遁。闽帮大船重笨，王提军于十七日一晚间方始赶上，此时该逆之船已被浙江帮攻打狼藉，弟坐艇船尚曾数次并拢逆船，用碇扎住，相攻一时之久。王提军之船反在弟船外，以致弟船碰坏，浙帮前来救护。虽不克将逆船攻沉，而该船业已垂危，闽帮现成收功。现经张署制军具奏，以闽帮稍优于浙江帮，其实浙帮实优闽帮。总之，国家公事，首恶已除，海洋绝此大患，亦快事。现惟剿搜余匪，务期廓清洋面，以副长兄大人数载焦劳绥靖之至意。统此缕布，恭请台安，惟希心照朕，不尽欲宣。①

比较这两份关于蔡牵灭亡之战的描述，我们发现了其中的一些不同：张

① （清）张鑑等撰：《雷塘庵主弟子记》卷3，《阮元年谱》，中华书局1995年版，第93—95页。

师诚的奏报中，王得禄及其所带闽帮作战英勇，伤势较邱良功也要严重。而在邱良功的信中，邱良功表明是因为浙帮水师先行将蔡牵部分主力牵制，浙帮船只被敌方毁损严重，不能上前作战，王得禄带领的闽帮才获得了良好的战机。他最终认为“张署制军具奏，以闽帮稍优于浙江帮，其实浙帮实优闽帮”。虽没有明说奏报不公，但也是叫苦抱屈之意。

那么为什么会有这样的不同呢，再来看一下嘉庆皇帝在接到了张师诚所上的奏报之后的上谕，答案就浮出水面了。

九月十二日，奉上谕：张师诚等歼除海洋积年首逆蔡牵，将逆船内二百余犯全数击毙落海，并生擒助恶各伙党一折，览奏欣慰之至。洋盗蔡牵一犯原系闽省平民，在洋面肆逆十余年，往来闽浙粤三省，扰害商旅，抗拒官兵，甚至谋占台湾，率聚攻城，伪称王号，不特商民受其荼毒，官兵多被伤亡，并戕及提督大员，实属罪大恶。该逆一日不除，海洋一日不靖。节经降旨，谕令该督抚等严禁接济，鼓励舟师，速擒巨恶。兹据张师诚奏称，王得禄接到咨会，南洋尚有蔡逆匪船，王得禄即与邱良功连䑸南下，于十七日黎明驶至渔山外洋。见蔡逆匪船十余支在彼超驶，当即督催闽浙两省舟师专注蔡逆本船，并力攻击。逆复敢用大碇扎住邱良功之船，拼命抗拒，邱良功被贼枪戳伤。其时王得禄紧拢盗船，该匪因不得铅接济，用番银为硝子点放，王得禄身被击伤，仍喝令千总吴兴邦等连抛火斗火罐，烧坏逆船边尾楼。……毫无疑义。王得禄、邱良功协力奋追，歼除首恶，均属可嘉。而王得禄额角手腕各受重伤，仍复奋不顾身，赶贼船追剿，致该逆登时落海，厥功尤伟。王得禄加恩晋封子爵，并赏给双眼花翎、白玉翎管一个、白玉四喜扳指一个、白玉大吉壶芦牌一个、金丝棉扳指套一捆、大荷包一双、小荷包二个。邱良功大腿受伤，本舟被贼艘碰坏，不能前进，劳绩稍逊。邱良功着加恩晋封男爵，仍赏给白玉翎管一个、白玉四喜扳指一个、金累丝扳指套一个、大荷包一双、小荷包二个。至该逆用番银做为硝子，可见铅丸已属罄尽。所有阿林保、张师诚年来于各海口按巡防严密，一切火药、米石概行禁绝，不得稍有偷漏，该逆乃日益穷蹙，力行歼灭，办理实属认真，总督阿林保,巡抚张师诚等均着交部从优叙议。张师诚着加恩赏给大荷包一双、小荷包一个、金累丝鼻烟盒一个、白玉镶嵌带板三块,以示奖励。共随同王得禄舟师之护总兵孙大刚,此次会剿蔡逆,协力围攻,亦属奋勉,着加恩赏,还总兵原职,仍赏戴花翎。参将陈琴奋勇扰攻,受伤落海,护救得生,甚属出力,着加恩遇有闽浙两省水师副将缺出,优先补用。守备杨康龄、李增阶较众尤为出力,着加恩遇有游击都司缺出,尽先补用,仍赏戴花翎。千总吴兴邦,着以守备即用,把总蒲立方,着以千总即用,外委赵世芳、张正,着以把总即用,额外委陈赐福、陈荣成、吕凤鸣,着以经制外委即补,均着先换顶戴。署游击黄国哲随同出力,着以游击升用。千总李天华,着以守备升用。把总王永翁,着以千总升用。外委龚朝升,着以把总拔补。额外委李尚贵,着以经制外委拔补。通判查廷华在洋随缉,攻沉匪船,尚为勤奋,着加恩赏加同知衔,仍赏戴花翎。候补从九品余俊跟随出洋,受伤落海,遇救得生,着加恩以县丞升用。其随同邱良功舟师内之总兵童镇升,前因未经合帮剿捕,革去顶戴,革职从宽留任,兹该镇首先追及逆船,尚属奋勉,赏还顶戴,准予开复。游击陈宝贵勇往奋击,尚属出力,着加恩以参将升用,仍赏戴花翎。游击谢恩诏随同攻剿,奋勇向前,着加恩以参将升用。千总王宗植、吴尧臣、张君昌,着均以守备升用。候补守备程尚蛟,着遇有守备缺出,尽先补用。把总江茂显,着以千总升用。参将陈登捷,守备沈国尤、郭维清,署守备事千总吴清、许廷元,把总陈步云、周圣章,外委蔡得胜、马殿祥、陈永升、许元豹、赵连发、叶廷贵、李元等十五员,随同攻剿蔡逆,均属奋勉,着交部议叙。王得禄之家丁苏兆、邱良功之侄邱成勋,着交部以把总例赐□。其出力各兵丁,着分别拔补。此外,如有出力员弁,仍着查命保奏。

兹发去五钱重银牌二百面,着赏给闽省员弁,三钱重银牌二百面,着赏拾浙省各员弁;小刀十把、扳指十个、翎管十个,着赏给闽浙两省出力各员弁。其共闽省兵丁,着赏给一月钱粮,浙省兵丁,着赏给半月钱粮。数年以来修铸船只炮械,筹备口粮,并防守口岸,杜绝接济之大小文武各弁,着交新任总督方维甸会同张师诚秉公确查,分别具奏,候朕施恩。其蔡牵义子小仁与伙逆“矮牛”，并着严拿务获，以净根株。特此通谕中外知之，单并发。钦此。①

邱良功与王得禄所得赏赐有别，浙江水师和闽省水师所得嘉奖也有差别，并且相差几乎一倍。而邱良功认为“以闽帮稍优于浙江帮，其实浙帮实优闽帮”。虽然现在还难以判定邱良功写这封信时，参与作战的水师是否已经得到嘉庆皇帝的奖赏谕令，但是从中我们可以看出，在当时，汇报的言辞上稍有不同，可能就会影响到随后的军功俸禄。

实际上，在此前的战斗中，王得禄所受嘉奖就已经优于邱良功。这在嘉庆十一年(1806)的一些奏报和廷寄谕旨中就能发现王得禄已经多次被嘉庆帝奖赏，如十一年(1806)五月十七日，蔡牵复窜至鹿耳门后，在赛冲阿的指挥部署下，王得禄、邱良功、张见陞所率三支兵船队伍一起合攻蔡牵。王得禄首先冲入贼船阵内，兵船一起拥入，枪炮齐发。邱良功亦乘势由招外夹攻。② 六月初一，蔡牵仓皇逃出鹿耳门后，就曾有人向皇帝请旨“此次澎湖副将王得禄首先带兵冲入贼阵，甚为奋勇，可否恩加鼓励”。③ 七月初七，军机大臣廷寄赛冲阿，嘉庆帝做出奖赏决定，“王得禄着赏加总兵衔，邱良功着赏加副将衔，赏给张见陞、王得禄四喜扳指各一个，大荷包各一对，小荷包各三个”。此番受奖，王得禄就已经是超过邱良功。再往前推看，二月初，与蔡牵在鹿耳门的那次战斗中，随同李长庚作战的王得禄也是率先冲入洲仔尾，击散陆路贼匪，也是出力不小的。虽然此次蔡牵窜逃，李长庚自请革职，嘉庆帝并未应允，只是象征性地摘了他的顶戴，随同作战的副将王得禄、署副将邱良功此时姑复宽免，革去顶戴随李长庚等戴罪立功。④ 但是，王得

---

① 嘉庆十四年九月十二日上谕，《嘉庆道光两朝上谕档》第 13 册，第 539—541 页。

② 《台湾道任内剿办洋匪蔡牵督抚等奏稿》(二)，《台湾文献汇刊》第六辑，第三册，第 423 页。

③ 《台湾道任内剿办洋匪蔡牵督抚等奏稿》(二)，《台湾文献汇刊》第六辑，第三册，第 428 页。

④ 嘉庆十年三月初八奉上谕，军机大臣字寄钦差大臣广州将军赛、闽浙总督玉、浙江提督李，《清宫廷寄档台湾史料》(一)，第 611、612 页。

禄的英勇善战不能不说也是给嘉庆帝留下了深刻的印象。如果据此考察，或许一定意义上也能解释为何在蔡牵最后被剿捕后，王得禄所受嘉奖要高于邱良功。

第二节　朱渥、张保的投诚

嘉庆十四年(1809)正月，朱濆战死。八月，蔡牵战死，他们两个所带队伍是当时闽浙粤海上主要的海盗力量。两人的战死，也标志着清代乾嘉年间的海盗组织开始走向衰微和覆灭的道路。

朱濆死后，其弟朱渥带领他的部众在海上活动，此时清廷的剿捕势头强劲，导致他在海上不断奔波窜逃，朱渥不愿为匪。嘉庆十三年(1808)三月，台湾道清华内渡途中，曾遭海盗袭击，朱渥及时出现将其解救，护送他们上岸。此次，朱渥托清华捎带投诚消息给阿林保等人，表示自愿投出。

> 台湾道清华携带眷口内渡商船……在东碇外洋瞭见贼船……三月十八日在深沪外洋遇见蔡逆帮贼伙数支赶拢围劫。……正在危急之际，忽有大帮匪船从崇武外洋而来，将蔡逆帮伙贼船赶散。该道见贼船高大，人数众多，力不能抵击，即挺身站立在船首大呼我是前任台湾道，尔等何敢妄动。匪船内闻知，当有头目出舱答话，是朱濆之弟朱渥，又名朱三，一面吩咐各船盗伙不准搬抢杂物，一面带领贼目数人过船向该道磕头。……现在伊等有投首之心，诚恐到官不能免罪，恳求该道转禀：许伊等率众来头并恳酌赏盗船数只，留为经商，养活伊寡嫂同幼侄之资。伊等共有匪船数十余支，分散在闽粤各样。若准投首情愿招集同来，每船添配官兵将蔡逆及海上零星匪船搜捕尽净，以赎前嫌。言辞恳切，实出真诚，乃亲带船只护送该道眷口人等至兴化府属之上欧海口登岸。①

① 嘉庆十四年二月初十闽浙总督阿林保奏稿，《清宫宫中档奏折台湾史料》(十一)，第745、746页。

此后，朱渥“屡次遣线民前赴舟师禀称情愿擒拿蔡牵赎罪”。① “九月二十日，全帮折向外洋开去，旋由外洋蹿至霞浦县所属浮鹰、水澳洋面，屡向福宁府及霞浦具禀恳降。”②这次，因为帮内人员与该处居民发生口角，朱渥“复由水澳至黄岐向连江县文武禀恳”。③ 在黄岐洋停泊之时，朱渥船上伙众上岸取水、买药，与乡民再次冲突，二人被乡民用矛戳死，这次朱渥未敢争执，并且将其他与乡民争执之人丢下海水，“又驶至县属之定海汛洋面，向守口官员哀恳”并“严束伙众，无一人登岸滋事”。④ 方维甸和张师诚各派出邱良功、李光显和朱恒前去受降。“朱渥带领各头目亲身上岸，叩头痛哭，恳将船只炮械点收，并随同官兵出洋效力。”此次，朱渥来投之船有四十二只，人员三千三百名。二十四日，又将炮械全部交官，其中大小铜炮铁炮八百余门，内有约重五六千斤大炮，其余而千斤至三百斤不等。闽浙总督方维甸、福建巡抚张师诚在奏折中写道，“朱渥碰头痛哭，陈诉少伊兄朱濆因同受族众欺凌，下海为非，屡欲投出。总怕治罪，迨朱濆及伊妻林氏均被官兵击毙，伊接管船只，即欲来投，又恐到官仍须治罪，无由自达，适救护台湾道官船当经面恳，数月以来欲招伙众，各船不敢在内地停泊，故在鸡笼洋面等候，不敢滋事。又因秋令西北风甚大，屡次遭逢折回。损坏大小船十余只，九月二十二、二十三日等天气晴暖，风色转南，因向北面外洋开驾，等候东北风气，始驶至福宁一带内洋投诚，因此迟延多日”。⑤ 朱渥投诚之后，其伙众“分别遣散回籍安插……其情愿随同缉捕者，挑出精壮二百五十余人，并头领四十余人分派兵船随同出洋”。出洋作战的投诚海盗，“如有实在出

① 嘉庆十四年七月二十五日闽浙总督阿林保奏稿，《清宫宫中档奏折台湾史料》（十一），第 770 页。

② 嘉庆十四年十一月十二日闽浙总督方维甸、福建巡抚张师诚奏稿，《明清宫藏台湾档案汇编》第 118 册，第 396—397 页。

③ 嘉庆十四年十一月十二日闽浙总督方维甸、福建巡抚张师诚奏稿，《明清宫藏台湾档案汇编》第 118 册，第 396—397 页。

④ 嘉庆十四年十一月十二日闽浙总督方维甸、福建巡抚张师诚奏稿，《明清宫藏台湾档案汇编》第 118 册，第 396—397 页。

⑤ 嘉庆十四年十一月二十八日闽浙总督方维甸、福建巡抚张师诚奏，朱渥投诚即附供单，《军机处录副奏折 · 农民运动类》，中国第一历史档案馆馆藏。

力者，并可加恩奖拔，赏给官职”。对于朱渥，“准其率同眷属在省城居住，并准于船只实价下赏给养膳银两”，并规定，如果出洋捕盗缉捕出力，还可以视情况进行奖赏。朱濆和其妻的尸棺“准给就近掩埋”。① 十五年(1810)七月，朱渥因为随同剿盗“颇加感奋，今能跳过贼船擒拿多犯，加恩赏给把总，以示鼓励”。②

朱渥投降之前，十四年(1809)五月十四日，小臭帮在其头目张然的带领下在五虎门投诚朝廷。朱渥投降之后，闽海洋面的海盗陆续被剿灭或者投诚。十五年(1810)七月，蔡牵义子小仁、文福和头目吴淡、吴三池，曲啼幅、李敬等先后率众一千三百余人，船十五只、大小炮九十八门、乌枪二十六杆、器械一百五十八件、铁子七百余粒分别至福建水师提督王得禄、代办福建陆路提督总兵徐锟处“哀恳呈缴炮械”③投诚。李敬系曲啼幅伙众，陈添系骆仔蓝伙众，他们各带各自船只、人员投首。其中小仁年仅十四岁，“十年被蔡牵抢夺上船，伊父母当场被杀害，其时小仁年甫九岁”。蔡牵死后“始知父母被害”之事。于是，日夜啼哭，并与陈赞等人商量投出。文福原系蔡牵船上舵工之子，后被蔡牵收为义子，投诚之时才七岁，并不知道自己的父母是谁。这两个尚未成年的人，小仁年龄在十五岁以下，“牢固监禁，俟成丁之时发往伊犁乌鲁木齐等处安插”，文福年龄在十岁以下，照律“交值年旗，酌给有力之满洲蒙古汉军大臣，文职三品以上、武职二品以上官员为奴”。④ 秋冬之际，又有“凤尾帮陈、孙吴尾从来投诚，四百余人，著名之骆仔蓝、卢一一帮一百六十人亦续乞降”⑤。此后闽浙洋面渐趋安宁。

面对清廷政府大力的剿捕和招抚工作，闽浙洋面的海盗陆续投诚，与此

---

① 嘉庆十四年十一月二十八日军机大臣字寄谕闽浙总督方维甸、福建巡抚张师诚，《明清宫藏台湾档案汇编》第118册，第448页。

② 嘉庆十五年七月十一日军机大臣字寄，《明清宫藏台湾档案汇编》第121册，第173页。

③ 嘉庆十五年六月十九日闽浙总督方维甸、福建巡抚张师诚“办理小仁等帮股率众投诚分别遣散解省照例定拟”奏稿，《明清宫藏台湾档案汇编》，第25页。

④ 嘉庆十五年六月十九日闽浙总督方维甸“办理小仁等帮股率众投诚分别遣散解省照例定拟”奏稿，《明清宫藏台湾档案汇编》，第27、28页。

⑤ (清)张师诚:《一西自撰年谱》，《台湾文献汇刊》第六辑，第四册，第123页。

同时，嘉庆十四年(1809)底至嘉庆十五年(1810)，处于巅峰状态的广东海盗很快走上了大批投降、被剿灭的道路。

朱渥投降之后，粤省外洋尚有郭婆带本名郭学显、张保二股，船数最多，剽掠亦日久。十四年(1809)春，百龄代吴熊光督粤，上任之后，他采取的是剿抚兼施的策略。他主张，“欲挫贼之锋，则利用剿，欲涣贼之势，则利用抚。剿必先戮其渠，而后能散其党；抚必先散其党，而后能擒其渠。此乌合之众耳，孰肯舍生以求死哉”。① 他认为“要之海战，惟恃船坚炮利，与断接济而已，循之则胜，违之则败”。② 他相信海盗赖以生存的接济来自岸上，于是“派员吩咐各海口遍察米谷船及他禁物之出洋”③，在沿海地区断绝接济，严查严禁岸上对海盗的接济，将粤粮运输从水运改为陆运，海路运盐改为陆路运盐，沿海硝磺的各厂寮都改为商办，南澳厅和琼州隔之间的商船派兵护送。这样，海盗所需水米、炮械难有接济，不得不上岸抢劫。同时，百龄在沿海隘口严加布防。在内地，他通过保甲制度建立一支真正的民兵武装，“令村落募敢死士互相捍卫，其要隘则戍以重兵把守”，“凡盗平时所犯之境树木栅筑架台堡”④用来对付海盗上岸劫掠。与此同时，百龄还奏请添设战舰炮械，加强水师出海捕缴的组织，利用盗首之间的矛盾离间他们。他说：“欲挫贼之锋，欲涣贼之势，则利用抚，以贼攻贼。”⑤在这种情况下，海盗的生存环境越来越差，越来越多的海盗开始考虑投诚以保其自身发展。

对于粤省海盗，他先从东中两路入手，梁保首先被许廷桂剿灭。随之来投诚的接踵而至。粤省最大的海盗剩下张保和郭婆带。十四年(1809)秋，张保与清水师在赤沥角之大屿山交战。战斗中，百龄命兵船堵塞海口，“载

---

① (清)温承惠：《平海纪略》，《丛书集成续编》第279册，台湾新文丰出版公司，第60页。

② 《清史稿》卷343，中华书局1977年版，第11263页。

③ (清)温承惠：《平海纪略》，《丛书集成续编》第279册，台湾新文丰出版公司，第59页。

④ (清)温承惠：《平海纪略》，《丛书集成续编》第279册，台湾新文丰出版公司，第60页。

⑤ (清)袁永纶：《靖海氛记》下卷，第13页。

草数十艘，实以硝磺纵火焚之”。① 张保拼命而战，连夜逃逸，途中遇到正要投降的郭婆带，向其求援。郭婆带不仅没有帮助他，还“与郑乙帮力斗，夺郑船及己众五千余，大小船九十余，入平海投献”②。百龄亲自赶赴平海接受了郭婆带的投降，当时郭婆带所带伙众有“六千余人，船百十有三，铜铁炮五百，兵械五千有六百”。③ 同时投降的还有郭婆带帮内的冯用发、郭就喜、张日高等十余艘船，四五百人。郭婆带被授予把总职位，随军在海上剿捕海盗。

实际上，为了顺利投降，郭婆带事先做过充分的准备。这在他投诚后的供单中有着非常详细的交代。

> 郭学显，即婆带，供年三十九岁，系广州府番禺县，向在新安、东莞一带洋面捕鱼为生。乾隆五十年间，被盗首郑一将小的父母兄弟全家掳，禁逼伊上盗，那时张保仔年幼，亦被掳入伙。嘉庆十二年，郑一身故，张保仔同郑一之侄郑保养，接管船只。小的自领一帮，往来海面，圈剖商船，待赎为生，从未敢拒敌官兵，掳杀人口，久欲投诚，恐到官治罪。是以迟延，近见各处接济稀少，愈觉害怕，觅线人，求高委员转禀蒙谕，拴获巨匪，率领伙党，星缴绍只炮械，方准投首，小的因一时不能立功，仍在外洋游奕，因张保被官兵围困于赤沥角洋面，令伙党邀小的前往救援。小的因投诚心切，不敢往援，随于十一月间，与弟子侄等，在雷州府海康县港口，报明上岸，并令未能归捶之头目冯发、郭就喜、张日高们，共四百七十九名，分往阳江、新安等县海口，陆续报明投首。小的带同伙党船只来投，驶至大星洋面，不料张保仔怀恨小的不去救他，又闻知小的欲行投诚，遣其伙党，驾船前来截打。小的随率众与他打仗，击毙张保仔伙党并落海淹死一千余人，生擒三百余名。夺获张保仔船十二

① （清）温承惠：《平海纪略》，《丛书集成续编》第279册，台湾新文丰出版公司，第59页。

② （清）魏源：《圣武记》卷8，《嘉庆东南靖海记》，第361页。

③ （清）温承惠：《平海纪略》，《丛书集成续编》第279册，台湾新文丰出版公司，第59页。

> 只，又米艇官船四只。时有东海霸帮内头目冯超群等，欲行投首，小的随带同冯超群等船只、炮械，一并驶至平海港，报知守口文武官员，并禀知高委员转禀。现在小的帮内，连冯超群帮内，共有伙众五千五百七十八人，妇女幼孩八百余人，大小船一百一十三号，大小炮位百余门，刀枪等项器械，共五千六百余件，内有钒嗱牡八十七位，系郑一从前在遭风沉溺夷船内捞获，其有凿字官炮位及古炮，有郑一分给的，亦有夺得张保仔所在官船内原有的。又安南民人四十九名，系从前总兵保匪船在夷洋掳之，总兵保被官兵打死，伙党全散，他们投入小的帮内，现在海上，只有小的小船十二只，伙党数十人，未得招回。此，再无船只在海，如有假冒小的名号驾船抢劫者，只求拿到治罪，小的同名头目，既蒙奏乞圣恩免死，十分感畏，情愿带同头目等，随同官兵，出洋缉捕。又乌石二、东海霸两帮亦欲投诚。情愿寄信，令其速来，以赎重罪，所供其实。

从中我们看到，首先，他先派人与官府取得联系，表明其愿意“擒获巨匪，呈缴船只炮械”。嘉庆十四年（1809）冬，大屿山之战中，张保陷入水师包围之中，向郭婆带发出求救信号，郭婆带为了与其划清界限，表示自己投诚心切，未向其伸出援助之手。十一月，“将其母亲及兄弟子侄等在雷州府海康县港口报明上岸”，并命令帮内其他头目陆续报名投首。不久，郭婆带亲率队伍投诚，在路上途经大星洋洋面遇到张保，张保对前次郭婆带之见死不救心怀记恨，又听说他要去投诚，便与其在洋面展开激战。结果，张保被击败，张保伙党伤毙及落海淹死者一千余人，被生擒者三百余人。当时，另有东海霸帮内的头目冯超群等也准备投诚，郭婆带与他一拍即合，郭婆带率众在雷州府海康县港口，报明上岸，并令未能归唾之头目冯发用、郭就喜、张日高们分往阳江、新安等县海口，陆续报明投首。最后他与冯超群在平海完成投诚心愿，嘉庆十四年十二月（1810 年 1 月），粤督百龄亲往归善县受降。受降的郭婆带及其冯超群队伍“伙众五千七百七十八人，妇女八百人，大小船只一百一十三号，大小炮位五百余门，刀枪等项器械五千六百余件”。足见，郭婆带等人实力雄厚。郭婆带投降之后，受到官府重用，这次投降的大小匪股起了非常强的示范作用，随后，来投诚的海盗陆续增多。根据美国学者穆黛安的统计，仅嘉庆十五年（1810）初，来投诚的广东海盗就达万人。见表4①：

表4　1810年初（嘉庆十五年）投降海盗细目表

首领	所属大帮	投降日期	随同人众	投降地点
郭婆带、冯超群	黑旗、黄旗	1月13日	6378	归善
冯用发、张日高、郭就善	黑旗	1月14日	500	阳江、归善
李士兴	黑旗	1月14日	29	电白
詹亚四	红旗	1月18日	19	海康、遂溪
高亚华	红旗	1月18日	12	香山
	黑旗	1月20日	28	新宁
林阿目、谭亚瑞、梁光茂	红旗	2月1日	286	永安、海康、归善
陈阿聪、陈阿有	蓝旗	2月7日	723	不详
陈胜、沆忠、陈要	黄旗	不详	1200	不详

从表4中可见，郭婆带之后效仿之众甚多。张保原本不想走投首之路，就在广东海盗纷纷投出之时，他在三角洲一带不断行动。1月中旬，他还曾击败防守内河水道的中葡联合舰队，之后带着二三百船只闯入珠江，1月29日，袭击一艘港脚船，劫得银子三箱，西班牙银元1.35万元之多。尽管张保在随后这些大大小小的抢劫中获利颇丰，但另一方面，郭婆带及其他投首海盗首领也因为剿捕得力，陆续得到清廷嘉奖，这让张保也开始动心，有意投出。

对于张保的投诚，清廷一开始的时候意见不一，但是闽督百龄是属赞成派的，他认为一旦张保受降，其产生的影响力是远远大于郭婆带的。于是，百龄在各要津关隘遍贴劝谕投首之告示。

对于投降一事，张保是相当谨慎的，官方不仅选派一名与海盗素来交好的巫医周飞熊与张保交涉，而且他坚持要有阿里亚加法官在场的情况下才能归顺朝廷。嘉庆十五年（1810）二月，他将船集结在虎门外的沙角，请降，

① ［美］穆黛安：《华南海盗，1790—1810》，刘平译，中国社会科学出版社1997年版，第146页。

并要求留船数十艘杀贼，百龄没有答应，然后“请加数月粮充卒伍捕贼”①，百龄还是没有答应。实际上百龄是准备亲自面见张保，谈判投诚事宜。百龄第一次去见张保时只带了一艘船，张保的队伍有数十艘，老远看见百龄船之后，放炮以示欢迎。张保趁着烟雾驶近百龄船，百龄令其上船。正在谈判间，有外国商船驶进虎门。“保惧其袭己也，惊而遁。”②百龄断定其日后还会回来，下令兵船无须追赶。

“时郑乙死已久，其妻带领其众，屡蹙于官兵，遂于十五年二月诣省城乞降。”为了消除官方对张保的误会，二月，郑一嫂带同张保的主要副手香山二、莫若魁等人的到省城乞降。“而令其伙张保率众万有六千，船二百七十余艘，炮千余赴香山海口”③，这期间，张保还趁机与英国势力发生关系，企图争取英国人的支持，在投首谈判这件事上能站在自己的立场上。张保凭借自己优秀的外交能力，最终取得英国东印度公司的支持，对方表示，只要英国财产不受到海盗的直接攻击，英国的船队便不会主动找他们的麻烦。张保与英国方面谈判取得成功后，红旗帮的一些船只在海上的活动又开始活跃起来，抢劫活动不时发生，在一些地方，曾经遭受附近村庄乡勇的顽强抵抗。面对张保的这些活动，百龄认为剿捕海盗，官方要做出妥协才可以，随即在政策上做了一些调整。而张保帮内的郑一嫂也开始作出让步，嘉庆十五年(1810)二月，郑一嫂带领一支由 17 名妇女儿童组成的代表团与粤督百龄面对面谈判，最终官方同意张保可以保留数十艘船随同官兵打战及进行盐斤贩卖。三月十七日，张保、香山二等率众投诚，共有部众一万七千余人，船只两百余艘，火炮一千三百余门，刀枪器械数千件。④ 张保被授予千总职衔，跟随清水师作战行动，剿捕海盗。

---

① (清)温承惠:《平海纪略》,《丛书集成续编》第 279 册,台湾新文丰出版公司,第 61 页。

② (清)温承惠:《平海纪略》,《丛书集成续编》第 279 册,台湾新文丰出版公司,第 61 页。

③ (清)魏源:《圣武记》卷 8,《嘉庆东南靖海记》。

④ 关于张保仔投诚前后的一些故事和过程的更详细介绍,可以参照[美]穆黛安:《华南海盗》第八章“张保及其他大帮海盗的投降”;谭世宝、刘冉冉:《张保仔海盗集团投诚原因新探》,《广东社会科学》2007 年第 2 期。

第三节　荡漾的余波

张保投降之后，百龄开始收拾西路海盗。先在东中两路设防，为了防止其西窜逃往越南，“檄越南王设兵江坪截拿之”。[①] 嘉庆十五年(1810)四、五月间，百龄在东西路外洋、内河添派水师，“严行巡缉”，取守势；雷州半岛与琼州取攻势，约定提臣童镇升、碣石镇总兵黄飞鹏、此时已投首的张保为先锋等分带师船一百三十号，兵壮一万余名并“饬原派巡缉西路之署游击杜茂达等所带师船二三十号在彼会合兜追”。四月十八日，挂风开行。四月二十七日，在放鸡洋、硇洲等洋面擒获李宗潮等390人。五月初四，百龄亲往高州督战，并在儋州洋面遇到遭风散泊的乌石二船只。童镇升等挥令兵船奋力赶上，四面围攻，用大炮连环轰击，烧毁船只十余艘，落海伤毙者无数。乌石二见事情不利，又无法逃走，便将船直开，抵死拒敌。张保认出系乌石二坐船，立即奋勇逼拢，首先跳过，杀死贼匪数人，将盗首乌石二即麦有金擒获。此战，在洋匪船共计击沉烧毁24只，拿获25只，收缴八九十只，投首盗匪男女大小共二百四十多名，拿获561名。此后不久，乌石三、郑耀章等也被兵将擒获。蓝旗大帮寿终正寝。

另一帮海盗李相清将与其意见不合的伙党杀死，也来投降。彼时，另一帮盗首东海霸即吴智清带领匪船二十四支，头目游国勒等男妇大小四百九十余名驶来乞降，五月二十日，在雷州双溪港，百龄接受吴智清等人的投降，“受降三千四百有六十人，船八十有六，铜铁炮二百九十有一，兵械一千三百七十有二。”[②]随后，乌石二等八人在海康北门外被斩首示众，乌石二的军师黄鹤等119人被押入监狱囚禁。对于东海霸，百龄原本是求政府免其一死，随军作战，未能得到允许，只好将其判为死刑。就在准备行刑前夕，又接

---

① (清)温承惠:《平海纪略》,《丛书集成续编》第279册,台湾新文丰出版公司,第62页。

② (清)温承惠:《平海纪略》,《丛书集成续编》第279册,台湾新文丰出版公司,第62页。

到了嘉庆帝的免死谕令。“东海霸的投降为华南海盗活动的全盛期划上了一个句号。”①至此，广东省全省洋面稍有势力的海盗帮派全被荡平。

闽浙粤大帮陆续被剿灭、投诚之后，海面上还有一些小股海盗。清廷水师趁势追击剿捕，集中力量歼除硇洲、海丰、合浦、海康、遂溪、吴川、钦州等地的残余力量。在最后的肃清斗争中，共击毙海盗228名，俘获71名，残存的1000名顽匪、惯匪最终也走上了投降的道路。“十五年夏六月，粤省东中西三路海口悉平。”②

嘉庆十五年（1810）五月，在白畎极东洋面，王得禄俘获骆仔卢帮纪赏等28人，船一艘及若干炮械火药。十二月，黄治帮在海坛洋面被官兵击散，十六年（1811）二月，在乌丘外屿，海盗郑选被捕，随后黄治也被擒获。五月，吴厚帮在金门一带被金门镇总兵所带舟师拿获。

盗首黄治原系李卢帮伙，并不随同投首，在海坛、金门一带洋面游奕，迭次伺劫船只，坐拥厚资，嘉庆十六年（1811）初有率众投诚之意并未获准。晋江县知县禀督饬镇将实力捕缉，二月底，建宁镇总兵徐锟、千总张琴，率领线勇，将黄治首先擒获，并拿获伙盗八名。

嘉庆十七年（1812）二月，有人探报，海盗吴属等在闽海洋面打劫过往官运台谷船只，四月，王得禄带舟师在祥芝洋与这伙海盗交火，伤毙甚多。五月，在空口澳海盗吴琼等人被抓。八月，吴属帮和黄茂余党节次被舟师攻剿殆尽。

至此，闽浙粤洋面基本肃清，轰轰烈烈的、曾令嘉庆帝无比头疼的海盗问题暂时告一段落。殊不知，随着历史的发展，清廷此后再面临的问题要比这次海盗问题更加严重。

---

① ［美］穆黛安：《华南海盗，1790—1810》，刘平译，中国社会科学出版社1997年版，第153页。

② （清）温承惠：《平海纪略》，《丛书集成续编》第279册，台湾新文丰出版公司，第59页。

第七章 历史反思

从乾隆末年到嘉庆中叶,东南沿海的海盗活动持续了20年之久。通过还原海洋社会的生存状态,笔者对这一时期海盗问题有了一些新的理解,认识到清代中叶的海盗问题并不像农村、农业、农民问题那么简单,不能用传统农业社会中的“农民战争”或“盗匪”的观念来对待。在恩师杨国桢先生指导下,笔者学习并运用海洋史学的理论和方法,通过查找大力量的历史文献,对这一问题进行了初步的研究。反思这段海洋的历史,我们得到以下有益的历史警示:

首先,这一时期海盗的存在是社会经济作用的结果。面对国家海洋政策的闭合,清朝海洋活动群体的生活日益艰难,以海为生越来越不容易。他们在无力从事海洋捕捞、航运和海洋贸易时,通常会选择铤而走险的方式——下海劫掠。在这些劫掠的队伍中,有些只是暂时性的——一两次抢劫活动之后就不再行动,获得一定的生活生产资本继续从事原来的海洋生产活动。清朝官府原以为这种行为不足为患,没有正视海洋社会出现的问题,调整政策,缓解矛盾,而是强化陆地性的管理,激化了矛盾。正如杨国桢先生指出的:“清中叶海盗帮群的崛起,在一定意义上是官方抑制海洋经济发展、海洋社会边缘化逼出来的,是对清朝陆地体制的反叛。”①因此,海盗问题折射了海洋社会边缘化的社会问题,应从海洋社会的生存角度加以理解。

---

① 杨国桢:《从海洋社会权力解读清中叶的海盗和水师》。本章的立论采纳杨国桢先生在该论文中提出的观点,以下引文未加注者,均见此文。

同时，海盗问题又是海洋社会分裂的恶果。正常的海洋社会，官方海上力量（国家海上力量）是保护海洋经济发展、维护海洋秩序和海洋利益的中坚力量，民间海上力量（国民海上力量）即民间自我防卫力量，是官方海上力量的补充，两者相互依存，构成海上力量的整体。在大航海时代西方兴起的过程中，海盗与海商合为一体，得到官方的鼓励和授权，对外行使官方海上力量的权力，支持海洋探险和航海贸易、殖民扩张事业，被视为英雄，甚至分享本国的政治资源。而在嘉庆时期东南沿海地区，海盗社会是从渔民社会、海商社会分离出来的，得不到官方的认同，“他们以法外暴力的形式争取权力，又是以海洋社会分裂为代价的，不利于海洋渔业、航海贸易经济的正常发展，也就不能使他们争取海洋权力的合理性变为海洋社会的合法性，无助于穷渔贫疍等弱势群体经济地位和政治地位的改善。

其次，这一时期的海盗问题在客观上提供了一次发展海权的机遇。海盗帮群具有强烈的控制和利用海洋的意识和航海作战的技能，船只炮械一度远胜水师。文献记载“贼匪小船六七十人，中船八九十人，大船百二三十人，其盗首之船必百七八十人”，而“向例捕盗米艇，大船配兵六十名，中船五十名，小船四十名。”贼船炮位，“其大者至四五千斤，我师之炮，大者不过二三千斤”。“贼船火罐，受药五六斤，喷筒大径四寸余，长八九尺；我师之火罐，受药不过二三斤，喷筒大不过径寸，长不过二三尺。”①双方力量对比，一眼就能看出。此外，海盗手中还曾有一种蝴蝶炮子，“其以两半圆空铜壳合而为圆球之形，两壳之中以铜锁二尺连缀不离。蟠其索纳入两壳而合之，镕铅灌之……凡遇战船高樯帆索，无不破断矣”。② 精良的武器装备使得海盗长期在海上自由来往，尤其是蔡牵、朱濆的武装船队曾一度控制了台湾海峡的制海权，企图在台湾东海岸建立基地。

蔡牵和朱濆海上势力的崛起，给东南海防造成巨大压力，使沿海疆臣认识到“夫船者，官兵之城郭、营垒、车马也。船诚得力，以战则勇，以守则固，以追则速，以冲则坚”。③ 嘉庆帝认为：“兵船出洋捕盗，总应比贼船高大，或

① （清）汪志伊：《议海口情形疏》，《皇朝经世文编》卷85，《兵政十六·海防下》。

② （清）阮元：《研经室三集》卷2，第578页。

③ 清安泰奏，转引自（清）魏源：《圣武记》卷8，《嘉庆东南靖海记》。

与贼船相等，方能得手。即使蔡牵早晚擒获，而水师营伍亦必应有此高大兵船随时巡缉”①。炮位“必须镕铸如式，不可稍任偷减。此系水师经久利用，即蔡逆早晚就擒，而海洋缉捕之事亦所时有，不特为目前计也。”②。清廷从上到下的这种认识，一定程度上推动了水师战船炮械的改造。这一时期新造的战船与海盗帮船相比，船只规格、武器装备大体相当，扭转了水师只守内洋、不及外洋的局面，是一个历史的进步。但是清朝的反应是被动的，战船和炮位的规格仍为追捕海盗而设计，缺乏控制海洋的长远打算，没有考虑到防范和抵御外国兵船入侵的需要。嘉庆十二年（1807），两广总督吴熊光奏请按“惯走夷洋”的登花船制造二十只战船，组建远海深洋作战的舰队，将米艇全收入内洋防守，获得嘉庆帝的批准。建造过程中，由于登花船的舵杆桅碇用伽兰腻等木料须从国外采办，至嘉庆十四年（1809）尚未备齐，新任两广总督百龄以为“不特购造维艰，即造成亦属无益”，一则“稍有损坏，一时无料换修，转致不能应用”，二则“粤省水手、舵工亦均不谙驾驶”，三则“闽粤两省捕务尽仗二十只登花船之力，设或追贼入闽，则粤东外洋遇有盗，转致无船策应，顾此失彼”，竭力反对，建造计划因之废弃。③ 这一建造计划的废弃，反映了清廷和沿海疆臣无意改变以陆制海的海防思维，致使海患平息之后，在造船制炮上原地踏步，无所作为。

嘉庆帝任命李长庚总统闽浙水师，是突破水师分巡制度，整合跨省水师兵力的一次尝试。但这只是权宜之计，无意改变“水师事宜本系总督专管”，以陆制海、以文制武的海防体制，这诚如杨国桢先生所指出的：“这使李长庚总统的舰队，不具备独立的指挥系统，与近代海军有质的区别。……李长庚死后，嘉庆帝又未对水师攻战得失进行检讨，从制度上确立总统的机制，提升水师为独立指挥的系统，而是不再提及此事，失去发展海权的良机，致使李长庚总统水师的尝试付之东流，成为绝响。”

再次，解决海盗问题说到底是处理陆地发展与海洋发展失调的问题，这段历史给后人留下许多深刻的教训。

---

① 嘉庆十一年九月初一日上谕，《嘉庆道光两朝上谕档》第11册。

② 嘉庆十一年七月初三日上谕，《嘉庆道光两朝上谕档》第11册。

③ 《广东海防汇览》卷13，《船政》二，第14页。

当海盗活动威胁到地方社会的安定时，清朝官方往往以牺牲海洋发展为代价，把重施海禁或变相的海禁作为解决海盗问题的出路。嘉庆时期，沿海社会的主流舆论就充满了这种论调。周镐在《论明职》中提到浙江官员士绅的议论："或曰：盗至必上岸劫掠，宜徙滨海之民于城中。或曰：盗之来也，恃奸民为之销赃接济，宜严禁渔船，毋许入海采捕。"①汪志伊在《议海口情形疏》中提到福建："今有议论禁货船以靖盗贼者，谓以海船载货物而出，载金钱而归，艳目熏心，启戎诲盗，甚至济米消赃，应行禁止。"②程含章在《上百制军筹办海匪书》提到广东："接济消赃非船不行，议者谓禁止出洋，则盗风自息。"③曾镛在《答秦观紫防海事宜》主张："善弭海盗者，仍弭之岸可也。至于地方有司，能举失业游民驱就农工，予以生计……是又防海之上上策也。"他们以为把陆地与海洋隔离，禁止渔船、商船下海，海盗会自然平息，做法上必然不会顾及海洋社会群体的生计。如曾镛建言的具体措施，一是"杜从盗之门"，"其有家属在岸而为船户网师与一切海道贩鬻者，则使所在里甲互相纠保；其无家属而有雇为行船水手类者，即使所雇之家身为之保，期于甲有定人，人有实事，一丁一口，不得私自出海"。二是"绝养盗之本"，"严申海禁，无论邻近州县，非请之官，概不得从海通运，即商船哨船亦必按程计口，受以限制，不至使陆地粮食，往之为漕"。三是"空窝赃之蔽"，"于沿海市场严立私市盗物之禁，凡水客货物，详设行规确议，有可为来历信据者乃许交卸"，"赃积不脱，狡窃亦拙"。四是"去召劫之资"，"于海关直重物件，议行停载……而洋面往来，不过鱼鲜木炭，盗虽贪，无可欲也"。④这是变相的海禁，美其名为维护沿海地方的稳定，实质上扼杀海洋经济，是海洋社会的灾难。官方没有采取正确的措施修补海洋社会的分裂，壮大海上力量，也就不能杜绝海盗活动的再生了。

水师追剿海盗在一定意义上是官方海上力量与民间海上力量的对抗，其结果加剧了海洋社会的内耗，海盗帮群聚合的渔民、疍户、舵工、水手，都

① 《皇朝经世文编》卷85，《兵政十六·海防下》。

② 《皇朝经世文编》卷85，《兵政十六·海防下》。

③ 《皇朝经世文编》卷85，《兵政十六·海防下》。

④ 《皇朝经世文编》卷85，《兵政十六·海防下》。

是掌握航海技术的人才,他们被从重以叛逆罪处死,或投诚后被发配内地,在客观上削弱了民间海洋力量,扼杀了沿海人民向海洋发展的生机。嘉庆十四年(1809),闽浙水师捣毁了蔡牵在闽东的大本营水澳,“驱其民而火其庐”,犁为墟地。① 嘉庆十五年(1810),两广总督百龄剿捕“海寇”乌石大、乌石二等,严饬涠洲居民徙入内地,岛上居室田亩尽毁。② 七月,在涠洲岛上竖立“封禁碑”,碑文曰:“两广督部堂百示:照得涠洲、斜阳两岛孤悬大海,最易藏奸。本庙堂奏明永远封禁,不准来此居住。倘敢故违,定罪。”③沿海人民开发海洋、海岛的成果被毁于一旦,出现历史的倒退。

同时,海盗活动对沿海社会经济造成严重的破坏,引起陆地民众的不满,留下长久的历史记忆,如 30 年后,“粤省滨海村庄,受其荼毒之惨,至今间巷传闻,痛心切骨。”④这就“无法赢得内陆民众的同情,培养出支持海上活动的思想,反而加深了海上活动是社会乱源的社会心理”,为协调陆海发展增加了难度。

历史的教训是深刻的。今天,海洋发展与国家利益日益重合,正确总结海洋历史发展存在的问题,找出适合中国海洋发展的新道路,也就显得尤为重要。作为是一个兼具陆海生态环境的大国,当今中国的版图内,有 1.8 万余千米的海岸线,1.4 万余千米的海岛线,沿海岛屿 6500 多个,5 大海域,海洋国土面积达 300 多万平方千米,相当于陆地国土面积的 1/3。发展海洋经济,维护海洋权益,在国家发展战略中占有重要的地位。海洋的重要性不应该再被忽视,对中国海岸带和环中国海的岛屿、海域的管理要有适合海洋经济发展的模式。对于海洋社会群体,要尊重他们生存方式的选择,要保证他们以海为生的本性。要保持自然生态环境的平衡,也要保持社会生态环境的整体协调统一。

---

① 嘉庆《霞浦县志》。

② 道光《廉州府志》卷 14,《经政五 · 海防 · 涠洲》,第 308 页;道光《廉州府志》卷 21,《事纪》,第 532 页。

③ 引自陈贤波:《明清华南海岛的经营与开发——以北部湾涠洲岛为中心的研究》。

④ 《林则徐集》,奏稿(上),中华书局 1965 年版,第 3 页。

放眼当今世界发展的潮流，全球一体化，世界经济一体化，全世界的联系越来越紧密。同时人类也面临陆地资源枯竭，陆上发展受限的问题，各国纷纷走向海洋，有人还提出21世纪谁拥有了海洋，谁就拥有了世界的口号。近年来，我国和周边国家在海洋领土的争端和摩擦日益增多。处理好这些问题，对于中国下一步的发展至关重要。清代嘉庆年间的海盗问题的产生以及清政府对水师的发展，对于海盗的各种政策，为当今的问题也提供了一些历史经验，可供参考。

参考文献

一、古籍史料文献

[1](汉)司马迁:《史记》,中华书局 1982 年版。

[2](汉)班固:《汉书》,中华书局 1962 年版。

[3](明)巩珍:《西洋番国志》点校本,中华书局 1961 年版。

[4](明)何乔远:《闽书》点校本,福建人民出版社 1994—1995 年版。

[5](清)黄掌纶等:《长芦盐法志》,续修四库全书本。

[6]《宫中档·乾隆朝奏折》,台北"故宫博物院"1982 年。

[7]《清实录》,中华书局 1986 年影印本。

[8](清)顾炎武:《天下郡国利病书》,齐鲁书社 1996 年版。

[9](清)周亮工:《闽小记》,福建人民出版社 1985 年版。

[10](清)谢肇:《五杂俎》,续修四库全书本。

[11]中国第一历史档案馆编:《雍正朝满文朱批奏折汇编》,江苏古籍出版社 1991 年版。

[12](清)朱正元:《福建沿海图说》,光绪二十八年上海铅印本。

[13](清)朱正元:《浙江沿海图说》,光绪二十五年上海铅印本。

[14](清)虞世南辑:《北堂书钞》,续修四库全书本。

[15](清)吴树梅等编撰:《钦定大清会典》,续修四库全书本。

[16](清)刘启端等编纂:《钦定大清会典事例》,四库全书本。

[17](清)贺长龄、魏源等编:《清经世文编》,中华书局 1992 年影印本。

[18]中国第一历史档案馆编:《嘉庆道光两朝上谕档》,广西师范大学出版社 2006 年版。

[20](清)陈梦雷等辑,蒋廷锡等重辑:《今图书集成》,中华书局 1986 年版。

[21]张星烺编:《中西交通史料汇编》,中华书局 1977—1979 年版。

[22]刘锦藻:《清朝续文献通考》,浙江古籍出版社 1988 年版。

[23](清)姚莹:《东槎纪略》,同治《中复堂全集》本,同治六年(1867)刻。

[24]（清）万表辑：《皇明经济文录》，四库全书禁毁书丛刊本。

[25]台北“中央研究院”历史研究所编：《明清史料》，中华书局 1987 年版。

[26]（清）查志隆撰，陈琳续补：《山东盐法志》，四库全书存目丛书本。

[27]（清）钱大昕：《潜研堂文集》点校本，上海古籍出版社 1989 年版。

[28]（清）王锡祺辑：《小方壶斋舆地丛钞》，杭州古籍出版社 1985 年版。

[29]（清）昭琏：《啸亭杂录》，中华书局 1980 年版。

[30]（清）朱彭寿：《安乐康平室随笔》，中华书局 1982 年版。

[31]（清）徐芳烈：《浙东纪略》，中华书局 1982 年版。

[32]（清）赵翼：《檐曝杂记》，中华书局 1982 年版。

[33]（清）高宗敕撰：《清朝文献通考》，台北新兴书局 1965 年版。

[34]（清）屠本畯编：《闽中海错疏》，四库全书本。

[35]《宫中档乾隆朝奏折》，台北“故宫博物院”1982—1983 年版。

[36]《清宫宫中档奏折台湾史料》，台北“故宫博物院”2005 年版。

[37]中国第一历史档案馆、中国第二历史档案馆、厦门大学合编：《明清宫藏台湾档案汇编》，九州出版社 2009 年版。

[38]《清宫廷寄档台湾史料》，台北“故宫博物院”1998 年版。

[39]《清宫谕旨档台湾史料》，台北“故宫博物院”1998 年版。

[40]《剿平蔡牵奏稿》，全国图书微缩复制中心 2004 年版。

[41]《清代台湾关系谕旨档案汇编》，台北文建会 2004 年版。

[42]（清）李长庚：《李忠毅公遗诗》，厦门大学馆藏稿本。

[43]《福建沿海航务档案》（嘉庆朝），《台湾文献汇刊》第 5 辑，厦门大学出版社 2004 年版。

[44]《福建省例》，台北大通书局 1987 年版。

[45]《福建外海战船则例》，台北大通书局 1987 年版。

[46]《台湾南部碑文集成》，台北大通书局 1987 年版。

[47]（清）黄叔璥：《台海使槎录》，台北大通书局 1987 年版。

[48]（清）徐朝华：《尔雅今注，南开大学出版社 1987 年版。

[49]（清）唐赞衮：《台阳见闻录》，台北大通书局 1987 年版。

[50]吴文良：《泉州宗教石刻》，科学出版社 1957 年版。

[51]吴晗辑：《朝鲜李朝实录中的中国史料》，中华书局 1980 年版。

[52]中国第一历史档案馆编：《雍正朝汉文朱批奏折汇编》，江苏古籍出版社 1991 年版。

[53]中国第一历史档案馆编：《清代中琉关系档案选编》，中华书局 1993—1994 年版。

[54]中国第一历史档案馆编：《清代中琉关系档案三编》，中华书局 1996 年版。

[55]中国第一历史档案馆编：《清代中琉关系档案四编》，中华书局 2000 年版。

[56]中国第一历史档案馆编：《清代中琉关系档案五编》，中国档案出版社 2002

年版。

[57]冲绳县教育委员编:《历代宝案》第1—13册,1992—2001年校订本。

[58](清)郑兼才:《六亭文选》,台北大通书局1987年版。

[59](清)丁绍仪:《东瀛识略》,台北大通书局1987年版。

[60](清)姚莹:《中复堂选集》,台北大通书局1987年版。

[61]《台湾杂咏合刻》,台北大通书局1987年版。

[62]《新竹县采访册》,台北大通书局1987年版。

[63](清)杨廷理:《东瀛纪事》,台北大通书局1987年版。

[64]张伟仁主编:《明清档案》,台北"中央研究院"历史语言研究所1987年版。

[65](清)姚莹:《东槎纪略》,台北大通书局1987年版。

[66](清)蒋师辙:《台游日记》,台北大通书局1987年版。

[67]《光绪大清会典事》,《续修四库全书》第802册,上海古籍出版社1995年版。

[68]《清经世文编选录》,台北大通书局1987年版。

[69](清)柯培元:《噶玛兰志略》,台北大通书局1984年版。

[70]《台案汇录己集》,台北大通书局1987年版。

[71]《台湾采访册》,台北大通书局1987年版。

[72](清)郁永和:《裨海纪游》,台北大通书局1987年版。

[73]《台湾关系文献集零》,台北大通书局1987年版。

[74][英]郭士立:《中国沿海三次航行记》,福建人民出版社1982年版。

[75](清)郁永和:《裨海纪游》,台北大通书局1987年版。

[76]林为兴、林水强主编:《蚶江志略》,香港华星出版社1993年版。

[77]《台湾中部碑文集成》,台北大通书局1987年版。

[78](清)朱景英:《海东札记》,台北大通书局1987年版。

[79]何丙仲编:《厦门碑志汇编》,中国广播电视出版社2004年版。

[80](清)屈大均:《广东新语》,中华书局1985年版。

[81](清)梁廷枏:《广东海防汇览》。

[82]《洋防辑要》,台湾学生书局。

[83]《那文毅公(彦成)奏议》,台湾学生书局。

[84]茅海建主编:《清代兵事典籍档册汇览》,学苑出版社2005年版。

[85]《天地会》1—6册,中国人民大学出版社1980—1987年版。

[86]《南海县志》,同治十一年本。

[87](清)张鑑编:《阮元年谱》,中华书局1985年版。

[88]董应举编:《崇相集》。

[89](清)计六奇:《明季北略》。

[90]朱维幹编:《福建史稿》,福建教育出版社1996年版。

[91]《郑氏史料续编》卷10,台湾银行经济研究室1995年版。

[92](清)朱程编:《己巳平寇》。

[93]（清）温承惠:《平海纪略》。
[94]（清）孙五庭:《延厘堂集》。
[95]（清）林则徐:《林则徐集 · 奏稿》,中华书局 1965 年版。
[96]《军机处录副奏折》,中国第一历史档案馆藏。
[97]《嘉庆朝朱批奏折》,中国第一历史档案馆藏。
[98]（清）焦循:《雕菰集》。
[99]（清）阮元:《研经室二集》。
[100]（清）徐珂编:《清稗类钞》,中华书局 1984 年版。
[101]（清）张师诚:《一西自纪年谱》,九州出版社、厦门大学出版社 2008 年版。
[102]（清）阮元修,伍长华纂:《道光两广盐法志》,道光十六年刊本。
[103]（清）张集馨、杜春和、张委清整理:《道咸宧海见闻录》,中华书局 1981 年版。
[114]（清）邱炜萲:《菽园赘谈》。

二、方志

[1]（清）林焜熿:《金门志》,台北大通书局 1987 年版。
[2]《彰化县舆图纂要》,台北大通书局 1987 年版。
[3]（清）高拱干编:《台湾府志》,台北大通书局 1987 年版。
[4]（清）陈文达编:《台湾县志》,台北大通书局 1987 年版。
[5]（清）谢金銮编:《续修台湾县志》,台北大通书局 1987 年版。
[6]姚文枏等纂:《上海县续志》,上海文庙南园志局,1918 年刻。
[7]李维清编:《上海乡土志》,上海著易堂 1927 年铅印。
[8]《民国崇明县志》,台北成文出版社 1975 年版。
[9]周建鼎、包尔赓纂:《康熙 · 松江府志》,康熙二年(1663)刻。
[10]熊其英、邱式金纂:《光绪 · 青浦县志》:台北成文出版社 1970 年版。
[11]秦炯纂修:《康熙 · 诏安县志》,上海书店出版社 2000 年版。
[12]邹璟纂:《乍浦备志》,道光二十三年(1843)补刻。
[13]陈汉章等纂:《民国 · 象山县志》,台北成文出版社 1974 年版。
[14]张时徽等纂:《嘉靖 · 宁波府志》,台北成文出版社 1983 年版。
[15]吕鸿焘纂:《光绪 · 玉环厅志》,清光绪六年。
[16]陈寿淇纂,魏敬中续纂 · 重纂:《福建通志》,台北华文书局 1968 年版。
[17]平恕、徐嵩纂:《乾隆 · 绍兴府志》,台北成文出版社 1978 年版。
[18]李榕等纂:《民国 · 杭州府志》,台北成文出版社 1974 年版。
[19]沈瑜庆、陈衍等纂:《福建通志》,民国二十七年(1938)刻。
[20]张睿等修:《光绪 · 宁海县志》,台北成文出版社 1975 年版。
[21]李维钰原本,沈定钧续修,吴联薰增纂:《漳州府志》,上海书店出版社 2000 年版。

[22]徐友梧总纂:《霞浦县志》点校本,1986年。

[23](清)周玺编:《彰化县志》,台北大通书局1987年版。

[24](清)林豪编:《澎湖厅志》,台北大通书局1987年版。

[25](清)周钟瑄:《诸罗县志》,台北大通书局1987年版。

[26]谭其骧主编:《中国历史地图集》,地图出版社1982—1987年版。

[27](清)周玺编,厦门市地方志编纂委员会办公室整理:《厦门志》1996年版。

[28]周瑛、黄仲昭纂,林庆贻刻:《明兴化府》,同治十年(1871)。

[29]王应山纂:《闽都记》,台北成文出版社1967年版。

[30]黄履思等纂:《平潭县志》,民国十二年(1923)铅印。

[31]宋奎光纂:《(崇祯)宁海县志》,台北成文出版社1975年版。

[32]邱景雍等纂:《连江县志》,民国二十二年(1933)铅印。

[33](清)张朝栻等纂:《嘉庆·连江县志》,嘉庆十年(1805)刻。

[34]张景祁总纂:《福安县志》,福安县地方志编纂委员会整理1986年版

[35]叶春及纂:《惠安政书(附:崇武所城志)》,福建人民出版社1987年版。

[36]刘光鼎等纂:《同安县志》,民国八年(1919)铅印。

[37]张琴纂:《民国·莆田县志》,上海书店出版社2000年版。

[38]鲁曾煜、施廷枢等纂:《乾隆·福州府志》,台北成文出版社1967年版。

[39](清)梁克家纂修:《淳熙三山志》,四库全书。

[40]周升元纂:《晋江县志》点校本,福建人民出版社1990年版。

[41]晋江县地方志编纂委员会整理,周学曾等纂:《晋江县志》,福建人民出版社1990年版。

[42]薛起凤纂:《鹭江志》点校本,鹭江出版社1998年版。

[43]万友正纂:乾隆《马巷厅志》,台北成文出版社1967年版。

[44]庄为玑:《晋江新志》,泉州志编纂委员会1985年版。

[45]安海志修编小组编:《安海志》,1983印刷本。

[46]邓廷祚等编修:乾隆《海澄县志》,台北成文出版社1968年版。

[47]《福宁府志》,乾隆刻本。

[48]《福清县志》,乾隆刻本。

[49]郑梦玉修:《南海县志》,同治十一年本。

[50]应宝时修,俞樾纂:《同治朝·上海县志》。

三、现当代著作

[1]杨国桢、郑甫弘、孙谦:《明清中国沿海社会与海外移民》,高等教育出版社1997年版。

[2]杨国桢:《东溟水土》,江西高校出版社2003年版。

[3]杨国桢:《闽在海中》,江西高校出版社1998年版。

[4]杨国桢:《瀛海方程》,海洋出版社 2008 年版。

[5]陈孔立:《清代台湾移民社会研究》,厦门大学出版社 1990 年版。

[6]王荣国:《海洋神灵》,江西高校出版社 2003 年版。

[7]曾玲:《越洋再建家园——新加坡华人社会文化研究》,江西高校出版社 2003 年版。

[8]吴春明:《环中国海沉船》,江西高校出版社 2003 年版。

[9]黄顺力:《海洋迷思》,江西高校出版社 1999 年版。

[10]张晓宁:《天子南库》,江西高校出版社 1999 年版。

[11]吕淑梅:《陆岛网络》,江西高校出版社 1999 年版。

[12]欧阳宗书:《海上人家》,江西高校出版社 1999 年版。

[13]蓝达居:《喧闹的海市》,江西高校出版社 1999 年版。

[14]于运全:《海洋天灾》,江西高校出版社 2005 年版。

[15]刘正刚:《东渡西进》,江西高校出版社 2004 年版。

[16][美]穆黛安,刘平译:《华南海盗,1790—1810》,中国社会科学出版社 1997 年版。

[17]吴剑雄主编:《中国海洋发展史论文集》第四辑,台北"中央研究院"中山人文社会科学研究所 1991 年版。

[18]刘淼:《明清沿海荡地开发研究》,汕头大学出版社 1996 年版。

[19]张炜、方堃主编:《中国海疆通史》,中州古籍出版社 2003 年版。

[20]全国海岸带和海洋资源综合调查委员会编:《全国海岸带和海洋资源综合调查报告》,海洋出版社 1991 年版。

[21]陈国强等:《崇武研究》,中国社会科学出版社 1989 年版。

[22]王颖主编:《中国海洋地理》,科学出版社 1996 年版。

[23]张耀光编:《中国边疆地理(海疆)》,科学出版社 2001 年版。

[24]施鸿保:《闽杂记》,福建人民出版社 1985 年版。

[25]傅衣凌:《明清时期商人及商业资本》,人民出版社 1956 年版。

[26]杨桂丽:《清代中琉之间的航海漂风难民问题》,海洋出版社 2000 年版。

[27][美]黄仁宇:《16 世纪明朝财政制度与赋税》,生活·读书·新知三联书店 2001 年版。

[28]蒋铁民:《中国海洋区域经济研究》,海洋出版社 1990 年版。

[29]张在舟:《暧昧的历程——中国古代同性恋史》,中州古籍出版社 2001 年版。

[30]孙燕京《晚晴社会风尚研究》,中国人民大学出版社 2002 年版。

[31][奥地利]西格蒙德·弗洛依:《性爱与文明》,安徽文艺出版社 1987 年版。

[32][美]理查德·A.波斯纳著,苏力译:《性与理性》,中国政法大学出版社 2005 年版。

[33][英]霭理士著,潘光旦译:《性心理学》,商务印书馆 1997 年版。

[34]李银河:《虐恋亚文化》,内蒙古大学出版社 2005 年版。

[35][英]H.霭理士著，刘宏威、余珺译：《禁忌的功能》，中国人民大学出版 2009 年版。

[36]冯尔康：《生活在清朝的人们》，中华书局 2005 年版。

[37]李银河：《同性恋亚文化》，中国友谊出版公司 2002 年版。

[38]郑元仓、陈立旭：《社会风气论》，浙江人民出版社 1996 年版。

[39]《迈向 21 世纪海洋新时代》，厦门大学出版社 2000 年版。

[40]席龙飞：《中国造船史》，湖北教育出版社 2004 年版。

[41]李东华：《泉州与我国中古的海上交通》，台湾学生书局 1986 年版。

[42]宋正海：《中国古代自然灾异群发期》，安徽教育出版社 2002 年版。

[43]宋正海：《中国古代自然灾异动态分析》，安徽教育出版社 2002 年版。

[44]连横：《台湾通史》，华东师范大学出版社 2006 年版。

[45]罗钰如、曾呈奎主编：《当代中国的海洋事业》，中国社会科学出版社 1985 年版。

[46]福建科学技术协会编：《福建海洋开发》，福建科学技术出版社 1988 年版。

[47]刘锡清编著：《海洋——奉献宝贵资源》，青岛海洋大学出版社 1999 年版。

[48]司徒尚纪：《岭南海洋国土》，广东人民出版社 1996 年版。

[49]陈再生主编：《福建海洋资源开发与利用》，福建教育出版社 1988 年版。

[50]张震东、杨金森：《中国海洋渔业简史》，海洋出版社 1983 年版。

[51]丛子明、李挺主编：《中国渔业史》，中国科学技术出版社 1993 年版。

[52]章巽：《中国航海科技史》，海洋出版社 1991 年版。

[53]张海峰主编：《中国海洋经济研究》，海洋出版社 1982—1986 年版。

[54]泉州海外交通史博物馆编：《泉州湾宋代海船发掘与研究》，海洋出版社 1987 年版。

[55]中国航海学会编：《中国航海史》，人民交通出版社 1988 年版。

[56]陈高华、陈尚胜：《中国海外交通史》，文津出版社 1997 年版。

[57]中国航海学会、泉州市人民政府主编：《泉州港与海上丝绸之路》，中国社会科学出版社 2003 年版。

[58]宋正海：《东方蓝色文化——中国海洋文化传统》，广东教育出版社 1995 年版。

[59]庄为玑：《海上集》，厦门大学出版社 1996 年版。

[60]泉州海外交通史博物馆编：《泉州湾宋代海船发掘与研究》，海洋出版社 1987 年版。

[61]吴存存：《明清社会性爱风气》，人民文学出版社 2000 年版。

[62]黄福才：《台湾商业史》，江西人民出版社 1989 年版。

[63]陈支平：《民间文书与明清东南族商研究》，中华书局 2009 年版。

[64]郑振满：《明清福建家族组织与社会变迁》，中国人民大学出版社 2009 年版。

[65]台北"中央研究院"编：《中国海洋发展史论文集》1—10 册，台北"中央研究院"1984—2007 年版。

[66][加]王大为:《兄弟结拜与秘密会党》,商务印书馆2009年版。

[67]秦宝琦:《江湖三百年》,中国社会科学出版社2011年版。

[68]秦宝琦:《清前期天地会研究》,中国人民大学出版社1998年版。

[69]陈宝良:《中国流氓史》,中国社会科学出版社1993年版。

[70][英]格温·琼斯:《北欧海盗史》,商务印书馆1994年版。

[71]白海军:《海盗帝国》,中国友谊出版公司2007年版。

[72]秀娥、张翅:《海盗地图》,花山文艺出版社2005年版。

[73]沧海一丁编:《纵横四海——世界海盗史》,武汉大学出版2009年版。

[74]郑广南:《中国海盗史》,华东理工大学出版社1998年版。

[75]秦宝琦:《中国地下社会》,学苑出版社2009年版。

[76]秦宝琦、谭松林:《中国秘密社会》,福建人民出版社2009年版。

[77]刘平:《文化与叛乱:以清代秘密社会为视角》,商务印书馆2002年版。

[78]蔡少卿:《社会史的理论视野——再现过去》,浙江人民出版社1988年版。

[79]蔡少卿:《中国秘密社会概观》,江苏人民出版社1978年版。

[80]蔡少卿:《中国秘密社会》,浙江人民出版社1990年版。

[81]周育民、邵雍:《中国帮会史》,上海人民出版社1993年版。

[82]王日根:《明清会馆史》,天津人民出版社1996年版。

[83][英]阿诺德·汤因比:《历史研究》,上海人民出版社1997年版。

[84][法]费尔南·布罗代尔:《文明史纲》,广西师范大学出版社2003年版。

[85][法]费尔南·布罗代尔:《菲利普二世时代的地中海和地中海世界》,商务印书馆1996年版。

[86][日]滨下武志:《中国近代经济史研究》,江苏人民出版社2006年版。

[87][德]C.施米特著,林国基、周敏译:《陆地与海洋——古今之法变》,华东师范大学出版社2006年版。

[88][德]德罗伊森:《历史知识理论》,北京大学出版社2006年版。

[89][法]费尔南·布罗代尔著,刘北成、周立红译:《论历史》,北京大学出版社2008年版。

[90]谢必震:《台湾历史与文化》,海洋出版社2001年版。

[91]谢必震:《中琉关系史料与研究》,海洋出版社2010年版。

[92]王日根:《明清海疆政策与中国社会发展》,福建人民出版社2006年版。

[93]王宏斌:《清代前期海防:思想与制度》,社会科学文献出版社2002年版。

[94]许毓良:《清代台湾的海防》,社会科学文献出版社2001年版。

[95]许毓良:《清代台湾军事与社会》,九州出版社2008年版。

[96]张炜、方整:《中国海疆通史》,中州古籍出版社2003年版。

[97]张铁牛、高晓星:《中国古代海军史》,解放军出版社1993年版。

[98]陈在正:《台湾海疆史研究》,厦门大学出版社2002年版。

[99][日]松浦章:《中国的海盗》,东方书店1995年版。

[100][日]松浦章:《中国的海上与海盗》,山川书店 2003 年版。

[101][日]松浦章:《清代帆船东亚航运与中国海商海盗研究》,上海辞书出版社 2009 年版。

[102][德]马克斯·韦伯著,洪天富等译:《儒教与道教》,江苏人民出版社 2003 年版。

[103]朱勇:《清代宗族法研究》,湖南教育出版社 1987 年版。

[104]李向军:《清代荒政研究》,中国农业出版社 1995 年版。

[105]陈振汉等编:《清实录经济史资料》,北京大学出版社 1989 年版。

[106]李文海、林敦奎、周源等编:《近代中国灾荒纪年》,湖南人民出版社 1990 年版。

[107]李文海、林敦奎、程歗等编:《近代中国灾荒纪年·续编》,湖南教育出版社 1993 年版。

[108]中央气象局(今国家气象局)气象科学研究院编:《中国近五百年旱涝分布图集》,地图出版社 1989 年版。

[109]萧一山:《清代通史》,华东师范大学出版社 2006 年版。

[110]陈重金著,戴可来译:《越南通史》,商务印书馆 1992 年版。

[111]金诺、岑元冯:《荡海王》,东方出版社 1999 年版。

[113]洪卜仁主编:《厦门名人故居》,厦门大学出版社 2007 年版。

[115]徐明德:《清代水师名将王得禄传略与年谱》,杭州大学出版社 1991 年版。

四、论文

[1]杨国桢:《关于中国海洋社会经济史的思考》,《中国社会经济史研究》1996 年第 2 期。

[2]杨国桢:《海洋迷失:中国史的一个误区》,《东南学术》1998 年第 4 期。

[3]杨国桢:《论海洋人文社会科学的概念磨合》,《厦门大学学报》2000 年第 1 期。

[4]杨国桢:《论海洋人文社会科学的兴起与学科建设》,《中国社会经济史研究》2007 年第 1 期。

[5]杨国桢:《17 世纪海峡两岸贸易的大商人——商人 Hambuan 文书试探》,《中国史研究》2003 年第 2 期。

[6]杨国桢:《从海洋社会权力解读清中叶的海盗与水师》,《台湾成功大学"2010 年海洋文化研讨会"论文集》,2010 年 10 月。

[7]杨国桢:《中国船上社群与海外华人社群》,《海外华人研究论集》2001 年第 12 期。

[8]林智隆、陈钰祥:《前事不忘后事之师——清代粤洋海盗问题的检讨(1810—1885)》,《屏东:美和技术学院学报》2009 年第 1 期。

[9]王春瑜:《明代流氓及流氓意识》,《社会学研究》1991 年第 3 期。

[10]汤熙勇:《近世环中国海的海难资料集介绍》,《汉学研究通讯》2000年第2期。

[11]汤熙勇:《清代台湾的外籍船难与救助》,《中国海洋发展史论文集》第七辑,1999年。

[12]季士家:《蔡牵研究九题》,《历史档案》1992年第1期。

[13]林延清:《嘉庆朝借西方国家之力镇压广东"海盗"》,《南开学报》1989年第6期。

[14]刘序枫:《清代中国对外国遭风难民的救助及遣返制度——以朝鲜、琉球、日本难民为例》,《第八回琉中历史关系国际学术会议论文集》,2001。

[15]刘序枫:《清代环中国海域的海难事件研究——以清日两国间对难民的救助及遣返制度为中心(1644—1861)》,《中国海洋发展史论文集》第八辑,2002。

[16]刘序枫:《试论清朝对日本海难难民的救助与遣返制度之形成》,《中日关系史论考》,2001。

[17]叶志如:《乾嘉年间广东海上武装活动概述——兼评麦有金等七帮的〈公立约单〉》,《历史档案》1989年第2期。

[18]刘佐泉:《清代嘉庆年间"雷州海盗"初探》,《湛江师范学院学报》(哲学社会科学版)1999年第6期。

[19]叶志茹:《试析蔡牵集团的成分及其反清斗争实质》,《学术研究》1986年第1期。

[20]陈支平:《从契约文书看清代泉州黄宗汉家族的工商业兴衰》,《中国经济史研究》2001年第3期。

[21]刘平:《清中叶广东海盗问题探索》,《清史研究》1998年第1期。

[22]刘平:《论嘉庆年间广东海盗的联合和演变》,《江苏教育学院报》1998年第3期。

[23]刘平:《关于嘉庆年间广东海盗的几个问题》,《学术研究》1998年第9期。

[24]刘平:《乾嘉之交广东海盗与西山政权的关系》,《江海学刊》1997年第6期。

[25]刘平:《清中叶广东海盗问题探索》,《清史研究》1999年第1期。

[26]何靖:《乾嘉时期粤洋西路海盗猖獗的原因浅谈》,《传承》2008年第11期。

[27]曾小全:《清代前期的海防体系与广东海盗》,《社会科学》2003年第8期。

[28]曾小全:《清代嘉庆时期的海盗与广东沿海社会》,《史林》2004年第2期。

[29][美]穆黛安:《广东的水上世界:它的生态和经济》,《中国海洋发展史论文集第七辑》上册,1999。

[30]谭世宝、刘冉冉:《张保仔海盗集团投诚原因新探》,《广东社会科学》2007年第2期。

[31]李金明:《清代嘉庆年间的海盗及其性质试析》,《南洋问题研究》1995年第2期。

[32][韩]都重万:《嘉庆年间广东社会不安与团练之发展》,《清史研究》1998年第3期。

[33][日]松浦章:《明清时代的海盗》,《清史研究》1997 年第 1 期。

[34]王华锋:《乾隆后期(1786—1795)福建海盗问题初探》,《兰州学刊》2007 年第 11 期。

[35]李若文:《海盗与官兵的相生相克关系(1800—1807)——蔡牵、玉德、李长庚之间互动的讨论》,《中国海洋发展史论文集》第 10 辑,2007 年。

[36]郑美华:《论朱集团的崛起及其对清朝东南沿海海上贸易的影响》,《2009 漳州海商论坛论文集》。

[37]陈启汉:《清代乾嘉时期朱濆海上起事考辩》,《广东社会科学》2010 年第 3 期。

[38]刘平:《透视明清时期的海洋世界——评安乐博〈浮沤著水:中华帝国晚期南方的海盗与水手世界〉》,《历史人类学学刊》2004 年第 2 卷第 1 期。

[39]黄秀蓉:《简评〈漂浮在海上的泡沫〉——中华帝国晚期南部的水手和海盗世界》,《南洋问题研究》2009 年第 1 期。

[40]李映发:《清代州县下社会基层组织考察》,《四川大学学报》1997 年第 2 期。

[41]岳成卒:《清代的户籍与保甲》,《政治月刊》1941 年第 2 期。

[42]李映发:《清代州县下社会基层组织考察》,《四川大学学报》1997 年第 2 期。

[43]葛全胜、王维强:《人口压力、气候变化与太平天国运动》,《地理研究》1995 年第 4 期。

[44]余宙文:《中国海洋再喊及减灾对策》,《海洋预报》1998 年第 3 期。

[46]傅衣凌:《明清时代的福建的抢米风潮》,《福建文化季刊》第 1 卷(2)。

[47]张中训:《清嘉庆年间闽浙海盗组织研究》,《中国海洋发展史论文集》第 2 辑,1986。

[48]季士家:《清军机处蔡牵反清斗争项档案述略》,《历史档案》1982 年第 1 期。

[49]关文发:《清代中叶蔡牵海上武装集团性质辨析》,《中国史研究》1994 年第 1 期。

[50]薛卜滋:《清嘉庆年间海盗蔡牵犯台始末》,《台湾文化研究所学报》。

[51][美]安乐博撰,王绍祥译:《中国海盗的黄金时代:1520—1810》,《东南学术》2002 年第 1 期。

[52]刘正刚:《嘉庆时期藏兵入台始末探析》,《西藏大学学报》2007 年第 9 期。

[53]周琍:《清代广东盐商捐输流向分析》,《盐业史研究》2007 年第 3 期。

[54]叶显恩:《明清广东疍民习俗与地缘关系》,《中国社会经济史研究》1991 年第 1 期。

[55]徐晓望:《从闽都别记看中国古代东南区域的同性恋现象》,《寻根》1999 年第 1 期。

[56][日]松浦章:《明清时代的海盗》,《清史研究》1997 年第 1 期。

[57]李一蠡:《重新评析明清"海盗"》(上),《炎黄春秋》1997 年第 11 期。

[58]李一蠡:《重新评析明清"海盗"》(下),《炎黄春秋》1997 年第 12 期。

[59]陈春声:《明清之际潮州的海盗与私人海上贸易》,《文史知识》1997 年第 9 期。

[60]李金明:《清嘉庆年间的海盗及其性质试析》,《南洋问题研究》1995 年第 2 期。

[61]蒋祖缘:《嘉靖年间广东的海盗》,《学术研究》1994 年第 6 期。

[62]季士家:《近八十年来清代海盗史研究状况述评》,《学海》1994 年第 5 期。

[63]谢方:《16 至 17 世纪的中国海盗与海上丝路略论》,《中国文化》1991 年第 1 期。

[64]卢苇:《明代海南的“海盗”、兵备和海防》,《暨南学报》(哲学社会科学版)1990 年第 4 期。

[65]盛巽昌:《纵横海上十六年的蔡牵》,《航海》1993 年第 4 期。

[66]徐振武:《明代倭寇海盗、海禁与中国资本主义萌芽问题——读〈明代嘉隆间的倭寇海盗与中国资本主义的萌芽〉》,《贵州社会科学》1983 年第 3 期。

[67]刘正刚:《老鼠与猫:1780 年广东盗案研》,《广东社会科学》2007 年第 3 期。

[68]聂德宁:《明清之际福建的民间海外贸易港口》,《中国社会经济史研究》1992 年第 4 期。

[69]徐明德:《论清代台湾籍水师提督王得禄》,《浙江大学学报》(人文社会科学版)1990 年第 1 期。

[70]袁元龙、洪可尧:《李长庚在东南沿海的剿灭夷盗斗争》,《宁波大学学报》(教育科学版)1981 年第 1 期。

[72]陈在正:《蔡牵海上武装集团与妈祖信仰——读谢金銮〈天后宫祭文〉有感》,《台湾研究集刊》1999 年第 2 期。

[73]李龙潜、李东珠:《清初“迁海”对于广东社会经济的影响》,《暨南学报》1999 年第 4 期。

[74]刘正刚:《清初广东海洋经济》,《暨南学报》1999 年第 5 期。

[75]刘平:《略论清代会党与土匪的关系》,《历史档案》1999 年第 1 期。

[76]张莉:《论帮会产生的社会条件》,《历史档案》1999 年第 4 期。

[77]张岩:《对清代前中期人口发展的再认识》,《江汉论坛》1999 年第 1 期。

[78]李若文:《清代台湾嘉义地方的开发与环境变迁》,《清史研究》1999 年第 1 期。

[79][日]松浦章著,刘序枫译:《清代的海上贸易与海盗》,《史联杂志》第 30、31 期合订本。

[80]苏同炳:《海盗蔡牵始末》,《台湾史研究》1984 年第 4 期。

[81]黄典权:《蔡牵朱濆之研究》,《台南研究》卷 6,第 1 期。

[82]戴赛村:《台湾海洋史与海盗》,《宜兰文献杂志》1995 年第 10 期。

[83]王华峰:《18 世纪初(1708—1717 年)的海盗问题初探》,《兰州学刊》2007 年第 3 期。

[84]林延清:《嘉庆朝借助西方国家势力镇压广东海盗》,《南开学报》1989 年第 6 期。

[85]吴建华:《海上丝绸之路与粤洋西路之海盗》,《湛江师范学院学报》2002 年第 2 期。

[86]叶志如:《乾嘉年间广东海上武装活动概述》,《历史档案》1989 年第 2 期。

[87]谷鸿廷:《论明清时期的海寇》,《海交史研究》2000 年第 1 期。

[88][美]安乐博:《试析 1795—1820 年广东省海盗集团之成因及其成员》,《中国海洋发展史论文集》第七辑上册。

[89]邓谨:《明清时期的海盗与地方社基层会》,《第九届明史国际学会讨论会暨傅衣凌教授诞辰九十周年纪念文集》。

[90]刘序枫:《清政府对出洋船只的管理政策(1684—1842)》,《中国海洋发展史论文集》第九辑。

[91]寥风德:《海盗与海难:清代,闽台交通问题初探》,《中国海洋发展史论文集》第3 辑。

[92][美]穆黛安著,张彬村译:《广东的水上世界:它的生态和经济》,《中国海洋发展史论文集》第七辑上册。

后　记

从写第一个字开始，到最后一个字写完，我的心里始终是惶恐不安的。

不安的原因很多，其中最重要的一个是所写的题目并不是很好操作，第二是深知自己懂的不多。

关于海盗，既往的历史研究中并不是很多。究其原因，一是盗匪原来就是不入流的底层，难以引起人们的注意。再者，中国本身是个以陆地为主的国家，历来对海洋社会的关注就少，自然对海盗的关注也不会很多。三是海盗本身留下来的史料不多。走上盗匪道路的多为贫民，他们生活于社会的最底层。这些人大多数没有受过很好的教育，不会也不懂得去记录自己。此外，盗匪又是普遍遭社会痛恨的，社会对他们的记录也相对较少。这些原因使得对于盗匪尤其是海盗的研究增加了史料上的困难。

2008 年开始，我在业师杨国桢先生的指导下开始研习海洋史。在研读有关海洋社会科学的研究成果以及关于古代海洋社会的资料时，我逐渐了解到在中国历史上，海洋社会虽然处于边缘，但也曾有过几次辉煌。到了明清时期，东南海上社会更是风起云涌，海上武装力量异军突起甚至达到了跟朝廷抗衡的局面。在杨先生的指导下，我将研究目光聚焦在乾隆和嘉庆年间的东南海上社会，并最终选定专注在这一时期闽浙洋面的海盗社会研究上。

选题确定后，我开始大量查阅历史史料。期间，杨先生一直告诫我辈，做历史，一定要尽可能去穷尽史料，并要仔细对史料再三甄别，找出最多、最需要的，也必须是最可靠的史料用，这样做出来的研究才能最大程度地接近历史的原貌。谨记先生教诲，几年时间内，我除了将厦门大学图书馆馆藏的明清史料文献、图书一一翻阅检索外，还几次到北京第一历史档案馆，从那些已经发黄的历史档案或已经微缩成胶片的史料间一点点发现能为自己所用的史料。我还多次到沿海地方的档案馆查找史料，多次去海盗活动频繁的地区做田野调查，这些都是为了尽可能全面而丰富地掌握一些一手资料。查找史料的过程是艰辛的，同时也是快乐的。每发现一条有用的史料，我都能高兴好几天；每去过一处海盗或者水师活动或者交战过的地方，都能让我对历史多一种生动的认识。几年下来，通过查找史料，我结识了一些档案馆的老师和朋友，也认识了一些沿海地区的群众。是大家无私的帮助，让我得以完成史料的搜集工作。

当然，穷尽史料是不可能的。我也只能是在有限的能力范围内做最大的努力。在本书的写作过程中，我也有过很多困惑，比如要呈现出怎么样一个海洋社会，要怎么样呈现，史料如何取舍，谋篇布局如何安排等。我一次次跟杨先生请教，每一次先生都极其耐心地教导，一点点分析我出现的问题，给出有益的指导。没有先生的拳拳爱徒之心也就没有我这些研究。于我个人而言，此生做了杨先生的学生是人生的最大收获。这种收获不仅是学识上的长进，更有做人的思考。先生治学严谨，学术精进，勤恳努力、与时俱进，关心社会。他的身上有着年轻人都自愧不如的学术激情，有着一位老一辈学者深厚的爱国情怀。先生是史学大家，有国际视野，我在做这项研究时，恰逢索马里海盗猖獗、钓鱼岛和南沙海洋国土争端激烈之时，先生常教导我要将中国的问题放到国际视野之中去考量，要让历史对现实有借鉴之用，马虎不得，轻易不得，要扎实，要有情怀和胸怀，不能只是为了写论文做历史研究，研究历史的意义在于如何与现实关联，而不是枕着历史做春秋大梦。

正是有先生这样的教诲，我才加倍谨慎，每写一个字我都极为小心，生怕用错了词，表错了意，玷污了历史。书稿初成，我内心惶恐不安，给杨先生看过，先生给了很多中肯批评和意见。厦门大学的老师和同门的师兄、师姐、师弟也给了很多建议，我也反复几次做了修改。然而，终因能力有限，只好暂时是现在这个样子。

因为自知书里很多疏漏、诸多不足，我是羞于将这样的作品拿出来给人看的。但俗话说得好，“丑媳妇终究是要见公婆”的。现在，它呈给大家，也希望能得到更多更好指导。

在这本书中，我试图将嘉庆年间闽浙海盗问题做个全面的回顾，重点对蔡牵和李长庚的研究做了一些补充。在探讨这一时期海盗活动黄金期到来的原因时，我从社会、经济和外在力量等多个方面加以剖析。因为任何一个社会问题、社会现象的产生都不是单一力量和原因决定的。产生于嘉庆年间的闽浙洋面的海盗问题更跟当时社会整个状况以及当地情况紧密结合在一起的。朝廷沿海控制的能力降低、地区贸易的相对发达、越南西山政权的扶持等内在、外在的力量共同作用才给海盗提供了一次发展的契机。海盗，作为海洋群体的一部分，有其生存法则。他们在海上劫掠，也对一些海上对象起保护作用；他们看似凶残，也有普通人生活常态的一面。更为有意思的是，这一时期的海盗帮派中，除了男人之外，还有女性做了领袖，并极具权威，一度威震一方。这在女性足不出户的中国封建社会中是难见的情形。虽然关于她们的史料并不是很多，要还原她们的故事也不是那么容易，我还是试着努力对蔡牵妈和郑一嫂做了一些简单的介绍，以期能让人们对历史多一种了解。

本书中，除了探讨海盗活动的起因、内部组织结构以及生活状况、他们与水师的不断抗衡之外，重点还对蔡牵和李长庚做了补充。这两个人是当时非常重要的两个人物，他们之间的关系也很微妙。两个人出生在同一个地方，童年时是玩伴，长大后又都驰骋海上，漂浮洪波，只是互为敌手。一个是令皇帝头疼的海盗大帮派头目，一个是专剿海盗的水师将领；一个毕生都在躲避一个人的追捕，一个因为要追捕另一个不幸受伤身亡，饮恨归天。既往的学者对这两个人物尤其是蔡牵已做过一定程度的研究，但还是有所遗漏给了我可乘之机。我在前人研究的基础上，多方查找两个人的资料，多次去做相关田野调查，慢慢将两个人的一生以及性格、生活做了大致的概述，也借此对当时海上武装力量面做了一次全面扫描。当时的闽浙洋面俨然是两个人的大舞台，上边上演了他们的人生大戏。除了他们两个，本书中还对闽浙洋面另一帮派的头目朱濆的生平做了一些考证，也算是对既往研究一点点补充。

当然,对嘉庆年间的海盗问题做研究,不仅仅是为了还原当年海洋社会的风貌,更多是想通过历史找出对当下现实的借鉴。21 世纪以来,世界各国对海洋开始格外重视,对于海权的争夺日益激烈。近年来,一些周边国家与我国不断产生领土争议,这无疑都也显示了海洋在未来发展中的重要性。研究历史上的海洋问题,有助于解决当下的海洋争端。研究历史上对于制海权的争夺,对于解决当下海洋争端也是有所裨益的。只有了解历史,才能更好地看清当下,才能更好地看清未来。我希望,通过自己的研究,能对历史上的海洋问题得到一定的历史反思,并最终照亮当下现实。

在本书的写作过程中,除了恩师杨国桢先生的悉心指导外,还得到了很多师友的帮助。有人给我提供史料的线索,也有人给我思想的启发,感谢大家。

我要感谢我的家人这么多年默默支持我。今生至乐就是做了父亲张志、母亲王秀君的女儿,感谢他们给了我生命,含辛茹苦将我抚养成大,并在成长过程中充分尊重了我的每一次选择。如今他们已届花甲,我却未能承欢膝下守在身旁给他们应有的天伦之乐,实乃大不孝。感谢弟弟张春晖和弟妹王长艳帮我承担了很多对父母的照顾,替我承担了太多儿女应尽之责。不仅如此,他们对我常常放心不下、嘘寒问暖,精神和物质上都给我巨大支持,越发映衬了我这个姐姐的不称职。

我感谢厦门大学给我提供了很好的学习环境。感谢师母翁丽芳女士,在她的身上,我看到了一个女人的聪慧、坚强和无私,感谢同门的师兄弟姐妹与我一起探讨,给我很多意见和照顾,感谢厦门给我的人生留下了很多美好的回忆。

感谢生命中遇到的每一个人,我珍视与你们的相遇,感恩每个人曾给我带来的帮助。

本书还得到了教育部社科资金的资助,本书也是教育部教育部人文社会科学研究项目青年项目“清代嘉庆年间闽浙海盗问题研究”(项目编号:13YJC770067)的研究成果。

张雅娟

2015 年 8 月 20 日